高等职业教育“十二五”规划教材

# 综合布线工程与管理项目教程

主　编　刘　昊　吕　健
副主编　钟啸剑　单振辉
参　编　滕怀江　张　鹏　迟　曲
　　　　汪其星　卢印海
主　审　武英举　唐彦儒　左晓英

机 械 工 业 出 版 社

本书结合了综合布线系统项目建设中各岗位的要求，采用基于工作过程，结合项目导引、模块组合、任务驱动的方式进行编写。本书以一个真实的综合布线系统工程项目建设为实例，首先介绍了综合布线系统项目的建设需求，并以此为项目导引，按照综合布线系统建设的工作过程为主线，分为项目立项、项目设计、项目招投标与合同、项目实施与管理、项目测试和项目竣工验收六个教学项目。每个教学项目均按照“项目案例”、“案例分析”、“知识储备”、“能力拓展”等环节进行教学实施，做到工作过程和学习过程一体化，企业环境与教学环境一体化。

本书可作为高职高专院校计算机网络、通信工程、建筑智能化等相关专业的综合布线教材，也可作为预算员、商务代表、弱电工程师、安全员、质量管理人员、工程实施人员、工程内业人员等岗位的培训教材。在教学培训过程中，建议以“项目案例”作为课程导引，利用“案例分析”引出知识点和技能需求，以“知识储备”作为各岗位需要掌握的基础知识与技能，以“能力拓展”作为各岗位所需的专业知识与需提高的技能。

**为方便教学，本书配有电子课件、模拟试卷及答案等，凡选用本书作为授课教材的学校，均可来电（010-88379564）或邮件（cmpqu@ 163. com）索取。有任何技术问题也可通过以上方式联系。**

**图书在版编目（CIP）数据**

综合布线工程与管理项目教程/刘昊，吕健主编．—北京：机械工业出版社，2013.8（2019.1 重印）

高等职业教育“十二五”规划教材

ISBN 978-7-111-43028-5

Ⅰ.①综… Ⅱ.①刘…②吕… Ⅲ.①智能化建筑—布线—高等职业教育—教材 Ⅳ.①TU855

中国版本图书馆 CIP 数据核字（2013）第 144265 号

机械工业出版社（北京市百万庄大街 22 号　邮政编码 100037）

策划编辑：曲世海　责任编辑：曲世海　韩　静　版式设计：常天培

责任校对：张　薇　封面设计：赵颖喆　责任印制：常天培

北京圣夫亚美印刷有限公司印刷

2019 年 1 月第 1 版第 2 次印刷

184mm×260mm · 14.5 印张 · 354 千字

标准书号：ISBN 978-7-111-43028-5

定价：39.00 元

凡购本书，如有缺页、倒页、脱页，由本社发行部调换

电话服务　网络服务

服务咨询热线：010 - 88379833　机 工 官 网：www. cmpbook. com

读者购书热线：010 - 88379649　机 工 官 博：weibo. com/cmp1952

教育服务网：www. cmpedu. com



金 书 网：www. golden - book. com

# 前　言

综合布线工程现阶段技术成熟，应用范围广，目前已成为国家基础建设项目之一，并且越来越受到普遍重视，因此，以系统工程的思想方法来指导综合布线工程的建设就显得非常迫切。本书从工程建设的角度出发，将工程划分为多阶段多任务，以项目建设过程作为主线，面向实际工程应用，按照项目建设流程组织编排，体现了高职教材应基于工作过程与贴近工作的特点。

本书由校企合作共同编写，多数成员来自于业内，具有丰富的从业经验与教学经验，所涉及的知识体系与实践技能既可作为教学内容，也可作为企业员工的培训用书和项目经理的工作手册。

全书由武英举、唐彦儒、左晓英主审；吕健编写项目一，项目二中的模块四、五、六及附录A、E、F；刘昊编写项目三中的模块二、三，项目四中的模块四、五、实训三及附录B、C、D；钟啸剑编写项目二中的模块一、二、三；单振辉编写项目四中的模块一、二、三；滕怀江编写项目五，项目六中的模块一、二、三；汪其星编写项目三中的模块一、项目四中的模块六；卢印海编写实训四；张鹏编写实训二；迟曲编写实训一。

在本书的编写过程中，得到了黑龙江信息技术职业学院、黑龙江生物科技职业学院、黑龙江粮食职业学院、哈尔滨华夏计算机职业技术学院、黑龙江省电子信息产品监督检验院、国脉通信规划设计有限公司、哈尔滨凯纳科技股份有限公司、哈尔滨新天翼电子有限公司、黑龙江省新桥机房工程有限公司、黑龙江省东源电子工程有限公司、哈尔滨工业大学众达电子有限公司、哈尔滨视得安科技发展有限公司、哈尔滨创驰信息技术有限公司以及哈尔滨市众仁智业人力资源有限公司提供的各种案例、设计方案、工程管理文档等，在此深表感谢。

本书在编写过程中参考了许多网络资料，由于大部分无法知晓作者的姓名，因此未能在参考文献中一一列出，在此一并表示感谢。由于编者水平有限，加之时间仓促，书中难免有疏漏与不妥之处，恳请广大读者批评指正。

编　者

# 目　录

# 项目一　项 目 立 项

## 模块一　需 求 分 析

### 1.1.1　项目案例

某高校始建于1965年,1998年经国家教育部批准,改建为×××学院。2006年,该院被教育部、财政部确定为全国首批28所“国家示范性院校建设项目”立项建设单位之一,2009年11月通过国家验收。学院已在经济技术开发区征地800亩($1亩=666.\dot{6}m^2$),按照“高起点、高标准、信息化、现代化”的标准建设新校区。

该学院欲建设数字校园,通过信息化建设,将现代教育模式与现代教育管理模式融于一体,全面提升学院数字化建设。该院聘请某通信规划设计有限公司为设计单位,项目进入需求分析阶段。

### 1.1.2　案例分析

建设工程项目的全生命周期包括项目的决策阶段、实施阶段和使用阶段(又称运营阶段或运行阶段)。作为建设单位在决策阶段工作的主要任务是确定项目的需求,调查研究、编写和报批项目建议书,进行项目的可行性研究等工作。项目前期的组织、管理、经济和技术方面的论证都属于这方面的工作,一般包括如下内容:

1) 确定项目实施的组织。
2) 确定和落实建设地点。
3) 确定建设任务和建设原则。
4) 确定和落实项目建设的资金。
5) 确定建设项目的投资目标、进度目标和质量目标等。

作为设计单位、监理单位、施工单位等单位,在决策阶段工作的主要任务是确定建设单位的需求,并以此为依据,进行需求分析。一项建设工程,首先要为建设单位分析目前面临的主要问题,确定建设单位对建设工程的需求,并在结合未来可能的发展要求的基础上选择、设计合理的结构和技术,提供用户满意的高质量服务,项目建设流程如图1-1所示。

需求分析是任何工程实施的第一个环节,也是一项建设工程成功与否的关键环节。综合布线系统归属于基本建设工程,如果对该工程进行了充分的需求分析,则设计方案就会与建设单位的要求基本吻合。同时,如果综合布线系统体系架构合理,综合布线系统项目实施及应用就相对容易。如果设计单位没有对建设单位的需求进行充分的调研,不能与建设单位达成共识,那么就会破坏工程项目的计划和预算,使项目建设超出建设单位的需求,造成的投资浪费或不能达到建设单位的要求。

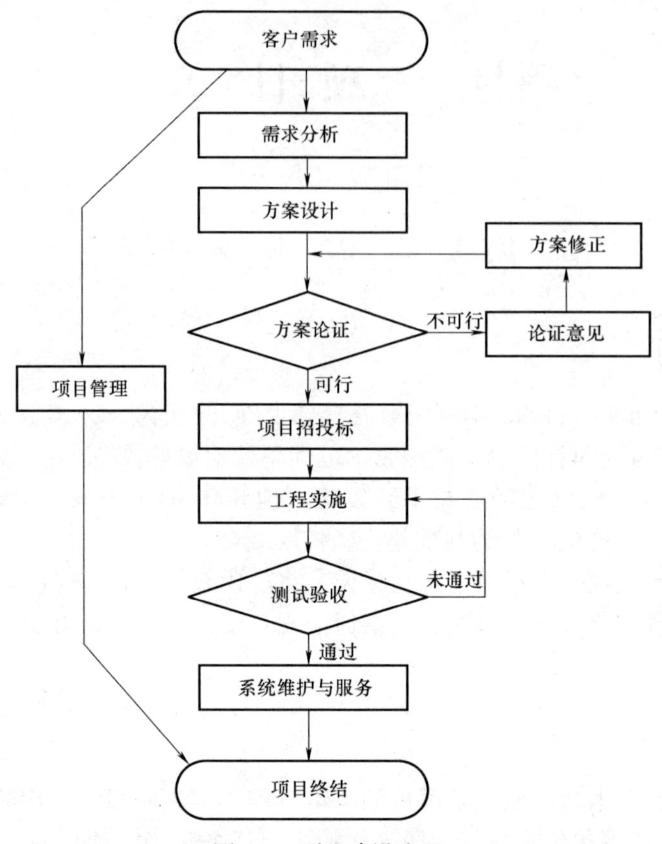


图 1-1 项目建设流程

本项目的需求分析阶段主要对建设单位的现状进行调查，了解建设单位的网络需求或建设单位对原有网络升级改造的要求。需求分析包括网络工程建设中的综合布线系统、网络环境平台、网络资源平台、网络管理者和网络应用者等方面的综合分析，为下一步制订适合于建设单位的综合布线系统设计方案打下良好基础。需求分析是综合布线系统设计过程中的难点，需要由经验丰富的系统分析人员来主持完成。

在本项目中，设计单位对建设单位进行现场调研，明确综合布线系统建设项目的建设需求、应用需求、质量目标、项目投资等几方面的需求。建设单位需要提供建筑工程图、园区平面图以及相关人员，由此了解相关建筑的相对位置、规模、结构等信息，用来确定网络的物理拓扑，以分析施工难易程度，用以指导综合布线系统的项目设计。

### 1.1.3 知识储备

在综合布线系统工程的规划和设计之前，必须对用户信息需求进行调查和预测，这也是建设规划、工程设计和以后维护管理的重要依据之一。通过对建设单位实施综合布线系统的相关建筑物进行实地考察，由建设单位提供建筑工程图，从而了解相关建筑物的结构，分析施工难易程度，并估算大致费用。除此之外，还需要了解的其他数据，包括中心机房的位置、信息点数量、信息点位置与中心机房的最远距离、电力系统状况、建筑情况等。

综合布线系统需求分析的主要内容如下：

1）根据调查收集到的基础资料和了解到的工程建设项目的情况，初步得到综合布线系统工程设计所需的用户信息，其数据可作为参考依据。将初步得到的用户信息预测结果提供给建设单位或有关部门共同商讨，广泛听取意见。参照以往其他类似工程设计中的有关数据和计算指标，结合工程现场调查研究，分析测试结果与现场实际是否相符，特别要避免项目漏项或发生重大错误。

2）对各建筑楼的信息点数进行统计，用以确定室内布线方式和设备间的位置。当建筑物楼层较低、规模较小、点数不多时，只要所有的信息点与设备间的距离均在90m以内，信息点布线就可直通主设备间。当建筑物楼层较高、规模较大、点数较多时，即有些信息点与主设备间的距离超过90m时，可采用信息点到中间设备间、中间设备间到主设备间的分布式综合布线系统。

3）根据造价、建筑物距离和带宽要求确定光缆的芯数和种类；根据园区内建筑楼群间距离、道路隔离情况、线杆、电缆沟和道路状况，确定建筑楼群间光缆的敷设方式（可分为架空、直埋或是地下管道敷设等）。

4）通过调查建设单位的实际需求，以满足当前需要为基础，预留一定的发展空间。当建筑的某些空间需要进行扩建或相关功能发生了变化时，需要设计方案对此有一定的预留和冗余能力。应该从建筑的整体设计出发，充分发挥综合布线系统的兼容性特点，在设计时将语音、数据、监控、消防等设备集中在一起考虑。例如：在现在的综合布线工程中，数据和语音传输经常采用同样的双绞线进行敷设，以便日后进行互换操作。

进行需求分析的方法主要有以下几种：

1. 直接与用户交谈

直接与用户交谈是了解需求的最简单、最直接的方式。

2. 问卷调查

通过请用户填写问卷获取有关需求信息也不失为一项很好的选择，但最终还是要建立在沟通和交流的基础上。

3. 专家咨询

有些需求用户讲不清楚，分析人员又猜不透，这时就需要请教行业内专家。

4. 吸取经验教训

有很多需求可能客户与分析人员想都没想过，或者想得相对简单。因此，要经常分析优秀的综合布线系统设计方案，看到了优点就尽可能吸取，看到了缺点就引以为戒。

随着技术的发展，以综合布线系统为代表的信息技术逐步与建筑技术相结合，由此产生了建筑智能化领域，综合布线系统的发展与建筑物智能化的发展密切相关。建筑智能化是信息时代的必然产物，是建筑业和电子信息业共同谋求发展的方向，它以综合布线系统为基础，将计算机技术、自动控制技术、通信技术和图形显示技术综合应用于建筑物之中，并且在建筑物内建立一个以信息化、网络化管理为中心，集成了有线电视、电话通信、消防报警、电力管理、照明控制、空调自控、门禁保安等的综合系统，使建筑物实现智能化的管控。

### 1.1.4　能力拓展

该学院的数字校园基础建设为校园网络综合布线工程，实现数据、语音两网合一，有线电视网与校园网络实现互联互通，网络应用涵盖学校教学、行政、生活等方面，将达到以下建设目标：

1）构架10Gbit/s校园网主干，实现教学楼、办公楼、实验楼、餐厅、学生宿舍楼、图书馆的互联，所有布线系统均采用暗埋的方式进行线缆敷设。

2）校园内每幢建筑物的网络均实现1000Mbit/s做骨干，主干系统采用光缆敷设，综合布线系统采用双绞线与光缆混合方式进行敷设。

3）每个教室、实验室、办公室、图书馆、宿舍均可实现速率为100Mbit/s的接入，充分实现信息资源的共享。

4）校园网将采用1000Mbit/s的带宽接入中国联通网络。

5）教学楼与实验楼均设有弱电井，设备间选择在邻近弱电井的房间，可作为大楼的管理系统。

6）综合布线系统的主设备间设在实验楼的二楼，选择靠近弱电井的房间，参照有关机房建设标准进行建设。

7）校园网的建设必须为以后网络发展预留扩容的空间。

8）要求整个校园网内使用的综合布线产品必须全部统一，网络设备必须采用同一厂家的产品，统一品牌，为将来的维护管理奠定基础。

该网络在学院日常教学办公环境中起着至关重要的作用，校园网的运作模式会带来大量动态的应用数据传输，会有相当一部分应用的主服务器有高速接入网络的需求(目前为100/1000Mbit/s,今后可能会更高)，这就要求网络有足够的主干带宽和扩展能力。同时，一些新的应用类型，如网络教学、视频直播/广播等，也对网络提出了支持多点广播和宽带高速接入的要求。

校园网应用系统是一个庞大的系统工程，建设校园网应用系统按照建设—使用—改进—完善的思路进行，力争在两到三年内实现应用系统完善的目标。为实现该目标，建议按照以下思路进行：

1. 将当前先进性、未来可扩展性和经济可行性相结合

先进性是指系统的硬件、软件等按照未来业务发展应用而建设，并能在相当长的时间内发挥作用，而不仅仅着眼于现在的网络建设中包含了多少新的或称为先进的技术。可扩展性是指系统的硬件和软件对未来技术的包容能力和现实的扩充能力，主要表现为系统的结构是否开放，其重要性远远超过具体的设备是否开放和冗余。

当前计算机技术和网络技术发展很快，设备更新淘汰也快。先进的技术只有在使用中产生了巨大的效益时才被赋予了先进性，只采用了先进的技术并不表示就有了先进性，一个系统是否具有长久的生命力是考察其是否具有先进性的重要依据。

2. 总体规划，分步实施，基础设施建设一步到位

考虑到学校资金、信息化应用的现状、学校教职员工的现有水平以及网络建设和应用系统开发的固有规律，学校网络系统的建设应在总体规划下进行分步实施。综合布线系统有它的特殊性，综合布线项目建设所需资金并不昂贵，可以满足1000Mbit/s、10Gbit/s的应用需求，为了满足学院发展的需要，综合布线系统建设采取一步到位，适度超前的建设目标。

3. 注重对人员的培训

在校园网络建设的过程中，要特别注重对人员的培训，要注重对实施系统的工程人员、维护系统的管理人员和使用系统的教职员工们的培训。工程人员是系统建设成功的保证，系

统维护人员是系统正常运行的保证，而教职员工作为系统的最终用户，是系统真正发挥作用的关键。

# 模块二　综合布线系统组成

## 1.2.1　项目案例

该学院建设校园网络，某通信规划设计有限公司承接该项目的设计任务，在需求分析的基础上，对校园网络进行整体规划。采用结构化综合布线的设计模式进行项目设计，使该设计方案得到用户的认可。

## 1.2.2　案例分析

按照建设单位的建设目标结合需求分析与可行性分析，建议建设单位采用综合布线系统进行建设。《综合布线系统工程设计规范》(GB 50311—2007)中，按照功能将综合布线系统划分为工作区、配线子系统、干线子系统、设备间、建筑群子系统、进线间六个子系统。六个子系统均采用模块化结构，每个子系统均可以单独设计、独立施工，对每个分支子系统的改动都不影响其他子系统，综合布线系统结构如图1-2所示。

综合布线系统拓扑图如图1-3所示，综合布线系统基本组成结构如图1-4所示。其中，CD为建筑群配线设备，BD为建筑物配线设备，FD为楼层配线设备，CP为集合点，TO为信息插座模块，TE为终端设备。

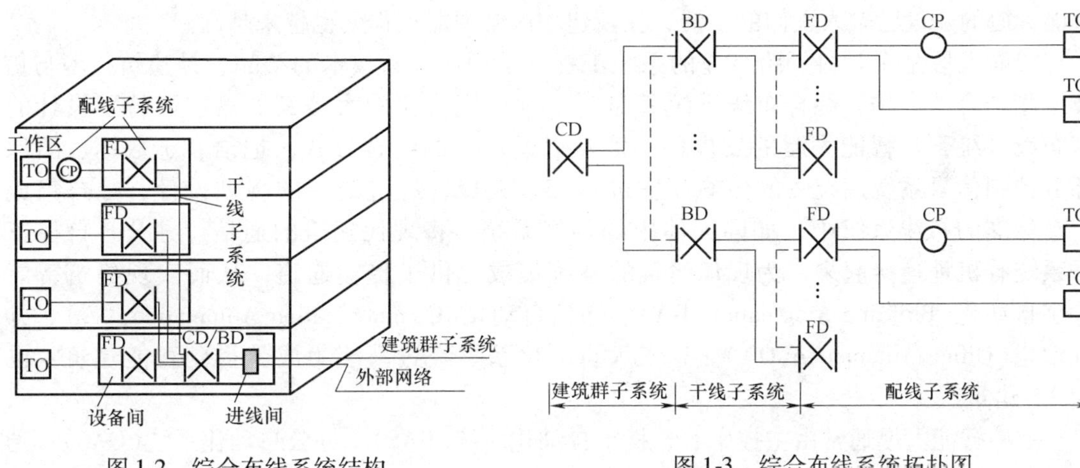


图1-2　综合布线系统结构　　图1-3　综合布线系统拓扑图

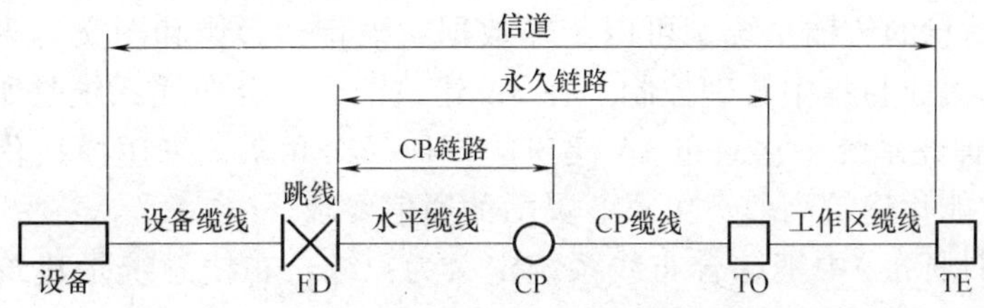


图1-4　综合布线系统基本组成结构

### 1.2.3 知识储备

综合布线系统(Premises Distribution System,PDS)是一种模块化、结构化、高灵活性的、存在于建筑物内和建筑群之间的信息传输通道。综合布线系统基于计算机和通信技术发展的基础上，为进一步适应社会信息化的需要逐渐发展起来，同时也是建筑智能化发展的结果。

早在20世纪50年代初期，一些发达国家就在高层建筑中采用电子器件组成控制系统，各种仪表、信号灯以及操作按键通过各种线路接至分散在现场各处的机电设备上，用来集中监控设备的运行情况，并对各种机电系统实现手动或自动控制。由于电子器件较多，线路又多又长，因此控制点数目受到很大的限制。

20世纪60年代，开始出现数字式自动化系统。70年代，建筑物自动化系统采用专用计算机系统进行管理、控制和显示。80年代中期开始，随着超大规模集成电路技术和信息技术的发展，出现了智能化建筑物。

20世纪80年代末期，美国朗讯科技(现AVAYA)公司贝尔实验室的科学家们经过多年的研究，在美国率先推出了结构化布线系统，其代表产品是SYSTIMAX PDS(建筑与建筑群综合布线系统)。

我国在20世纪80年代末期开始引入综合布线系统，90年代中后期综合布线系统得到了迅速发展，目前，现代化建筑中广泛采用综合布线系统。综合布线系统已成为我国现代化建筑工程中必不可少的基础设施，尤其是计算机、通信、控制技术及图形显示技术的相互融合和发展，使大厦的智能化程度越来越高，满足了现代化办公和通信的多方面需求。目前，智能大厦的建设已融入人们的生活，在新建小区中智能化程度也越来越高。

智能大厦是多学科、跨行业的系统工程，是现代高新技术的结晶，是建筑技术与信息技术相结合的产物。综合布线系统就是为了顺应现代化的大楼发展需求而特别设计的一套布线系统，与智能大厦的发展同步。它以模块化的组合方式，把语音、数据、图像和部分控制信号系统用统一的传输介质进行综合集成，经过统一的规划设计，综合集成在一套标准的布线系统中，如同人体内的神经系统，将现代建筑的通信、办公、自控三大子系统有机地连接起来，为现代建筑的系统集成提供了传输通道，从而实现建筑智能的楼宇自动化(Building Automation,BA)、通信自动化(Communication Automation,CA)、办公自动化(Office Automation,OA)，这三大自动化系统经过系统集成就得到智能建筑，也称为3A建筑。

一幢智能大厦通常由主控中心、楼宇自动化系统(BAS)、办公自动化系统(OAS)、通信自动化系统(CAS)和综合布线系统(PDS)五个部分组成，智能大厦系统组成如图1-5所示。

3A建筑所有信息的传输系统，可以传输数据、语音、影像和图文等多种信号，支持多种厂商各类设备的集成与集中管理控制。在3A建筑中，综合布线系统是所有信息的传输通道，是3A建筑的神经系统。它遍布3A建筑的任何一个角落，采用模块化设计和统一的技术标准，能满足智能化建筑高效、可靠、灵活的通信要求。

《智能建筑设计标准》中把综合布线系统定义为：综合布线系统是建筑物或建筑群内部之间的传输网络，它能使建筑物或建筑群的内部设备、数据通信设备、信息交换设备、建筑物物业管理设备及建筑物自动化管理设备等系统之间彼此相连，也能使建筑物内部的通信网

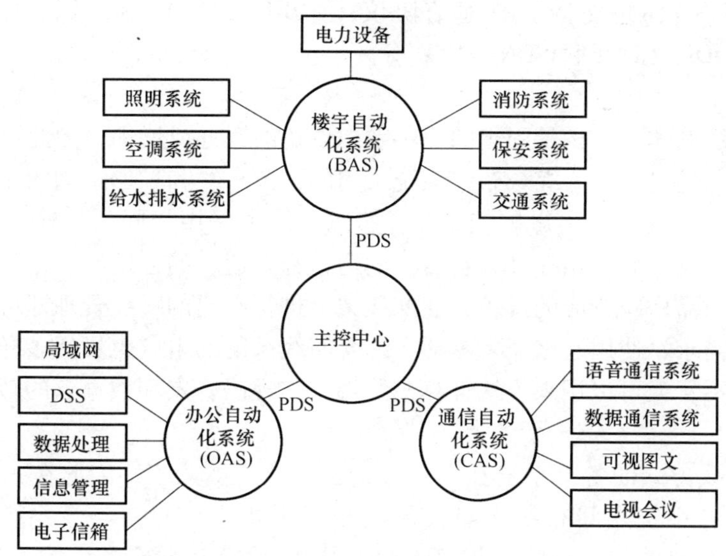


图1-5 智能大厦系统组成

络设备与建筑物外部的通信网络设备相互连接。它是针对计算机与通信的配线系统而设计的，具有以下功能：传输模拟与数字的语音；传输数据；传输传真、图形、图像等多媒体信息；传输电视会议与安全监视系统的信息；传输建筑物安全报警与空调控制系统的信息。

由于传统布线技术因缺乏灵活性和发展性，已不能适应现代网络应用飞速发展的需要。而新一代的结构化布线系统能同时提供用户所需的数据、语音、传真、视频、自控、安防监控等各种信息服务的线路连接，它使语音和数据通信设备、交换机设备、信息管理系统及设备控制系统、安全系统彼此相连，也使这些设备与外部通信网络相连接。它包括建筑物到外部网络或电话局线路上的连线、与工作区的语音或数据终端之间的所有电缆及相关联的布线部件。与传统布线技术相比，综合布线系统具有以下特点：

1. 兼容性

综合布线系统具有综合所有系统和互相兼容的特点，采用光缆或高质量的布线材料和接续设备，能满足不同生产厂家终端设备的需要，使语音、数据和视频信号均能高质量地传输。

综合布线系统可将语音、数据与监控设备等信号经过统一的规划设计，采用相同的传输介质、信息插座、互连设备、适配器等，把这些不同信号综合到一套标准的布线系统中进行传送。由此可见，这种布线比传统布线大为简化，可节约大量的物资、时间和空间。在使用时，用户可不用定义某个工作区的信息插座的具体应用，只把某种终端设备(如个人计算机、电话、视频电话等)插入这个信息插座，然后在管理间和设备间的配线设备上做相应的跳线操作，这个终端设备就被接入到各自的系统中。

2. 开放性

对于传统布线而言，一旦选定了某种设备，也就选定了布线方式和传输介质。如果要更换一种设备，则原来所有的布线必须全部更换。如果对已完工的布线做上述更换，则既麻烦，又将增加大量资金的投入。综合布线系统采用开放式体系结构，符合多种国际上现行的标准，几乎对所有厂商的产品都是开放的(如IBM、HP、联想等厂商计算机设备，Cisco、华为等厂商交换机设备等)，并支持所有通信协议，如 EIA-232-D、RS-422、RS-423、Ethernet、TOKENRING、FDDI、CDDE、ISDN、ATM 等。

3. 灵活性

传统布线系统的体系结构是固定的，不考虑设备的搬迁或增加，因此设备搬移或增加后就必须重新布线，耗时费力。综合布线系统采用的冗余布线和星形结构的布线方式，既提高了设备的工作能力，又便于用户扩充。综合布线系统中采用相同的传输介质、相关连接硬件、模块化设计和物理星形拓扑，并且所有的通道都是通用的，所有设备的开通及变动均不需要重新布线，只需增减相应的设备并在配线架上进行必要的跳线管理即可实现，因此可以适应各种不同的需求，使用起来非常灵活。综合布线系统的组网也灵活多样，一个标准的插座既可以接入电话，又可以用来连接计算机终端，实现语音点和数据点的转换。

4. 可靠性

由于传统布线方式的各个系统独立安装，各系统互不兼容，因此在一个建筑物内存在多种布线方式，各系统之间布线不当会形成相互干扰，从而使各个系统的可靠性降低，无法保障各应用系统的信号高质量传输，势必影响到整个建筑系统的可靠性。综合布线系统采用高品质的材料和组合连接方式，构成一套高标准的信息传输通道，所有元器件均通过 ISO(国际标准化组织)等机构的质量认证，保证了综合布线系统的性能。而且在施工过程中，每条信息通道均要采用专门的测试仪器进行测试(需要测量的参数包括线路阻抗、衰减率、串扰等性能指标)，以确保其各性能指标均符合认证要求，保证传输质量。应用系统全部采用点到点端接，任何一条链路的故障均不影响其他链路的正常运行，从而保证整个系统的可靠运行。

5. 先进性

综合布线系统应用极具弹性的布线概念，主要采用双绞线、双绞线与光缆混合的布线方式，构成了一套合理的、完整的布线系统。所有元器件均按照行业的最新标准制造，符合有关的标准与规范，满足双绞线、光缆、无线等多种应用方案。在目前的应用中，数据传输速率可以达到 10Gbit/s 或更高，为未来的扩展提供了足够的支持空间。

6. 经济性

综合布线系统与传统的布线方式相比，是一种既具有良好的初期投资特性，又具有很高技术含量的高科技产品。综合布线系统在建设过程中，对各种线缆统一规划；统一安排线路路由；统一施工，减少了不必要的重复建设、重复施工；结构清晰，便于管理维护。综合布线系统可以兼容各种应用系统，又考虑了建筑内的设备变更以及科学技术的发展。因此可以确保 3A 建筑建成后，在相当长的时间内，均满足用户应用不断增长的需求，充分保护建设单位的投资，提高效益。

### 1.2.4 能力拓展

《综合布线系统工程设计规范》(GB 50311—2007)中，按照功能将综合布线系统划分为工作区、配线子系统、干线子系统、设备间、建筑群子系统、进线间六个子系统。各子系统功能如下：

1. 工作区

工作区又称为工作区子系统，一个独立的、需要设置终端设备(TE)的区域可划分为一个工作区。工作区应由配线子系统的信息插座模块(TO)延伸到终端设备处的连接线缆及适配器组成，包括连接线、连接器或适配器以及终端设备(TE)，属于用户最终的办公区域。

2. 配线子系统

配线子系统应由工作区的信息插座模块(TO)、信息插座模块至楼层配线设备(FD)的电缆和光缆、楼层配线设备(FD)及设备线缆和跳线等组成。它的主要功能是：实现楼层内的各工作区之间的通信；与干线子系统连接；实现楼层间的光电信号转换。配线子系统是整个布线系统的一部分，它将干线子系统线路延伸到用户工作区，结构一般为星形结构。

3. 干线子系统

干线子系统也称为骨干子系统或垂直干线子系统，是整个建筑物综合布线系统的重要组成部分，由设备间至楼层配线设备的电缆和光缆、安装在设备间的建筑物配线设备(BD)及设备线缆和跳线组成。实际上是指负责从主交换机到分交换机之间的布线；各楼层间的通信互联、设备间之间的互连；提供建筑物干线电缆的路由。

4. 设备间

设备间是一个安放公共通信设施的场所，由设备间中的电缆、连接器和相关支撑硬件组成。它把公共通信设施中各种不同的设备互相连接，是通信设施、配线设备的所在地，也是线路管理的集中点，同时也是建筑物内部的通信中心。每个建筑物至少有一个设备间，设备间可以和计算机主机房设计在一起，也可以分开进行单独设计。

5. 进线间

进线间是建筑物外部通信系统和信息管线的入口处，是通信接入设施和建筑群配线设备的安装场地，以及室外电缆和光缆引入楼内的成端与分支及光缆的盘长空间位置，主要负责与其他建筑物之间的通信连接。由于光缆至大楼(FTTB)、至用户(FTTH)、至桌面(FTTO)的应用及容量日益增多，进线间就显得尤为重要。

6. 建筑群子系统

建筑群子系统是将一个建筑物的电缆延伸到建筑群的另外一些建筑物中的通信设备或装置上，由建筑物间的通信线路和配套的通信管网组成，提供楼宇间的通信与信息交换。

## 模块三 综合布线标准

### 1.3.1 项目案例

设计单位为该学院进行校园网工程设计，遵循建设单位的总体部署，参照了国内外各种标准的规定，将按照有关标准进行设计。在各类标准中，优先采用国家标准进行设计，得到建设单位的认可。

### 1.3.2 案例分析

随着综合布线系统技术的不断发展，为了促进该系统良性的发展，综合布线系统建设通常要遵守相应的标准和规范，与之相关的标准也更加规范化、标准化和开放化。国际和国内的各标准化组织都在努力制定新的布线标准，以满足技术和市场的需求，标准的完善又会使市场更加规范化。综合布线系统建设通常要遵守相应的标准和规范，具体如下：

1. 国内常用标准

1)《综合布线系统工程设计规范》(GB 50311—2007)、《综合布线系统工程验收规范》(GB 50312—2007)。

2)《大楼通信综合布线系统》(YD/T · 926—2009)。

2. 国际标准

(1) ISO(国际标准化组织)标准 国际标准化组织于2002年10月23日发布实施的《信息技术 用户建筑群的通用布缆》(ISO/IEC 11801:2002)。

(2)《对称和同轴信息技术布线的测试规范》(IEC 61935-1—2009) 这个标准定义了实验室和现场测试的比对方法，定义了布线系统的现场测试方法，以及跳线和工作区电缆的测试方法。该标准还定义了布线参数、参考测试过程，以及用于测量 ISO/IEC 11801 中定义的布线参数所使用的测试仪器的准确度要求。

(3) EIA/TIA-568(A/B) 电讯工业协会和电子工业协会共同开发的，用于工业标准场所配线系统的完整的电气和物理导引线路商业建筑通信布线标准。

## 1.3.3 知识储备

标准化是指在经济、技术、科学和管理等社会实践中，通过制定、发布和实施标准达到统一，在一定的范围内获得最佳秩序，对实际的或潜在的问题制定共同的和重复使用的规则的活动。中国目前执行的标准按照制定标准的部门通常分为国家标准、行业标准、地方标准和企业标准，并将标准按照执行者自愿原则分为强制性标准和推荐性标准两类。

国家标准是指由国家标准化主管机构批准发布，对全国经济、技术发展有重大意义，且在全国范围内统一的标准。国家标准是在全国范围内统一的技术要求，由国务院标准化行政主管部门编制计划，协调项目分工，组织制定(含修订)，统一审批、编号、发布。法律对国家标准的制定另有规定，依照法律的规定执行。国家标准的年限一般为5年，过了年限后，国家标准就要被修订或重新制定。

国家标准分为强制性国标(GB)和推荐性国标(GB/T)，强制性国标是保障人体健康、人身、财产安全的标准和法律以及行政法规规定的、强制执行的国家标准；推荐性国标是指生产、检验、使用等方面，通过经济手段或市场调节而自愿采用的国家标准，但推荐性国标一经接受并采用，或各方商定同意纳入经济合同中，就成为各方必须共同遵守的技术依据，具有法律上的约束性。

国家标准的编号由国家标准的代号、国家标准发布的顺序号和国家标准发布的年号(发布年份)构成，如《综合布线系统工程设计规范》(GB 50311—2007)，其中《综合布线系统工程设计规范》指的是标准名称，GB 指的是国家标准，50311 指的是标准代号，2007 指的是该标准发行年份。

目前，在行业内有很多标准，如国家标准、行业标准、企业标准、国际标准等，国家标准属于行业的最低标准，行业标准与企业标准要高于国家标准，而企业标准要高于行业标准。在执行多个标准的过程中，优先执行国家标准。

在制定各项标准时有等效采用与等同采用两种方式，等效采用是采用国际标准的基本方法之一，它是指我国标准在技术内容上基本与国际标准相同，仅有小的差异，在编写上则不完全相同于国际标准的方法；等同采用是指国家标准与国际标准在技术内容上完全相同，在编写方法上完全对应，仅有或没有编辑性修改。

## 1.3.4 能力拓展

### 一、综合布线系统常用的国内标准

1.《综合布线系统工程设计规范》(GB 50311—2007)

为了配合现代化城镇信息通信网向数字化方向发展，规范建筑与建筑群的语音、数据、图像及多媒体业务综合网络建设而制定的规范。该标准适用于新建、扩建、改建综合布线系统工程设计、综合布线系统设施及管线的建设。

2.《综合布线系统工程验收规范》(GB 50312—2007)

为统一建筑与建筑群综合布线系统工程施工质量检查、随工检验和竣工验收等工作的技术要求而制定的规范。该标准适用于新建、扩建和改建综合布线系统工程的验收，综合布线系统工程实施中采用的工程技术文件、承包合同文件对工程质量验收的要求不得低于此规范的规定。在施工过程中，施工单位必须执行此规范有关施工质量检查的规定。建设单位应通过工地代表或工程监理人员加强工地的随工质量检查，及时组织隐蔽工程的检验和验收。

3.《大楼通信综合布线系统》(YD/T 926—2009)

规范中规定了大楼通信综合布线系统的总体结构与配置、性能要求、试验方法与验证程序等。该规范中的建筑可以是单个的建筑物或包含多个建筑物的建筑群，综合布线包括对称电缆布线和光缆布线，适用于线路长度不超过 2000m 的布线区域。

### 二、综合布线系统常用的国际标准

综合布线系统除了必须采用国家标准外，也经常结合实际需要采用一些国际标准或者与综合布线系统有关的其他行业标准，这些标准如下：

1. ISO(国际标准化组织)标准

国际标准化组织于 2002 年 10 月 23 日发布实施的《信息技术 用户建筑群的通用布缆》(ISO/IEC 11801:2002)。该标准目前有 1995、2000 和 2002 等 3 个版本，把有关元器件和测试方法归入国际标准，还规定了永久链路和通道的等效远端串扰、综合近端串扰、传输延迟，而且也提高了近端串扰等传统参数的指标。

此外，这个规范定义了 6 类、7 类布线的标准，将给布线技术带来革命性的影响；同时，该版本把 5 类 D 级的系统按照超 5 类重新定义，以确保所有的 5 类系统均可运行千兆以太网。更为重要的是，6 类和 7 类链路也被定义，布线系统的电磁兼容性(EMC)问题也在这个版本中得到了考虑。

2. EIA/TIA-568 标准

1991 年 7 月，由美国电子工业协会/电信工业协会发布了 ANSI/EIA/TIA-568，即“商务大厦电信布线标准”，正式定义发布综合布线系统与相关组成部件的物理和电气指标。这个标准确定了一个可以支持多品种多厂家的商业建筑的综合布线系统，同时也提供了为商业服务的电信产品的设计方向。

自从 ANSI/EIA/TIA-568-A 发布以来，随着更高性能产品的问世和市场应用需求的改变，对这个标准也提出了更高的要求。委员会也相继公布了很多的标准增编、临时标准，以及技术公告。为简化下一代的 568-A 标准，委员会决定将新标准分成 3 个部分，每个部分都与现在的 568-A 章节有相同的着重点。

ANSI/EIA/TIA-568-B. 1：该标准目前已发布，它最终将取 ANSI/EIA/TIA-568-A。这个标准着重于水平和主干布线拓扑、距离、介质选择、工作区连接、开放办公布线、电信与设备间、安装方法以及现场测试等内容。

ANSI/EIA/TIA-568-B. 2：平衡双绞线布线系统，该标准着重于平衡双绞线电缆、跳线、连接硬件的电气和机械性能规范以及部件可靠性测试规范、现场测试仪性能规范、实验室与现场测试仪比对方法等内容。

ANSI/EIA/TIA-568-B. 2. 1：它是 ANSI/EIA/TIA-568-B. 2 的增编，是目前第一个关于 6 类布线系统的标准。

ANSI/EIA/TIA-568-B. 3：光纤布线标准，该标准定义了光纤布线系统的部件和性能指标，包括光缆、光跳线和连接硬件的电气与机械性能要求、可靠性测试规范、现场测试性能规范。该标准将取代 ANSI/EIA/TIA-568-A 中的相应内容。

## 三、综合布线系统常用的其他标准

### 1. 防火标准

线缆是综合布线系统防火的重点部件，国际上综合布线系统中的电缆防火测试标准有 UL 910 和 IEC 60332，国内与建筑物综合布线防火方面的设计相关的标准有：《高层民用建筑设计防火规范(2005 版)》(GB 50045—1995)、《建筑设计防火规范》(GB 50016—2006)、《建筑内部装修设计防火规范》(GB 50222—1995)。

### 2. 机房及防雷接地标准

机房及防雷接地标准可参照以下标准：

1)《建筑物防雷设计规范》(GB 50057—2010)。

2)《电子信息系统机房设计规范》(GB 50174—2008)。

3)《计算机场地通用规范》(GB/T 2887—2011)。

### 3. 智能建筑和智能小区相关标准与规范

在国内，综合布线的应用可分为建筑物、建筑群和智能小区。因此，还需要智能建筑及智能小区方面的最新标准与规范，目前有关部门已经出台或正在制定中的标准与规范如下：

1)《智能建筑设计标准》(GB/T 50314—2006)。

2)《城市住宅建筑综合布线系统工程设计规范》(CECS 119—2000)。

3)《居住区智能化系统配置与技术要求》(CJ/T 174—2003)。

# 项目二　项 目 设 计

## 模块一　现 场 勘 察

### 2.1.1　项目案例

设计单位基于充分的需求分析的基础上，与某高校签订设计委托协议。设计单位组织相应的人力、物力到某高校进行现场勘察。经勘察，该高校所提供的校园平面图等图样与实际勘察结果相符合。在勘察的同时，确认了楼内弱电井、各楼机房、楼宇之间管道工程等设施，有关人员确认这些符合设计条件，可以进行工程设计。

### 2.1.2　案例分析

勘察设计在工程建设中起到龙头作用，是提高工程项目投资效益、社会效益的重要组成，是提高设计质量的基础。综合布线系统设施和预埋管线等是随着建筑物(群)的建设一起施工建设的。通过对综合布线系统工程现场的实地勘察或调查了解，对建筑环境、规模、结构、布局、已建成的综合布线系统设施和预埋管线形成图样，进而做出认真细致的分析，设计出切实可行的综合布线方案。

现场勘察的着眼点主要应放在以下几个方面：

1）了解各建筑物之间的距离、建筑工程中综合布线系统的进线间、设备间和工作区的位置，考虑建筑物之间的管线路由。

2）了解楼层数量及空间、各楼层、走廊和房间、电梯厅、大厅等的地面、墙壁、顶部吊顶的情况，考虑楼层中的管线路由。

3）了解用户群的组织特点，确定工作区数量和性质、对信息点的需求，包括类型、数量、位置等信息。

4）了解综合布线区域是否存在可能产生高电平电磁干扰的电动机、电力变压器、射频应用设备等电气设备，是否存在布线的禁区或是否有特殊的限制等。

### 2.1.3　知识储备

现场勘察是工程设计的基础工作，通过现场勘察可以确认建设单位提供的图样资料是否准确，现场条件是否符合设计条件，通过现场勘察了解楼体结构、现场条件等因素，为开展工程设计奠定基础。

1. 现场勘察前的准备工作

1）勘察团队成员组成、联系方式、紧急联系方式以及人员的任务分工。

2）制订勘察计划和勘察范围。

3）检验各种勘察设备，是否满足勘察要求。

2. 在勘察过程中需要做的工作

（1）依据资料核查现场　由于受到某些条件的限制，建设单位提供的图样资料来源渠道广泛，有的是设计资料，有的是竣工资料，也有的是若干年前的资料，或者资料不完整，无法满足目前的需要。

（2）确认设计目标及范围　通过现场勘察可进一步了解并确认建设单位的需求目标，以及建设单位目前的条件。

（3）收集其他资料　通过现场勘察可发现、收集其他资料，了解和研究项目实施时可能遇到的问题，以及改进方案，确定设计方向和范围，为工程设计、实施提供依据。

（4）确定方案的需求　确定建筑物内的所有信息流、数据流接入综合布线系统的可能性。用户的应用需求越多，建筑物的智能化程度越高，融入到综合布线系统中的信息流也将越多。

在确定建筑物或建筑群的功能需求以后，规划能适应智能化发展要求的综合布线系统设施和预埋管线，以防止今后扩建或改造而造成系统的复杂性和费用的浪费。

## 2.1.4 能力拓展

通过对建设单位的需求分析、现场勘察，逐步了解建设单位需要进行综合布线系统的项目范围、建设目标、质量目标等，了解建筑的功用、环境、规模、结构、布局等情况。现场勘察的作用如下：

1. 进一步了解建设单位的应用需求

应用需求就是设计单位结合建设单位对建筑或校区的功能需求，在语音、数据、图像、视频、控制等方面做出应用需求选择。

2. 进一步了解建设单位对信息点的要求

每一个工作区信息点数量的确定范围比较大，从现有的工程情况分析，安装多个信息点的现象普遍存在，为此要预留电缆和光缆备份的信息插座模块。由于建筑物性质不同，功能要求和实际需求不同，信息点的数量不能仅按办公楼的模式确定。尤其是对于专用建筑，如政府、金融、体育场馆、博物馆等建筑，数据点可能会存在内网、外网、专网、政务网，语音点包括普通电话、红色电话等多个截然不同又不能混淆的网络，还有一些无线接入点以及光纤信息点的接入要求。这就要求设计人员在设计之初就必须和建设单位做深入的沟通，详细了解建设单位的要求，以确定建设单位对信息点数量的具体要求。

3. 确定建设单位对网络性能的需求

网络性能需求有各应用子系统对服务效率、服务质量、网络吞吐率、网络响应时间、数据传输速度、资源利用率、可靠性、性能/价格比等的要求。

4. 了解各种约束对建设单位需求的影响

这里所说的约束泛指对综合布线系统工程的各种制约因素。应注意分析技术、资金、时间、应用、环境等制约因素与用户需求的矛盾，找出符合实际的结合点，充分满足用户需求。

通过现场勘察，设计单位通过建设单位提供的建筑图样、校园的平面布局、各种管井的位置、通信管道的路由，绘制各种设计图样。建设单位提供的校园平面图如图 2-1 所示。

结合各学校的实际情况与教学安排，建议学校由指导教师带队，学生参与对学校内部某楼进行现场勘察的工作。结合 ISO9000 质量管理体系的要求，根据现场勘察的结果，填写“现场勘察记录”。

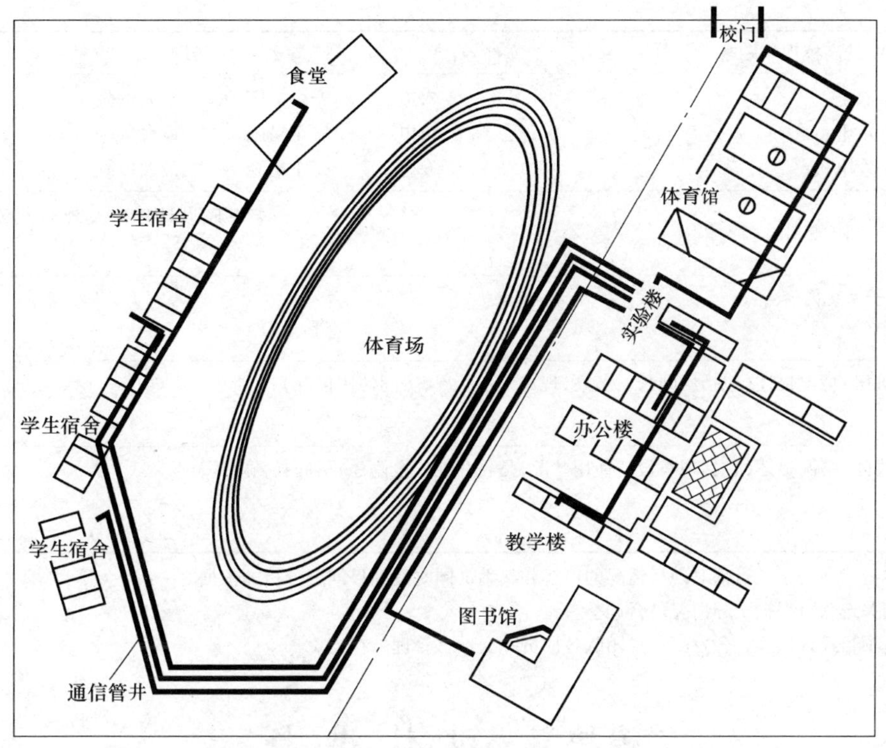


图 2-1　校园平面图

**现场勘察记录**

<table>
<tr><td colspan="2">文件名称：　某高校现场勘察</td><td colspan="2">文件号：</td><td>日期：</td></tr>
<tr><td colspan="5">参加勘察人员：</td></tr>
<tr><td>工程项目</td><td></td><td>建设单位</td><td colspan="2"></td></tr>
<tr><td>地　　址</td><td></td><td>联系方式</td><td colspan="2"></td></tr>
<tr><td>负责人</td><td></td><td colspan="2">电话：</td><td>传真：</td></tr>
<tr><td colspan="2">补充说明：</td><td colspan="3">其他相关情况叙述：</td></tr>
<tr><td>现场名称</td><td></td><td>地址</td><td colspan="2"></td></tr>
<tr><td>监理单位</td><td></td><td>负责人</td><td></td><td>电话</td></tr>
<tr><td>设计单位</td><td></td><td>负责人</td><td></td><td>电话</td></tr>
<tr><td colspan="5">调查结果</td></tr>
<tr><td>建筑物名称</td><td>楼层位置</td><td>建设范围</td><td>归属</td><td>其他事项描述内容</td></tr>
<tr><td></td><td></td><td></td><td></td><td>长：　宽：　高：<br>支撑方式：<br>层高：</td></tr>
<tr><td></td><td></td><td></td><td></td><td></td></tr>
</table>

（续）

<table>
<tr><td colspan="2">文件名称：　某高校现场勘察</td><td colspan="2">文件号：</td><td>日期：</td></tr>
<tr><td>电力供给</td><td colspan="2">农电：<br>市电：<br>发电机：</td><td colspan="2">农电：　安全措施　　最大负荷<br>市电：　安全措施　　最大负荷<br>发电机：安全措施　　最大负荷</td></tr>
<tr><td>主干线路</td><td>弱电竖井</td><td colspan="2">竖井数量：<br>长度：</td><td>竖井原设计用途及现有双绞线种类、冗余情况</td></tr>
<tr><td colspan="5">工程涉及的子系统内容：</td></tr>
<tr><td colspan="5">设备间（主机房）情况描述（包括房间长、宽、高，现有设备状况，房间使用情况）：</td></tr>
<tr><td colspan="5">接线间（配线间）情况描述（包括现有设备使用状况，是否存在安全隐患，房间长、宽、高）：</td></tr>
</table>

注：1. 本记录适用于项目部对现场情况的了解和熟悉，同时是项目问题分析的依据之一。
2. 相关选项可根据实际情况进行调整。
3. 由项目经理填写，分发给项目团队各成员并交项目管理部存档。

# 模块二　设 计 准 备

## 2.2.1　项目案例

设计单位通过与建设单位的相关人员进行沟通、现场勘察，明确建设单位的建设意图、建设目标、建设内容等需求后，着手准备项目设计。在设计工作开始前，有关设计人员针对该项目进行设计前准备工作，采用了《综合布线系统工程设计规范》（GB 50311—2007），结合该学院的实际需求与技术发展进行设计，在规定的时间内提交设计方案等设计资料，为项目的推进奠定基础。

## 2.2.2　案例分析

通过对该学院进行需求分析，设计单位需要通过对建设单位实施综合布线系统的相关建筑物进行实地考察，明确建设单位的建设意图、建设目标、建设内容等需求。在进行工程设计时，建议采用如下方式进行：

1. 建设单位需要考察设计单位的相关资质

为保证工程的建设质量，设计单位的相关资质至关重要。相关资质取决于从业人员的能力与工程的设计质量。而设计资料是工程施工的准则，设计质量的优劣决定了工程建设的质量。

2. 设计方案应符合国家有关的设计规范

综合布线的设计规范有很多，有国际的、国家的、行业的、企业的等，执行这些规范与标准时，应优先采用国家标准与规范，无论行业标准还是企业标准都是依据国家标准制定的，行业规范优于国家规范，企业规范应优于行业规范，国家标准与规范为从业企业应当遵循标准的底线。

3. 明确有关的设计原则

综合布线系统属于基础建设工程，在工程设计时，除遵循国家的设计规范外，还应参考经济适用、符合技术发展、便于维护等设计原则。

4. 设计方案要完整

园区网综合布线系统包含范围比较广，除楼体内部的布线系统外，还含有楼宇之间的通信线路管道工程、光纤传输工程、机房建设工程等，所以设计方案应完整，应包含这些建设工程。

5. 设计图样要标准

设计图样是指导施工的准则，施工单位按图施工，是保证施工质量的前提。在施工过程中结合工程实际，可以适当地予以修改，但不能进行大规模修改。

6. 建设预算要明确

设计方案完整后，要根据设计方案、设计图样制作相应的工程预算，工程预算是建设单位建设成本核算的重要依据。建设预算应参考有关的预算定额进行编制，预算定额按照执行地区不同分为国家预算定额和地区预算定额，地区预算定额是参考国家预算定额编制的。

### 2.2.3 知识储备

1. 设计原则

综合布线系统工程设计应遵循如下设计原则：

1）综合布线系统设施及管线的建设，应纳入建筑与建筑群相应的规划设计之中。工程设计时，应根据工程项目的性质、功能、环境条件和近、远期用户需求进行设计，并应考虑施工和维护方便，确保综合布线系统工程的质量和安全，做到技术先进、经济合理。

2）综合布线系统应与信息设施系统、信息化应用系统、公共安全系统、建筑设备管理系统等统筹规划，相互协调，并按照各系统信息的传输要求优化设计。

3）综合布线系统作为建筑物的公用通信配套设施，在工程设计中应满足为多家电信业务经营者提供业务的需求。

4）综合布线系统的设备应选用经过国家认可的产品质量检验机构鉴定合格的、符合国家有关技术标准的定型产品。

5）综合布线系统的设计应符合国家现行有关标准的规定。

2. 设计流程

通过用户需求分析，详细地掌握了综合布线系统工程的全面情况后，设计单位可以组织工程设计人员进行方案的设计工作，主要遵循以下流程：

（1）综合布线系统结构设计　综合布线系统结构反映了整个综合布线系统各子系统的分布情况，以及各子系统之间相互连接的状况。通过设计综合布线系统结构图来反映整个系统的结构，结构图中必须反映出信息点分布、信息点与各楼层配线架的连接、楼层配线架与设备间主配线架之间的连接、建筑群配线架之间的连接等信息。

（2）建筑物内部综合布线系统的设计　综合布线系统按照功能分为工作区、配线子系统、干线子系统、设备间、进线间、建筑群等。设计人员必须抓住各子系统的设计要点，结合工程建设单位的具体情况，设计出合理的方案，切记不要生搬硬套。设计的主要内容是确定使用线缆的类型、型号、接口标准、相关设备器材等，选择切合实际的布线方案。如果该系统的线缆在室外敷设，必须选择防水、抗拉的线缆，并且要考虑线缆屏蔽和电气保护的问题。

（3）管槽系统的设计　要根据综合布线系统的设计要求，分别设计各个子系统的管槽系统。管槽系统的设计关键在于选择安装路由、选择管槽的类型及规格、选择管槽敷设的方式(明敷或暗敷)。管槽系统的设计还要考虑屏蔽设计和电气保护的问题。

（4）综合布线系统的接地与防雷设计　为了提高抗干扰能力，综合布线系统的电缆及设备的屏蔽层必须接地。进线间和设备间的机柜和设备的外壳、防静电地板必须良好接地，以提高电气防护能力。为了解决防雷问题，综合布线系统的供电系统必须接地、户外进入室内的线缆也必须实施接地。在接地和防雷设计时，必须严格按照有关设计标准和规范进行设计，并达到相关的技术参数要求。

（5）综合布线系统的产品选型　综合布线系统的产品选型要根据工程建设单位的实际情况，选择适合的产品。为了保证施工质量，建议所有综合布线系统的产品使用符合有关标准的产品，以确保其相互匹配。

（6）综合布线系统设备及材料预算　根据上述各系统的设计情况，认真地统计综合布线系统工程所需的设备及材料，并以此为基础计算出工程预算，该预算可作为工程投资预算，也可作为工程招标的参考预算。

综合布线系统设计流程图如图 2-2 所示。

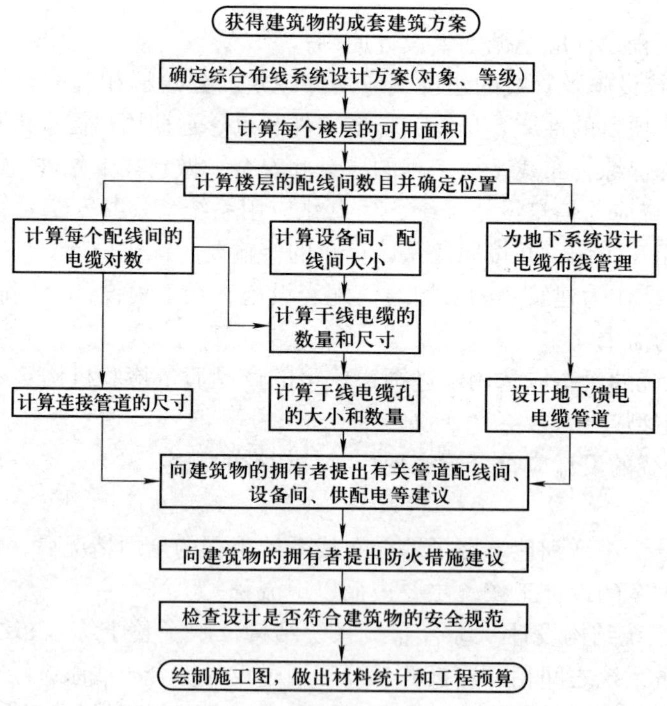


图 2-2　综合布线系统设计流程图

### 2.2.4　能力拓展

为保证设计质量，建立健全的质量管理体系，按照 ISO9000 质量管理体系的有关要求，在项目设计时，设计单位应进行严格的质量管理，推荐采用各种质量控制文档，以备审核。

结合各学校实际情况与教学安排，建议学校由指导教师带队，学生参与对学校内部进行现场勘察工作，结合 ISO9000 质量管理体系的要求，根据设计的要求，填写“工程设计任务书”。

工程设计任务书

<table>
<tr><td>工程名称</td><td></td><td>工程地点</td><td></td></tr>
<tr><td>工程类型</td><td></td><td>合同编号</td><td></td></tr>
<tr><td>建设单位</td><td></td><td>设计单位</td><td></td></tr>
<tr><td>开始时间</td><td></td><td>结束时间</td><td></td></tr>
<tr><td colspan="4">设计任务描述：</td></tr>
<tr><td colspan="4">任务要求：</td></tr>
<tr><td colspan="4">交接文件资料清单：</td></tr>
<tr><td colspan="4">工程设计有关联系人及联系方式：</td></tr>
</table>

| 建设单位 | 监理单位 | 设计单位 |
| --- | --- | --- |
| | | |

# 模块三　方案设计

## 2.3.1　设计案例

设计单位通过现场勘察，取得第一手设计资料，组织相关设计人员进行设计。设计人员采用了国际流行的综合布线系统设计模型，认真执行国家有关的设计规范，按照规定的时间为建设单位提供完善的设计资料，为项目推进奠定基础。

### 2.3.2 案例分析

这个阶段的设计主要是对综合布线的组成进行具体设计，即工作区设计、配线子系统设计、干线子系统设计、设备间子系统设计、进线间设计和建筑群子系统设计等，同时对相关的一些必要环节(如干扰、接地等)进行设计。各子系统设计目标如下：

1. 工作区设计

工作区需要支持电话机、数据终端、计算机、电视机、监视器和传感器等终端设备，选择相应的或通用性的接口。工作区设计包括信息插座、接口适配器、信息点的位置及数量以及相关器材的设计与选型。

2. 配线子系统设计

配线子系统应由工作区的信息插座模块(TO)、信息插座模块至楼层配线设备(FD)的电缆和光缆、楼层配线设备及设备线缆和跳线等组成。它的主要功能是：实现楼层内的各工作区之间通信；与干线子系统连接；实现楼层间的光电信号的转换。配线子系统是整个布线系统的一部分，它将干线子系统线路延伸到用户工作区，结构一般为星形结构。配线子系统设计包括配线设备的选用、通信线缆、线缆的路由、机柜以及相关器材的设计与选型。

3. 干线子系统设计

干线子系统也称为骨干子系统或垂直干线子系统，是整个建筑物综合布线系统的重要组成部分，由设备间至楼层配线设备的电缆和光缆、安装在设备间的建筑物配线设备(BD)及设备线缆和跳线组成。实际上是指负责从主交换机到分交换机之间的布线；各楼层间的通信互联、设备间之间的互连；提供建筑物的干线电缆的路由。干线子系统设计包括通信线缆、线缆的路由方式以及相关器材的设计与选型。

4. 设备间子系统设计

设备间是一个安放公共通信设施的场所，由设备间中的电缆、连接器和相关支撑硬件组成。它把公共通信设施中各种不同的设备互相连接，是通信设施、配线设备的所在地，也是线路管理的集中点，同时也是建筑物内部的通信中心。每个建筑物至少有一个设备间，设备间可以和计算机主机房设计在一起，也可以分开进行单独设计。设备间设计包括位置的选择、连接器材以及相关的配套设施设计。

5. 进线间设计

进线间是建筑物外部通信系统和信息管线的入口处，是通信接入设施和建筑群配线设备的安装场地，以及室外电缆和光缆引入楼内的成端与分支及光缆的盘长空间位置，主要负责与其他建筑物之间的通信连接。进线间设计包括位置的选择、连接器材以及相关器材的设计与选型的配套设施设计。

6. 建筑群子系统设计

建筑群子系统是将一个建筑物的电缆延伸到建筑群的另外一些建筑物中的通信设备或装置上，由建筑物间的通信线路和配套的通信管网组成，提供楼宇间的通信与信息交换。建筑群子系统的主要作用是：

1）连接不同楼宇之间的设备间子系统。

2）实现大面积地区建筑物之间的通信连接。

建筑群子系统设计包括位置的选择、连接器材以及相关器材的设计与选型的配套设施设计。配套设施主要包括通信管道、直埋、架空线路等，各种配套设施的比较见表2-1。

表2-1　各种配套设施的比较

| 方法 | 优　点 | 缺　点 |
| --- | --- | --- |
| 通信管道 | 电缆的敷设、扩充和加固都很容易；保持建筑物的外貌，维护简便 | 工程量大，通信管道建设的成本高 |
| 直埋 | 保持建筑物的外貌 | 破坏园区绿化，建设成本高，后期维护困难 |
| 架空线路 | 成本低，施工容易，易维护 | 施工安全风险高，影响园区绿化 |

综上所述，目前网络带宽已从100Mbit/s发展为1000Mbit/s、10Gbit/s，基于建设单位需求为基础，结合技术的发展，为充分保护建设单位投资，满足未来升级的需要，建议建设单位选择扩展性好、易于维护的星形网络拓扑。楼内的采用超5类或6类综合布线系统作为工作区与配线子系统建设，采用多模光缆作为干线子系统建设。园区内以通信管道工程为基础的为配套设施，采用单模光缆作为建筑群子系统的通信，从而实现“10Gbit/s做主干，1000Mbit/s做骨干，100Mbit/s到桌面”的建设思路。

## 2.3.3　知识储备

1. 工作区设计

工作区可以按照房间面积进行设计，设计的过程如下：

1）根据房间的平面图计算实际可用的空间。

2）根据使用空间估计工作区的信息插座的数量，信息插座的数量可分为基本型和增强型两类。基本型每9～10m$^2$安装1个双孔信息插座，即每个工作区提供一部电话和一部计算机终端。增强型每9～10m$^2$安装2个双孔信息插座，即每个工作区提供两部电话和两部计算机终端。

3）根据房间的结构不同，选择适配器以及安装方式。综合布线系统是一个开放的系统，通过选择适当的适配器，可使综合布线系统的输出与用户的终端设备保持完整的电气兼容性、网络协议的兼容性。

根据房间的结构不同，可采用不同的安装方式。新建筑物通常采用嵌入式(暗装)信息插座，用户首选超5类或更高级别的适配器。建议选用RJ-45接头以及信息插座，作为工作区子系统的主要接入部件，以满足未来情况的变化。选择这些适配器时要与配线子系统双绞线配套使用，即配线子系统双绞线选择超5类布线系统时，适配器也要选择超5类，切勿混合使用，以免发生不兼容的现象。RJ-45接头如图2-3所示，信息插座如图2-4所示。

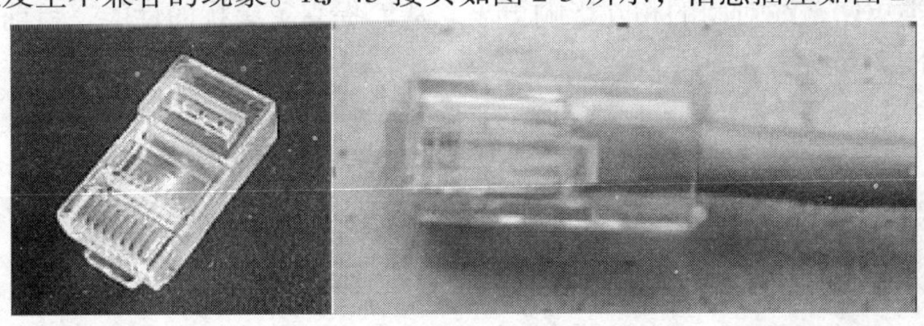

图2-3　RJ-45接头

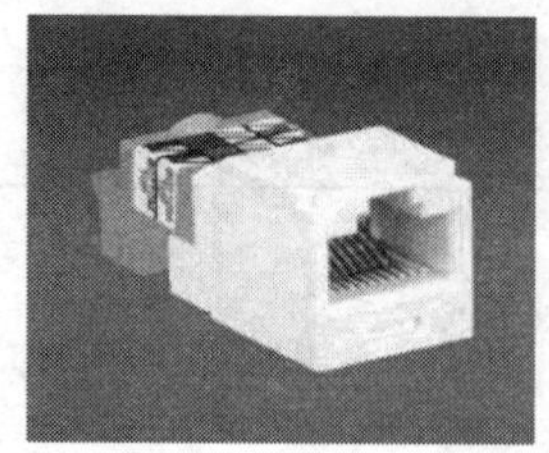

图 2-4 信息插座

2. 配线子系统设计

配线子系统一般由双绞线(Twisted Pair,TP)和配线管理系统构成。

(1) 双绞线 双绞线是由两根具有绝缘保护层的铜导线组成的，把一对或多对双绞线放在一个绝缘套管中便构成了双绞线电缆。把两根绝缘的铜导线按一定密度互相绞合在一起，目的是为了可降低信号干扰的程度，每一根导线在传输中辐射出来的电波会被另一根线上发出的电波抵消。电缆护套外皮有非阻燃(CMR)、阻燃(CMP)和低烟无卤(LSZH)三种材料。

双绞线在使用过程中，按照常用的分类方式分为如下几种：

1) 按屏蔽性能分为屏蔽双绞线（STP)和非屏蔽双绞线(UTP)，其结构如图 2-5 所示。

a) 屏蔽双绞线

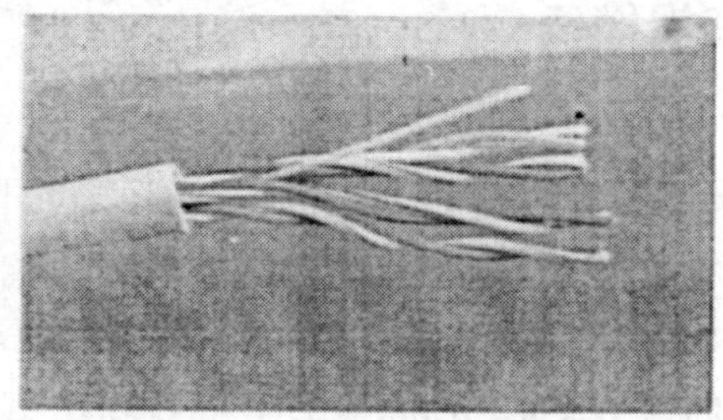

b) 非屏蔽双绞线

图 2-5 屏蔽双绞线和非屏蔽双绞线

2) 按性能可分为 1 类、2 类、3 类、4 类、5 类、超 5 类、6 类、7 类双绞线电缆，目前主流技术的电缆使用方式如下：

① 1 类双绞线——CAT1：线缆最高频率带宽是 750kHz，用于报警系统、只适用于语音系统。

② 2 类双绞线——CAT2：线缆最高频率带宽是 1MHz，用于语音、EIA-232 连接。

③ 超 5 类双绞线——CAT5E：目前市场主流产品，超 5 类双绞线是增强型的 5 类双绞线，线缆最高频率带宽为 100MHz，与 CAT5 相比，它可以更好地支持 1000Mbit/s 的传输。

④ 6 类双绞线——CAT6 ：性能超过 CAT5E，线缆频率带宽为 250MHz 以上，6 类电缆的绞距比超 5 类更密，线对间的相互影响更小，从而提高了串扰的性能，目前为市场主流产品，其结构如图 2-6 所示。

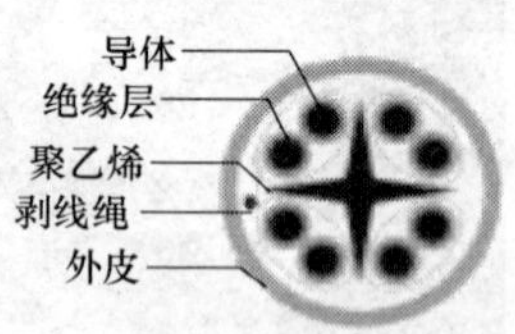


图 2-6 CAT6 双绞线

⑤ 7类双绞线——CAT7：七类标准是一套在100Ω双绞线上支持最高600MHz带宽传输的布线标准，俗称万兆铜缆布线标准。到目前为止，该技术尚未普及，或许在不久的将来，该技术能广泛应用。

在选择双绞线时，一定要参照市场技术发展的主流以及用户需求去选择，如果是用于语音传输，则选择3类以下的双绞线；如果用于数据传输，则选择超5类或6类双绞线，并与工作区子系统的适配器、信息插座相配套使用。表2-2为8芯双绞线线对分类。

**表2-2 8芯双绞线线对分类**

| 线 对 | 颜色色标 | 缩 写 |
|---|---|---|
| 线对1 | 白—蓝<br>蓝 | W—BL<br>BL |
| 线对2 | 白—橙<br>橙 | W—O<br>O |
| 线对3 | 白—绿<br>绿 | W—G<br>G |
| 线对4 | 白—棕<br>棕 | W—BR<br>BR |

双绞线电缆的外部护套上每隔2ft(1ft＝0.3048m)会印上一些标志，包括双绞线的生产商、NEC/UL防火测试和级别、双绞线类型、长度标志、生产日期和产品号码等信息，例如，双绞线标志为“AVAYA-C SYSTEIMAX 1061C + 4/24AWG CM VERIFIED UL CAT5E 31086FEET 09745.0 METERS”。

其中，AVAYA-C SYSTEIMAX：生产厂商；1061C + 4/24AWG CM VERIFIED UL：NEC/UL防火测试和级别；CAT5E：双绞线类型，该双绞线为超5类双绞线；31086FEET 09745.0 METERS：长度标志；FEET代表英尺(ft)；METERS代表米。

根据建筑物的结构特点、用户的不同需求，布线可采用多种方式进行，施工单位应灵活掌握。主干线路一般采用金属线槽或桥架，沿走廊方向进行施工敷设；各房间的工作区采用金属管或PVC线管(槽)，沿墙壁方向进行施工敷设。

(2) 配线管理系统　配线管理系统一般设在楼层弱电井或弱电井附近的房间中，主要由通信设备承担楼层光电转换功能，是楼层内部与楼层间通信的连接点。配线管理系统主要以配线架、机柜以及相关的通信设备构成，通常用于楼层面积超大的地方，如楼层总长度已超过100m时才选用，如果楼层总长度未超过100m，可以由主设备间取代。管理系统的组成如图2-7所示。

配线架工作原理如图2-8所示。

3. 干线子系统设计

干线子系统是指设备间系统与配线子系统之间的连接电缆，用于实现楼层间的通信。干线子系统通常使用光缆将位于主控中心的设备和位于各个楼层的配线间的设备连接起来，两端分别端接在设备间和楼层配线间的配线架上，是建筑物中最重要的通信干道。

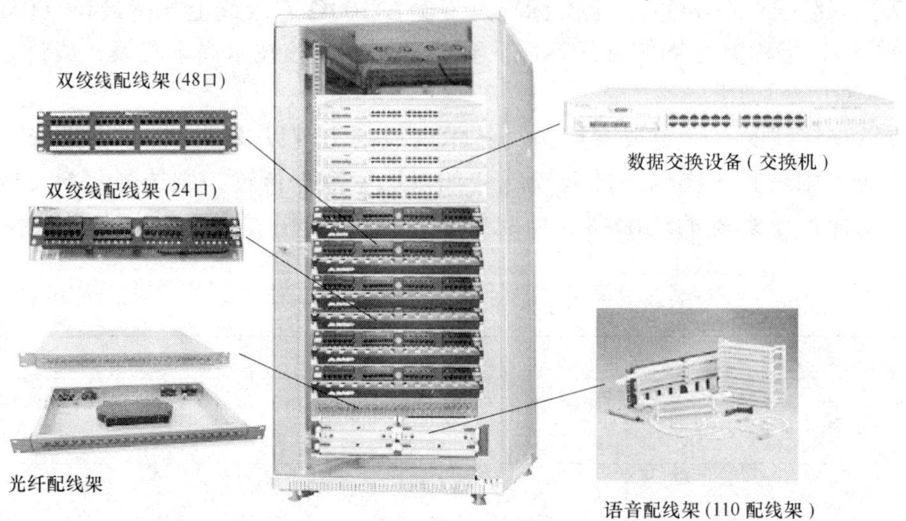


图 2-7 管理系统的组成

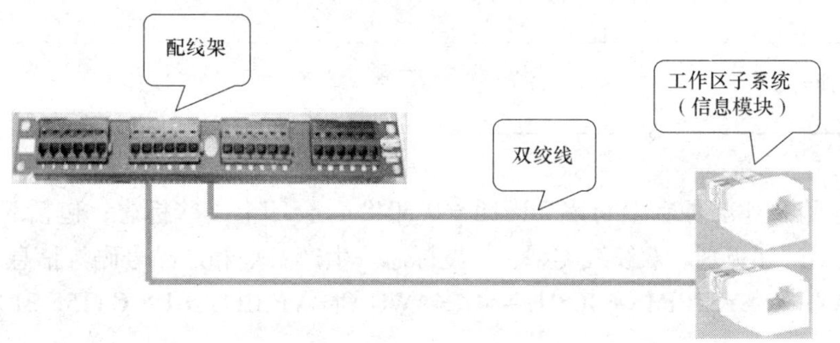


图 2-8 配线架工作原理

光缆是数据传输中最高效的一种传输介质，主要依靠光纤进行信号的传输，由纤芯、包层、保护套构成，其结构如图 2-9 所示。

光纤是一种传输光束的细而柔韧的媒质，是采用石英玻璃制成的、横截面积较小的双层同心圆柱体。光纤由纤芯和包层组成，折射率高的中心部分叫做光纤芯，折射率低的外围部分叫做包层。光纤的外围再附加保护措施，构成了光缆的外套。

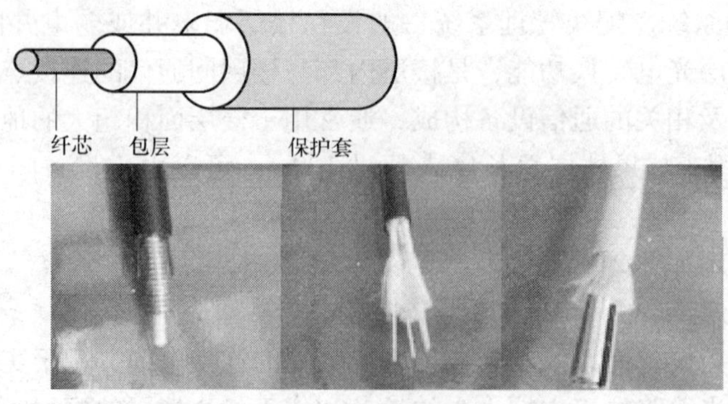


图 2-9 光缆结构

光纤有以下几个优点：

1）到目前为止，光纤带宽可达到1000Mbit/s、10Gbit/s，具有非常大的带宽。

2）光纤中传输的是光束，而光束是不受外界电磁干扰影响的，并且本身也不向外辐射信号，电磁绝缘性能好，因此它适用于长距离的信息传输以及要求高度安全的场合。

3）衰减较小，在较大的传输速率范围内基本上是常数值。

4）增设光中继器的间隔距离大，通道中继器的数目可大大减少。

根据光线在光纤中传输特点的不同，光纤分为单模光纤(Single Mode Fibre,SMF)和多模光纤(Multi Mode Fibre,MMF)，其中“模”是指一个光子在光纤中传输的路径。单模是多个光子沿着同一路径进行传输，而多模则是多个光子沿着不同的路径进行传输，单模光纤与多模光纤工作原理如图2-10所示。

图2-10　单模光纤与多模光纤工作原理

单模光纤的纤芯直径很小，采用固体激光器做光源，在给定的工作波长上基本上只能以单一的模式进行传输，传输频带宽、传输容量大。单模光纤按照有关规范中的规定，纤芯直径为8～10μm，包括外包层，其直径为125μm，通常在建筑物之间或地域分散时使用，实现远距离或超远距离通信。

多模光纤采用发光二极管做光源，在给定的工作波长上，能以多个模式同时传输，从而形成模分散，限制了带宽和距离，因此，传输速度低、距离短，成本低。多模光纤的纤芯直径一般为50～200μm，而包层直径的变化范围为125～230μm，国内计算机网络常用纤芯直径为62.5μm，包层为125μm，也就是通常所说的62.5/125μm规格，一般用于建筑物内的通信。

光缆中的纤芯必须成对出现，用于发送和接收信号，从而实现全双工通信，并且单模光纤与多模光纤不能混用，其传输原理如图2-11所示。

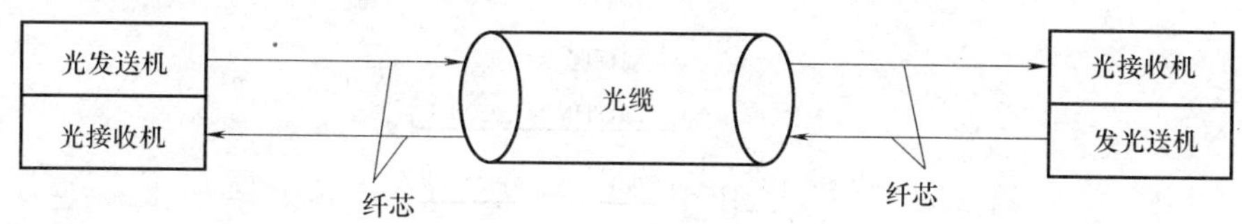


图2-11　光缆传输原理

光缆在实际应用中需要使用各种连接器进行光缆的续接，实现信号的延续传输，常用光纤连接器如图2-12所示。

4. 设备间设计

设备间是在每一幢建筑物适当的地点设置进线设备，是管理人员值班、进行网络管理的场所。它由综合布线系统的建筑物进线及设备、电话、数据、计算机等各种主机设备及其保安设备等构成。设备间主要承担的是楼宇之间的通信，并且要求比较严格，如设备间增加防雷、防过电压、防过电流的保护设备，并有相应的国家建设标准与各种规范，具体设计由相应的模块进行阐述。

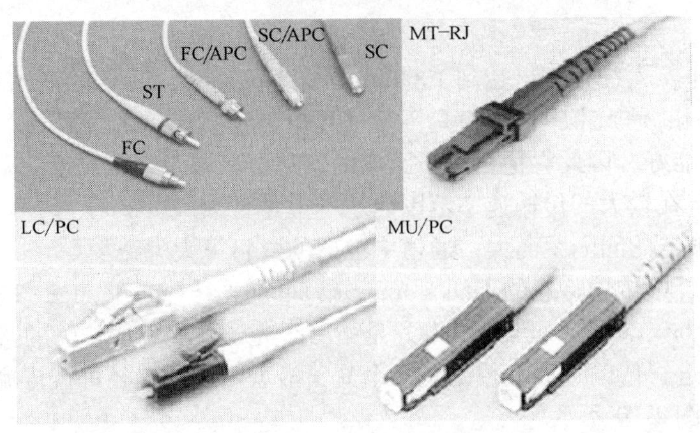


图 2-12　常用光纤连接器

5. 建筑群子系统设计

建筑群子系统是指由两个以上建筑物的通信系统组成一个建筑群综合布线系统，由连接各建筑物之间的通信介质组成建筑群子系统，主要为满足建筑群之间的通信功能。

这部分布线系统可以采用管道内布线法、直埋布线法、架空布线法，或者采用这三种布线法的任意组合。在实际应用中，究竟采用何种方式视具体情况而定。建筑物子系统之间的通信系统通常采用光缆，选择光缆时必须依据线路的路由方式，不能按照建筑物之间的直线距离而确定，通常情况下采用的均为单模光缆。建筑群子系统的设计与施工涉及通信管道工程与通信线路工程，如果读者感兴趣，可参考相关教材或参考《通信管道与通道工程设计规范》(GB 50373—2006)、《通信管道工程施工及验收规范》(GB 50374—2006)等国家相关标准进行学习。

## 2.3.4　能力拓展

高校教学楼为 6 层楼，楼宇长约 54m、宽约 14m、层高 4m，共计 141 个信息点。设备间位置分别位于 5 楼、3 楼、1 楼。综合布线系统的拓扑如图 2-13 所示，楼层布线如图 2-14 所示。

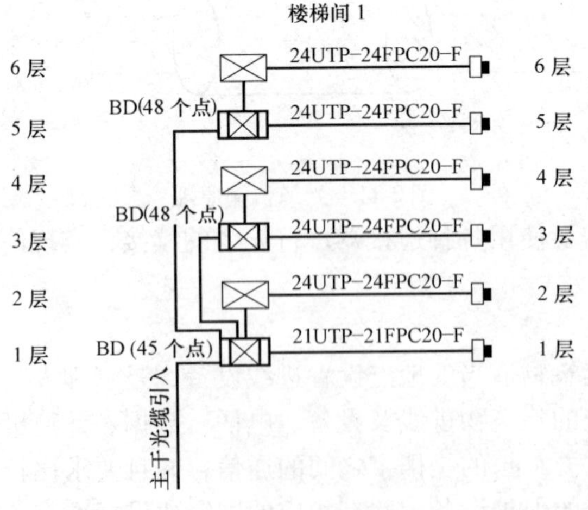


图 2-13　综合布线系统的拓扑

45000
5400
8800
3900
8800
3900
8800
5400
6000
2075
6000
14075
TP
TO
设备间

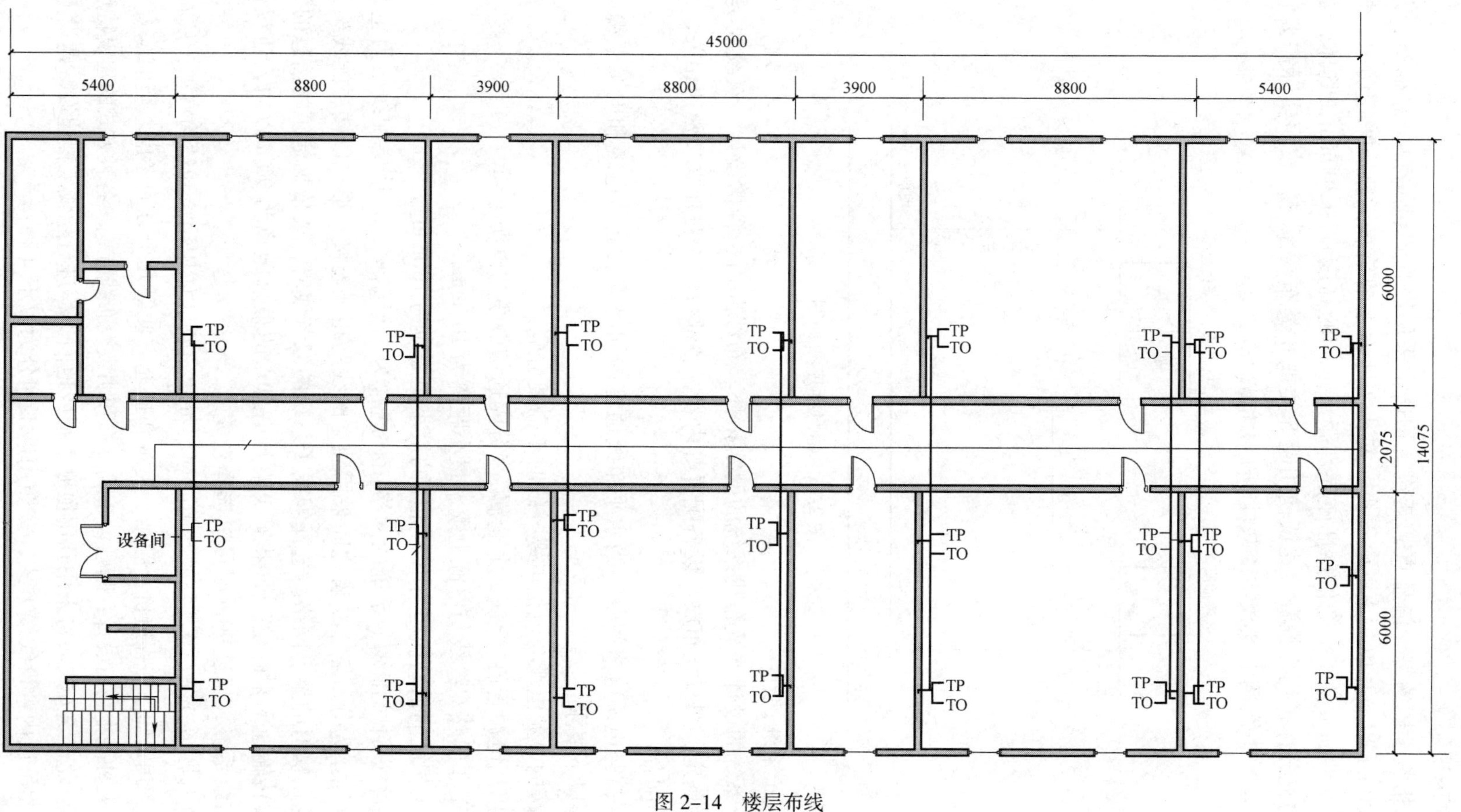

图 2-14 楼层布线

1. 工作区设计

工作区指教学楼的每一信息点，新建筑物通常采用嵌入式(暗装)信息插座，并且与交流电相距200mm以上，以防止电磁干扰；安装在地面上的信息插座应采用防水和抗压的接线盒，安装在墙面或柱子上的信息插座底部距离地面的高度宜为300mm，具体位置如图2-15所示。为充分保护用户投资，建议使用超5类或6类布线系统，按照实际需要计算信息模块的需求量，本案例中该教学楼共计141个信息点。

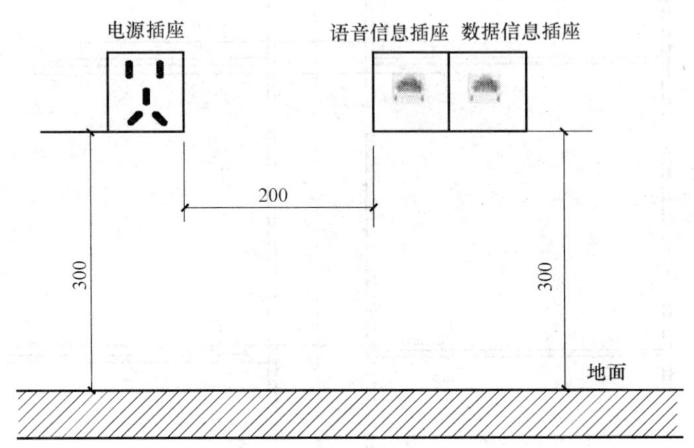


图2-15 信息插座布局图

2. 配线子系统设计

配线子系统的设计涉及布线系统的网络拓扑、布线路由、管槽设计、双绞线类型选择、双绞线长度确定、双绞线布放、设备配置等内容，各部分既相对独立又密切相关，设计中要考虑相互间配合。

(1) 保持与电源电缆间距 当水平布线通道内同时安装通信电缆和电源电缆时，电缆敷设要符合以下要求：

1）屏蔽的电源电缆与电信电缆并线时不需要分隔。

2）可以用电源管道(金属或非金属)来分隔通信电缆与电源电缆。

3）对于非屏蔽双绞线与电源电缆，最小距离为100mm。

4）在工作区的信息插座与电源插座的最小距离应为100mm。

(2) 拓扑设计 配线子系统的网络拓扑通常为星形结构，以楼层配线架为主节点，各工作区信息插座为分节点，二者之间采用独立的线路相互连接，形成以楼层配线架为中心向工作区信息点辐射的星形网络。选择配线子系统的双绞线时，要依据建筑物信息的类型、容量、带宽或传输速率来确定，如果配线架与信息点的最远距离为90m以内，建议使用超5类或6类布线系统，超过90m时可以选择光缆。

(3) 布线路由设计 设计管槽路由时要根据建筑物的使用用途和结构特点，从布线规范、便于施工、路由最短、工程造价、隐蔽、美观和扩充方便等几个方面考虑。当前综合布线工程中，一般有两种基本路由设计：暗敷设布线方式和明敷设布线方式。各种方式的建设特点如下：

1）暗敷设布线方式通常采用利用顶棚工程或地面工程进行隐蔽工程建设，建设方案如下：

① 顶棚吊顶内敷设线缆方式，按照用途不同分为以下几种：

A. 分区法。将顶棚内的空间分成若干个小区，敷设大容量电缆。从楼层配线间利用管道穿放或直接敷设到每个分区中心，由小区的分区中心分出线缆经过墙壁或立柱引向信息插座，也可在中心设置适配器，将大容量电缆分成或干根小电缆再到信息插座，通常以暗埋PVC线管方式进行，适用于新建筑使用。

B. 内部布线法。从楼层配线间将电缆直接敷设到信息插座，灵活性最大，不受其他因素限制，经济实用，不用其他设施，且电缆独立敷设传输信号不会互相干扰，但需要的双绞线条数较多。初次投资比分区法多，通常以敷设PVC线槽方式进行，适用于既有建筑改造使用。

C. 电缆槽道法。线槽可选用金属线槽，或阻燃高强度PVC槽。通常安装在吊顶内或悬挂在顶棚上，用在大型建筑物或布线比较复杂、需要有额外支撑物的场合，适用于既有建筑改造使用，并且用顶棚吊顶等措施进行掩饰。

顶棚内敷设线缆如图2-16所示。

② 地面槽管方式是由设备间出来的线缆从地面线槽到地面出线盒或由分线盒引出的支管到墙壁上的信息出口，如图2-17所示。

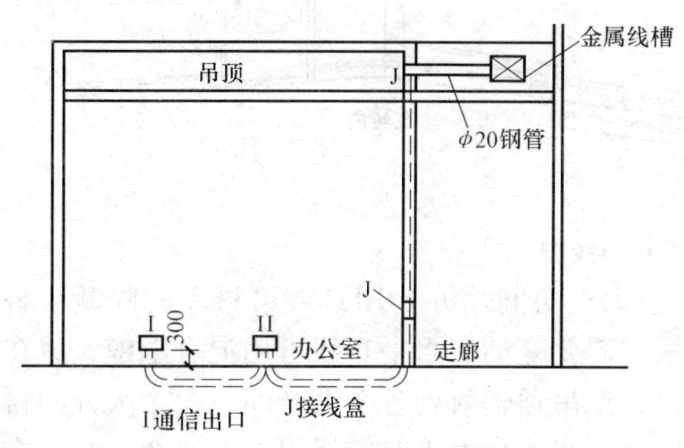

图2-16　顶棚内敷设线缆

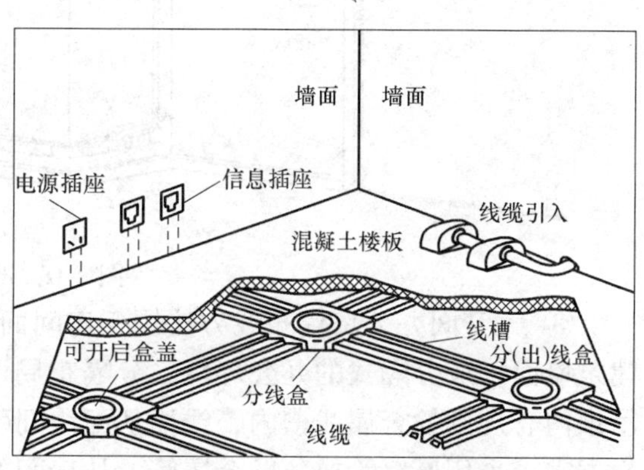

图2-17　地面槽管方式布线图

地面槽管方式的优势如下：

A. 信息出口距配线间的距离不限。地面槽管每4～8m设置一个分线盒，以方便施工。

B. 强、弱电可以同时使用槽管路由。强、弱电可同时使用地面槽管，而且可连接到同一出线盒内的各自插座，此时地面槽管必须接地屏蔽。

C. 适用于大开间或需要后打隔断的场地。

地面槽管方式的劣势如下：

A. 线槽做在地面垫层中，至少需要6.5cm以上垫层厚度，这对尽量减小挡板及垫层厚度不利。

B. 如果楼板较薄，有可能在其他工程施工过程中，影响使用和受损。

C. 不适合楼层中信息点特别多的场合。

D. 不适合石质地面，路由应避免经过石质地面或不在其上放出线盒与分线盒。

E. 造价较昂贵，地面接口的盒盖多是铜质，价格较贵，为吊顶内槽管方式的3～5倍。

③ 板下敷设线缆的方法在智能建筑中广泛使用，尤其是新建和扩建建筑更为适宜。由于线缆敷设在地板下面，既不影响美观，又无需考虑其荷重，施工安装和维护检修均方便。地板下的布线方式主要有地面线槽布线法、蜂窝状地板布线法、高架地板布线法，直接埋管法。

2）明敷设布线方式通常采用利用顶棚工程或地面工程进行非隐蔽工程建设，建设方案如下：

① 针对既无顶棚吊顶又没有预埋管槽的建筑物，通常采用走廊槽式桥架和墙面槽管相

结合的方式来设计布线路由。

② 室内布线采用墙面线槽的方式，楼层信息点较少时也可以选用，与槽式桥架方式一样，墙面线槽设计、施工方便，如图 2-18 所示。线槽的规格根据线缆的数量选用，常用的规格有 20mm×10mm、40mm×20mm、60mm×30mm、100mm×30mm 等几种型号。

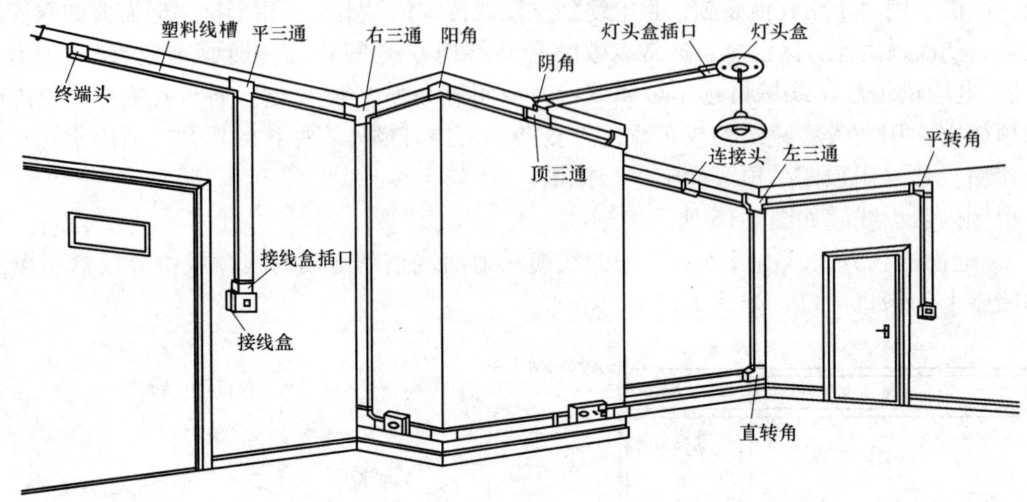


图 2-18 明敷设布线图

③ 大开间办公环境布线方法用于房间面积较大、房间用办公用具或可移动的隔断代替建筑墙面构成分隔式的办公环境，分隔布局可根据需要变动。水平布线可用混合电缆，放在吊顶内有规则的金属线槽内，线槽从配线间引出，走吊顶辐射到各个大开间。每个大开间再根据需求采用厚壁管或薄壁金属管，从房间的墙壁内或墙柱内将双绞线引至接线盒，与组合式信息插座相连接，如图 2-19 所示。

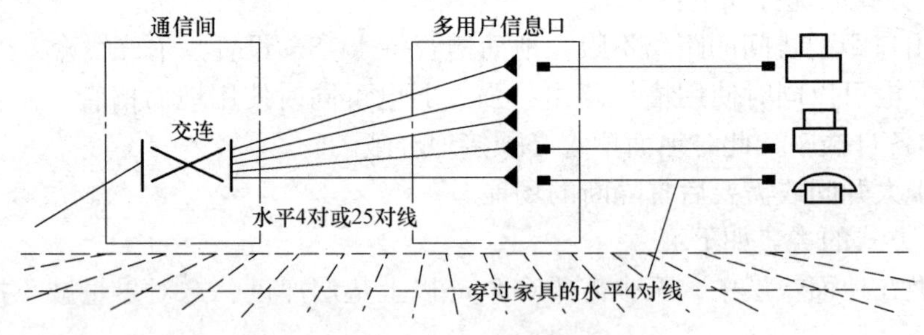


图 2-19 大开间办公环境水平布线图

（4）管槽容量设计 管槽容量大小可采用以下简易方式来计算：

$$槽(管)截面积 = (n \times 线缆截面积)/70\%$$

式中，$n$ 为用户所要安装的线的条数(已知数)；槽(管)截面积为要选择的槽管的截面积；线缆截面积为选用的线缆面积；70% 为布线标准规定允许的空间。

用以上方法计算出的管槽容量，按要求留有较多的余量空间，在实际工程中也可根据具体情况适当多容纳一些线缆。

（5）电缆长度估算 信息点至配线间的总电缆长度($L$)为

$$L = n[0.55(L_{max} + L_{min}) + 6\text{m}]$$

式中，$L_{max}$为服务区域内信息插座至配线间的最远距离；$L_{min}$为服务区域内信息插座至配线间的最近距离；$n$为每层楼的信息插座(IO)的数量。

整座楼的用线量：$W=\sum L$，$L$为信息点至配线间的总电缆长度。

3. 干线子系统设计

干线子系统是指设备间系统与配线子系统之间的连接电缆，是建筑物的主干电缆，设计时应从以下几方面考虑：

(1) 确定每层楼的干线电缆需求　根据不同需要和经济性选择干线电缆类型，确定使用光缆还是双绞线。

(2) 确定干线电缆长度　干线电缆的长度可用比例尺在图样上测量，也可用等差数列计算。计算时，需要注意的是每段干线电缆长度要有备份(约10%)和进行端接损耗的考虑。

(3) 确定干线电缆路由　选择干线电缆路由的原则应是最短、最安全、最经济。垂直干线通道结合建筑物结构特点和用户要求不同，主要有两种方法可供选择：电缆孔法和电缆井法，各自的特点如下：

1) 电缆孔法就是利用嵌在混凝土地板中预留的金属管作为干线电缆敷设通道。这些预留的电缆孔通常使用直径为10cm的钢管做成，是在浇注混凝土地板时嵌入的，比地板表面高出2.5~10cm。当配线间处于相同位置时，一般采用电缆孔法，如图2-20所示。

2) 电缆井法目前是经常使用的垂直布线系统电缆敷设方法，在每层楼板上开出一些方孔，方孔的大小依据所用的电缆数目而定。与电缆孔法一样，电缆也是固定在支撑用的钢丝绳上，钢丝绳利用墙上的金属条或地板三角架固定住。电缆井的选择非常灵活，可以让直径不同的各种电缆以任何组合方式通过，电缆井虽然比电缆孔灵活，但是在原有建筑物中开电缆井安装电缆，成本比较高，另外使用电缆井时，要注意防火。电缆井法如图2-21所示。

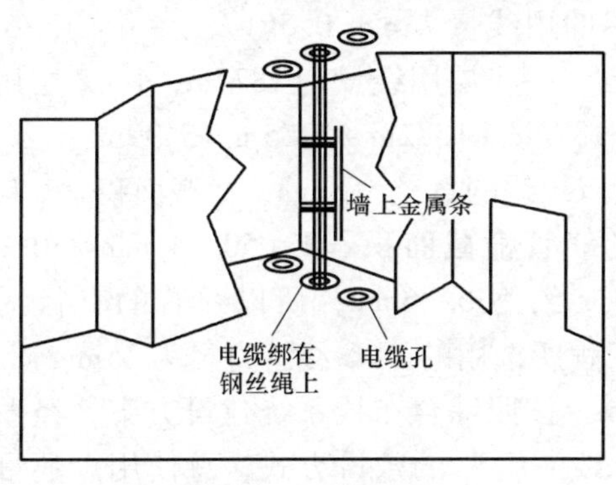


图2-20 电缆孔法

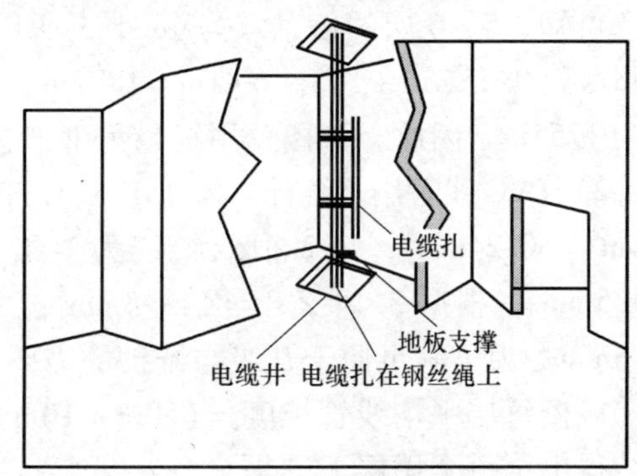


图2-21 电缆井法

4. 设备间设计

设备间一般设在楼层弱电井附近，主要由通信设备承担楼层光电转换功能，实现楼层内部与楼层间连接的主要通道，实现楼层间的通信，设计时应从以下几方面考虑：

(1) 确定配线架的型号　配线架的种类不同，适用的场合也不同。快接式配线架适用于信息点数较少，主要以计算机为使用对象，用户经常对楼层的线路进行修改、移位或重组的场合。多对数配线架适用于信息点多，以电话和计算机为主要使用对象，用户经常对楼层的线路进行修改、移动或重组的场合。

(2) 计算配线架数量　计算配线架数量的原则有两个：语音配线架与数据配线架分开；

进线与出线分开(即垂直连接与水平连接分开)。此外，为了保证系统的未来应用，建议用于水平双绞线(包括数据与语音)的所有 8 芯线都要打在配线架上。

(3) 选择所需机柜　机柜一般是冷轧钢板或合金制作的用来存放计算机和相关控制设备的物件，可以提供对存放设备的保护，屏蔽电磁干扰，有序、整齐地排列设备，方便以后维护设备。机柜一般分为服务器机柜、网络机柜、控制台机柜等。高度有 18U(1.0m)、22U(1.2m)、27U(1.4m)、32U(1.6m)、37U(1.8m)、42U(2m)、47U(2.2m)，其中 1U = 4.45cm；宽度为工业标准 19in(1in = 0.0254m)；深度为 700mm、800mm 和 900mm 三种。

5. 材料统计

(1) 工作区材料统计　工作区材料统计主要是估算信息插座和信息模块的用量。根据案例要求，建议建设单位选择超 5 类或 6 类布线系统，楼内共计 141 个信息点，因此，超 5 类或 6 类布线(简称为 CAT5E 或 CAT6)的信息插座为 141 个，相应的信息模块为 141 个。

(2) 配线子系统材料统计　配线子系统全部采用 CAT5E 或 CAT6，综合布线系统的布线方式为顶棚吊顶内敷设线缆，采用分区法进行。配线子系统的网络拓扑通常为星形结构，以各楼层的配线架为主节点，各工作区信息插座为分节点，二者之间采用独立的线路相互连接，形成以楼层配线架为中心向工作区信息点辐射的星形网络。

综合布线系统的路由采用 PVC 线管暗敷，按照办公区信息点数量，由设备间敷设至工作区进行敷设。敷设方案为：墙壁上安装一个信息点的，采用“一线一管”方式，即每根线缆使用一根线管；墙壁上安装两个信息点的，采用“二线一管”方式，即每两根线缆使用一根线管。各种材料统计如下：

1) 双绞线用线量统计。以 5 ~ 6 层为例，配线间位于 5 楼，计算用线量。由图样测绘得出，最远点为距离配线间 50m 处，$L_{max} = 50m$；最近点为距离配线间 10m 处，$L_{min} = 10m$，由题意可知，5 ~ 6 层的信息点为 48 个，所以 5 ~ 6 层的用线量 $L = n[0.55(L_{max} + L_{min}) + 6m] = 48 \times [(0.55(50 + 10) + 6)]m = 1872m$。以此类推，3 ~ 4 层用线量为 1872m，1 ~ 2 层用线量为 1755m。因此，该楼总用线量为 $W = \sum L$，$W = 1872m + 1872m + 1755m = 5499m$。

2) PVC 线管用量统计。CAT5E 或 CAT6 非屏蔽双绞线的直径为 8mm，横截面积 = $3.14 \times 4^2 mm^2 = 50.24mm^2$，每 2 根双绞线为 1 组，选用的线管横截面积 = $2 \times 50.24\ mm^2/70\% = 143.5mm^2$，根据 $3.14 \times r^2 = 143.5mm^2$，可得半径 $r$ 约为 6.76mm，所以线管的直径约为 13.5mm。为了满足便于升级与维护的需要，该项工程所选用的 PVC 线管直径为 15mm。

该楼每层平均线管长度 = (50m + 10m)/2 = 30m，按照综合布线系统建设方案，经图样测绘得出，每个楼层无论是“一线一管”还是“二线一管”的敷设方式，总使用点数量共计 16 个，因此该楼线管总长度 = 6 × 16 × 30m = 2880m。考虑到敷设时的实际应用，实际选用线管的长度约为 3000m。

(3) 垂直布线材料统计　垂直布线选用光纤，考虑冗余以及传输距离，建议选用多模 4 芯户外光缆，层高为 4m，1 ~ 5 层垂直高度为 16m，建议使用 20m 光缆；1 ~ 3 层的垂直高度为 8m，建议使用 12m 光缆；光缆总长度 = 20m + 12m = 32m。

(4) 设备间的材料统计　根据各楼层使用点数量统计每个设备间的配线架数量。由于设备间需要进行干线子系统的连接，因此还需要进行光缆续接的材料统计。统计方法如下：

1) 5 ~ 6 层设备间的材料统计如下：

① 配线架的统计。5 ~ 6 层的信息点为 48 个，可以选用 1 个 48 口的 CAT5E 或 CAT6 布

线系统的配线架，或者选用2个24口的CAT5E或CAT6布线系统的配线架，为了便于管理，建议5层与6层分别使用24口的CAT5E或CAT6布线系统的配线架。

② 光缆续接的材料统计。光缆终端盒1个、FC接头的多模尾纤1根、连接本层设备的光纤耦合器4个、光缆终端盒所使用的8接口面板1个。

2）3~4层设备间的材料统计如下：

① 配线架的统计。3~4层的信息点为48个，可以选用1个48口的CAT5E或CAT6布线系统的配线架，或者选用2个24口的CAT5E或CAT6布线系统的配线架。为了便于管理，建议3层与4层分别使用24口的CAT5E或CAT6布线系统的配线架。

② 光缆续接的材料统计。光缆终端盒1个、FC接头的多模尾纤1根、连接本层设备的光纤耦合器4个、光缆终端盒所使用的8接口面板1个。

3）1~2层设备间的材料统计如下：

① 配线架的统计。1~2层的信息点为45个，可以选用1个48口的CAT5E或CAT6布线系统的配线架，或者选用2个24口的CAT5E或CAT6布线系统的配线架。为了便于管理，建议1层与2层分别使用24口的CAT5E或CAT6布线系统的配线架。

② 光缆续接的材料统计。光缆终端盒1个、FC接头的多模尾纤1根、连接本层设备的光纤耦合器4个、光缆终端盒所使用的8接口面板2个。

③ 由于1楼的设备间与进线间同处一室，是该楼的主设备间，因此，还需要光缆终端盒1个、FC接头的多模尾纤3根、光纤耦合器12个，分别用于连接3~4层的设备间、5~6层的设备间；光缆终端盒所使用的16接口面板1个。

6. 材料清单汇总

在综合布线系统中，工作区、配线子系统无论选用CAT5E还是CAT6布线系统，所有材料均为同一规格或型号，不能混用；干线子系统中光纤均为同一规格或型号，单模光纤与多模光纤不能混用，否则会对整个数据传输有一定影响，随着技术的发展，这一问题在以后也许会得到解决。该教学楼的综合布线系统材料统计见表2-3。

**表2-3 主要材料清单汇总表**

| 序号 | 材料名称 | 规格 | 数量 | 单位 | 备注 |
|---|---|---|---|---|---|
| 1 | 非屏蔽双绞线 | CAT5E或CAT6 | 5499 | m | |
| 2 | 48口配线架 | CAT5E或CAT6 | 3 | 个 | |
| | 24口配线架 | CAT5E或CAT6 | 6 | 个 | 可选 |
| 3 | 信息模块 | CAT5E或CAT6 | 141 | 个 | |
| 4 | 单口信息插座 | | 141 | 套 | |
| 5 | PVC线管 | PVC TC-15 | 3000 | m | |
| 6 | 光缆 | 4芯多模户外光缆 | 32 | m | |
| 7 | 光缆终端盒 | | 4 | 个 | |
| 8 | 尾纤 | 多模，FC接口 | 6 | 根 | |
| 9 | 耦合器 | FC接口 | 24 | 个 | |
| 10 | 接口面板 | 8接口 | 3 | 个 | |
| | | 16接口 | 1 | 个 | |
| 11 | 机柜 | 18U | 4 | 个 | |

# 模块四 机 房 设 计

## 2.4.1 项目案例

该学院欲建设一个以办公自动化、计算机辅助教学、信息化校园文化为核心，以现代网络技术为依托，技术先进、扩展性强，能覆盖全校主要楼宇的校园主干网络，形成结构合理、内外沟通的校园计算机网络系统，在此基础上建立能满足教学、科研和管理工作需要的软硬件环境，开发各类信息库和应用系统，为学校各类人员提供充分的网络信息服务。

为保证网络正常运行，需要建设一个网络中心，该校选择在实验楼三楼的一个房间进行机房建设，该房间使用面积为 $100m^2$，层间距为 4m，接入电源容量为 30kW，附近均为教室，光线良好。

## 2.4.2 案例分析

为了确保综合布线系统的设备稳定、可靠运行以及保障有关工作人员有良好的工作环境，需要做好机房工程。机房工程要做到技术先进、经济合理、安全适用、确保质量，需采用的新材料、设备、工艺和技术，其目的是为了更好地保证机房的温度、湿度、洁净度、照度、防静电、防干扰、防振动、防雷电、实时监控等，充分满足综合布线系统与设备安全可靠地运行、延长设备使用寿命的要求，同时又要给系统管理员创造一个舒适、典雅的环境。因此，在设计上要求充分考虑设备布局、功能划分、整体效果、装饰风格，体现现代机房的特点和风貌。综合布线系统的机房设计应遵循《电子信息系统机房设计规范》(GB 50174—2008)、《计算机场地通用规范》(GB 2887—2011)以及其他相关标准的要求。

该楼基本上位于整个校园的中心位置，机房选址应设在建筑物的 2 或 3 层，交通与通信方便，自然环境清洁。设置时要远离产生粉尘、油烟、有害气体以及生产或储存具有腐蚀性、易燃、易爆物品的工厂、仓库、堆场、强磁场等。机房主体结构应具有耐久、抗震、防火、防止不均匀沉陷等性能。建筑物的变形缝和伸缩缝不应穿过机房，室内装饰应选用气密性好、不起尘、易清洁并在温度、湿度变化作用下变形小的材料，地面需要进行特殊处理，不起尘、不产尘，可采用地面涂防尘漆的方法进行防尘处理。

为保证机房正常运行，机房应做好防雷、防静电、防火、通风等工作，并在建设时必须遵守国家相应的标准与规范。

## 2.4.3 知识储备

综合布线的机房设计应遵循《电子信息系统机房设计规范》(GB 50174—2008)、《计算机场地通用规范》(GB 2887—2011)以及其他相关标准的要求进行设计。

1. 机房位置

机房应设在建筑物的 2 或 3 层，符合下列要求：

1）水源充足、交通和通信方便，自然环境清洁。

2）远离产生粉尘、油烟、有害气体以及生产或储存具有腐蚀性、易燃、易爆物品的工厂、仓库、堆场等。

3）远离强磁场源和强噪声源。

4）避开强电磁场干扰。当无法避开强电磁场干扰或为保障信息系统安全时，可采取有效的电磁屏蔽措施。

2. 机房的房间结构

机房组成应按设备运行特点及具体要求确定，一般由主机房、基本工作间、第一类辅助房间、第二类辅助房间、第三类辅助房间等组成。

3. 机房设备区分布

机房设备建议采用分区布置，一般可分为主机区、存储器区、数据输入区、数据输出区、通信区和监控制调度区等，具体划分可根据系统配置及管理而定，应以便于操作为宜。

主机房内通道与设备间的距离应符合下列规定：

1）机柜正面之间的距离不应小于 1.5m。

2）机柜侧面(或不用面)距离墙不应小于 0.5m，当需要维修测试时，则距离墙不应小于 1.2m。

3）走道净宽不应小于 1.2m。

4）主机房内采用的活动地板可由钢、铝或其他阻燃性材料制成。活动地板表面应是导静电的，系统电阻应符合现行国家标准的有关规定。

活动地板的种类较多，根据板基材可分为：铝合金、全钢、中密度刨花板。它们的表面均粘贴 PVC 抗静电贴面。建议为机房选用全钢防静电活动地板，如图 2-22 所示。机房大门入口处根据实际需要可增设通风地板，如图 2-23 所示。防静电地板铺装时，距地面高度为 0.3m，如图 2-24 所示。在地板下可以敷设各种线缆、线路工程，如图 2-25 所示。

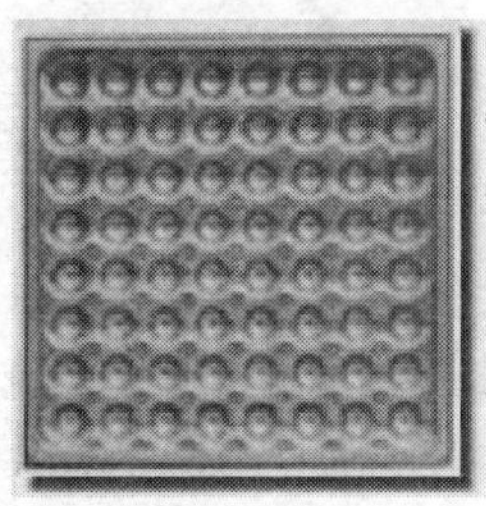

图 2-22　全钢防静电活动地板

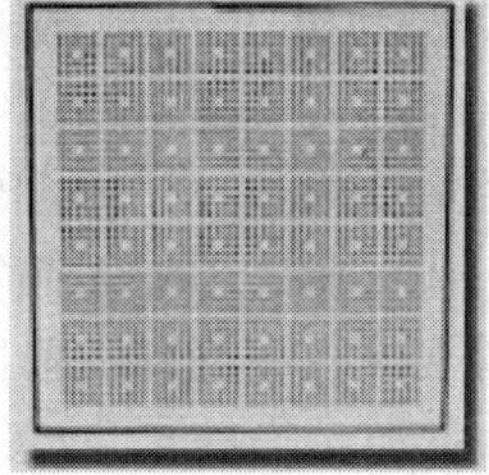

图 2-23　全钢防静电通风地板

图 2-24　防静电地板铺装

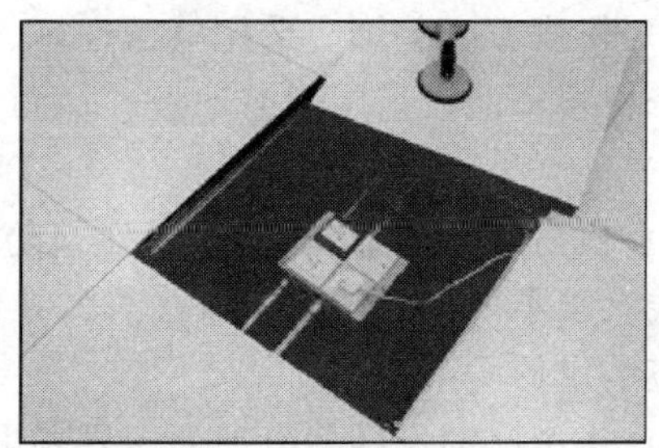

图 2-25　地板下线路工程

4. 环境条件

主机房、基本工作间内的温度、湿度必须满足下列要求：

1）开机时电子计算机机房内的温度、湿度应符合表 2-4 的规定。

**表 2-4 开机时电子计算机机房的温度、湿度**

| 级 别 项 | A 级 | | B 级 |
|---|---|---|---|
| | 夏季 | 冬季 | 全年 |
| 温度 | (23±2)℃ | (20±2)℃ | 18～28℃ |
| 相对湿度 | 45%～65% | | 40%～70% |
| 温度变化率 | <5℃/h 并不得结露 | | <10℃/h 并不得结露 |

2）停机时电子计算机机房内的温度、湿度应符合表 2-5 的规定。

**表 2-5 停机时电子计算机机房的温度、湿度**

| 项 目 | A 级 | B 级 |
|---|---|---|
| 温度 | 5～35℃ | 5～35℃ |
| 相对湿度 | 40%～70% | 20%～80% |
| 温度变化率 | <5℃/h 并不得结露 | <10℃/h 并不得结露 |

开机时，主机房的温度、湿度应执行 A 级，基本工作间可根据设备要求按 A、B 两级执行，其他辅助房间应按工艺要求确定。

5. 机房装修

在机房装修时应做好以下几方面工作：

1）机房应做到人机隔离，可配备专用空调，应设有门厅、休息室和值班室。人员出入主机房和基本工作间应更衣换鞋，使用面积应按最大班人数的每人 1～3$m^2$ 计算，最小面积不得低于 16$m^2$。当无条件单独设更衣换鞋间时，可将换鞋、更衣柜设于机房入口处。

2）机房的防火、耐火等级应符合现行国家标准《高层民用建筑设计防火规范》及《建筑设计防火规范》的规定，并单独设防火分区。室内顶棚上安装的灯具、风口、火灾探测器及喷嘴等应协调布置，并应满足各专业的技术要求，机房围护结构的构造和材料应满足保温、隔热、防火等要求。

3）机房室内装饰应选用气密性好、不起尘、易清洁并在温度、湿度变化作用下变形小的装修材料；地板采用架空地板，从而使水泥砂浆地面达到、保证空调送风系统的空气洁净度。

4）机房应按现行国家标准《建筑防雷设计规范》采取防雷措施，机房电源应采用地下电缆进线。当不得不采用架空进线时，在低压架空电源进线处或专用电力变压器低压配电母线处，应装设低压避雷器。

5）机房应铺设导静电地面，导静电地面可采用导电胶与建筑地面粘牢，导静电地面的体积电阻率应符合相应的国家标准与规范，其导电性能应长期稳定，且不易起尘。

6）接地装置的设置应满足人身的安全及设备正常运行和安全的要求。

7）机房的安全出口不应少于两个，并宜设于机房的两端。门应向疏散方向开启，走廊、楼梯间应畅通并有明显的疏散指示标志。

8）机房照明的照度标准应符合相应的国家标准与规范。

## 2.4.4 能力拓展

根据机房的作用、面积以及投资等因素，机房除满足以上要求外，还应满足如下要求：

1. 噪声、电磁干扰及静电

在计算机系统停机条件下，在主操作员位置测量主机房内的噪声应小于68dB。主机房内无线电干扰场强，不应大于126dB，磁场干扰环境场强不应大于800A/m。主机房地面及工作台面的静电泄漏电阻，应符合现行国家标准的有关规定，主机房内绝缘体的静电电位不应大于1kV。

2. 工作环境

1）机房的建筑平面和空间布局应具有适当的灵活性，主机房的主体结构宜采用大开间、大跨度的结构，内隔墙宜具有一定的可变性。主机房净高，应按机柜高度和通风要求确定，推荐为2.4～3.0m。机房主体结构应具有耐久、抗震、防火、防止不均匀沉陷等性能，变形缝和伸缩缝不应穿过主机房。主机房中各类管线宜暗敷，当管线需要穿过楼层时，采用技术竖井方式进行。室内顶棚上安装的灯具、风口、火灾探测器及二氧化碳喷嘴等应协调布置，并应满足相关专业的技术要求。

2）机房宜设单独出入口，各门的尺寸均应保证设备运输，当与其他部门共用出入口时，应避免人流、物流的交叉。此外，还需要设通道，通道净宽不应小于1.5m。

3）机房的耐火等级应符合现行国家标准《高层民用建筑设计防火规范》及《建筑设计防火规范》的规定。机房的安全出口不应少于两个，并宜设于机房的两端。门应向疏散方向开启，走廊、楼梯间应畅通并有明显的疏散指示标志。主机房、基本工作间及第一类辅助房间的装饰材料应选用非燃烧材料或难燃烧材料。

4）机房室内装饰应选用气密性好、不起尘、易清洁并在温度、湿度变化作用下变形小的材料，并应符合下列要求：

① 墙壁和顶棚表面应平整，减少积灰面，并应避免眩光。

② 应铺设活动地板，活动地板应符合现行国家标准的要求，铺设高度应按实际需要确定，宜为200～350mm。

③ 活动地板下的地面和四壁装饰，可采用水泥砂浆抹灰。地面材料应平整、耐磨，墙壁及地面均应选用不起尘、不易积灰、易于清洁的饰面材料。

④ 吊顶宜选用不起尘的吸声材料，如吊顶以上及作为敷设管线用时，墙壁、楼板底面应清理干净，并刷不易脱落的涂料，其管道的饰面，亦应选用不起尘的材料。

⑤ 基本工作间、第一类辅助房间的室内装饰应选用不起尘、易清洁的材料。墙壁和顶棚表面应平整，减少积灰面，地面材料应平整、耐磨、易除尘。

⑥ 主机房和基本工作间的内门、观察窗、管线穿墙等的接缝处，均应采取密封措施。

⑦ 机房室内色调应淡雅柔和。

⑧ 当主机房和基本工作间设有外窗时，宜采用双层金属密闭窗，并避免阳光的直射。当采用铝合金窗时，可采用单层密闭窗，但玻璃应为中空玻璃。

⑨ 当主机房内设有用水设备时，应采取有效的防止给水排水漫溢和渗漏的措施。

5）主机房和基本工作间均应设置空气调节系统。当主机房和其他房间的空调参数不同时，应分别设置空调系统。空调设备的选用应符合运行可靠、经济和节能的原则。

主机房和基本工作间空调系统的气流组织，应根据设备对空调的要求、设备本身的冷却方式、设备布置密度、设备发热量以及房间温湿度、室内风速、防尘、消声等要求，并结合建筑条件综合考虑。

对设备布置密度大、设备发热量大的主机房宜采用活动地板下送上回方式。采用活动地板下送风时，出口风速不应大于3m/s，送风气流不应正对工作人员。

3. 电气技术

1）机房用电负荷等级及供电要求应按现行国家标准《供配电系统设计规范》的规定执行。供电电源质量根据电子计算机的性能、用途和运行方式(是否联网)等情况，可划分为A、B、C三级，应符合表2-6中的有关规定。

**表2-6 供电电源质量分级**

| 项 目 | A | B | C |
| --- | --- | --- | --- |
| 稳态电压偏移范围(%) | ±2 | ±5 | 7、-13 |
| 稳态频率偏移范围/Hz | ±0.2 | ±0.5 | ±1 |
| 电压波形畸变率(%) | 3~5 | 5~8 | 8~10 |
| 允许断电持续时间/ms | 0~4 | 4~200 | 200~1500 |

机房供配电系统应考虑计算机系统有扩散、升级等可能性，并应预留备用容量，可使用专用电力变压器供电。

当电子计算机的供电要求具有下列情况之一时，应采用交流不间断电源系统供电：

① 对供电可靠性要求较高，采用备用电源自动投入方式或柴油发电机组应急自起动方式等仍不能满足用电需要。

② 一般稳压、稳频的设备不能满足用电需要。

③ 需要保证顺序断电，设备安全停机。

④ 系统实时控制，满足用电需要。

⑤ 系统联网运行，以防止突然断电。

机房电源应按现行国家标准《建筑物防雷设计规范》采取防雷措施。若必须采用架空进线时，在低压架空电源进线处或专用电力变压器低压配电母线处，应装设低压避雷器。

主机房内应分别设置维修和测试用电源插座，两者应有明显的区别标志。测试用电源插座应由计算机主机电源系统供电，其他房间适当设置维修用电源插座。

2）机房照明的光照度标准应符合下列规定：

① 主机房的平均光照度可按200lx、300lx、500lx取值。

② 基本工作间、第一类辅助房间的平均光照度可按100lx、150lx、200lx取值。

③ 第二、三类辅助房间应按现行照明设计标准的规定取值。

④ 机房应设置疏散照明和安全出口标志灯，其光照度宜为一般照明的1/10，不应低于0.5lx。照明线路宜穿钢管暗敷或在吊顶内穿钢管明敷。

4. 防静电与接地

1）主机房内采用的活动地板可由钢、铝或其他阻燃性材料制成。活动地板表面应是导静电的，严禁暴露金属部分。单元活动地板的系统电阻应符合现行国家标准的有关规定。

静电接地的连接线应有足够的机械强度和化学稳定性，导静电地面和台面采用导电胶与接地导体粘接时，其接触面积不宜小于 $10cm^2$。静电接地的连接线与限流电阻、接地装置相连接用来传导静电，限流电阻的阻值宜为 1MΩ。

2）机房接地装置的设置应满足人身安全、电子计算机正常运行和系统设备的安全要求。机房应采用下列四种接地方式：

① 交流工作接地，接地电阻不应大于 4Ω。

② 安全保护接地，接地电阻不应大于 4Ω。

③ 直流工作接地，接地电阻应按计算机系统的具体要求确定。

④ 防雷接地，应按现行国家标准《建筑物防雷设计规范》执行。

交流工作接地、安全保护接地、直流工作接地、防雷接地这四种接地宜共用一组接地装置，其接地电阻按其中最小值确定。若防雷接地单独设置接地装置时，其余三种接地宜共用一组接地装置，其接地电阻不应大于其中最小值，并应按现行国家标准《建筑物防雷设计规范》的要求采取措施。

对直流工作接地有特殊要求需单独设置接地装置的系统，其接地电阻值及与其他接地装置的接地体之间的距离，应按计算机系统及有关规定的要求确定，并采取等电位措施。当多个系统共用一组接地装置时，应将各系统分别采用接地线与接地体连接。

5. 给水排水

1）主机房内的设备需要用水时，其给水排水干管应采用暗敷方式。管道穿过主机房墙壁和楼板处，应设置套管，管道与套管之间应采取可靠的密封措施，与主机房无关的给水排水管道不得穿过主机房。

2）主机房内如果设有地漏，地漏下应加设水封装置，并有防止水封破坏的措施。给水排水管道应采用阻燃材料保温，必须有可靠的防渗漏措施。暗敷的给水管道宜用无缝钢管，管道连接宜用焊接。

6. 消防与安全

1）主机房、基本工作间必须采用气体灭火系统，应设二氧化碳或卤代烷灭火系统，并应按现行有关规范的要求执行。机房应设火灾自动报警系统，并应符合现行国家标准《火灾自动报警系统设计规范》的规定。

2）主机房应采用感烟探测器。当设有固定灭火系统时，应采用感烟、感温两种探测器的组合。

3）主机房出口应设置向疏散方向开启且能自动关闭的门，并应保证在任何情况下都能从机房内打开。

# 模块五　工程制图

## 2.5.1　项目案例

工程设计人员经过现场勘察、方案设计等工作后，为指导后续工作，如工程预算、项目招投标、工程实施等，设计人员按照建设单位提供的各种资料，结合设计方案进行工程制图，以完善设计资料。

### 2.5.2 案例分析

综合布线系统工程图样是设计人员在对工程现场仔细勘察、需求分析、搜索资料的基础上，通过图形符号、文字符号、文字说明及标注来表示具体工程性质的一种设计资料，用于指导综合布线系统建设方案制订、各种预算、指导施工的主要依据。

综合布线系统工程图样里包含了综合布线系统拓扑图、综合布线管线路由图、信息点平面分布图、机房平面(设备安装位置)图、基础数据、相关说明等内容，并以此为依据，进行工程量统计及工程概算、预算的编制。

工程设计人员需要借助一些制图软件，如CAD、Visio等，结合各种制图标准进行工程制图。工程施工技术人员通过阅读图样就能够了解工程规模、工程内容。只有绘制出准确的综合布线工程图样，才能对布线工程施工具有正确的指导性意义。因此，综合布线的设计人员必须要掌握综合布线工程制图的方法和要求，施工技术人员必须具备看图与识图的能力。

### 2.5.3 知识储备

综合布线常用绘图软件有以下几种：

1. CAD绘图软件

计算机辅助设计(简称CAD)是一种通过计算机辅助来进行产品或工程设计的技术。作为计算机的重要应用领域，CAD可加快产品的开发，提高生产质量与效率、降低成本，因此，CAD得到了广泛的应用。CAD是一个灵活的软件，可以通过一些编程接口来扩展当前没有的功能，所以在综合布线工程中，如果要规划一些高级的结构，而CAD当前没有相应的功能，那么可以通过编程接口扩展其功能。因此，在综合布线工程中，利用CAD作为辅助软件，无疑是最好的选择。

在设计中，当建设单位提供了建筑物的CAD建筑图样的电子文档后，设计人员可在CAD建筑图样上进行布线系统的设计，起到事半功倍的效果，CAD主要绘制综合布线管线设计图、楼层信息点分布图、布线施工图等。

2. Visio绘图软件

Visio绘图软件在综合布线系统设计和管理过程中，用户使用图形的目的不仅是为了创建图形和图样，还希望图形可以直接表达一些使用文字难以表达的复杂信息，即图形既要代表用户使用的产品，也要包含用户所感兴趣的数据，使得图样中的图形和实际产品数据一一对应起来。这样，最终管理人员在管理和维护布线系统时，就可以通过设计图来掌握系统的动态性能，同时对网络的静态配置也可以进行快速方便的查询和管理。比如：在某一信息插座的位置图上直接查询信息插座的厂家、型号、位置、内嵌模块类型、连接的水平双绞线的类型、水平双绞线的长度等管理人员关心的有关信息。很明显，传统的综合布线系统设计方法得出的方案难以满足这一需要，本辅助设计软件就是应这种要求而开发的。在综合布线中常用Visio绘制网络拓扑图、综合布线系统拓扑图、信息点分布图等。

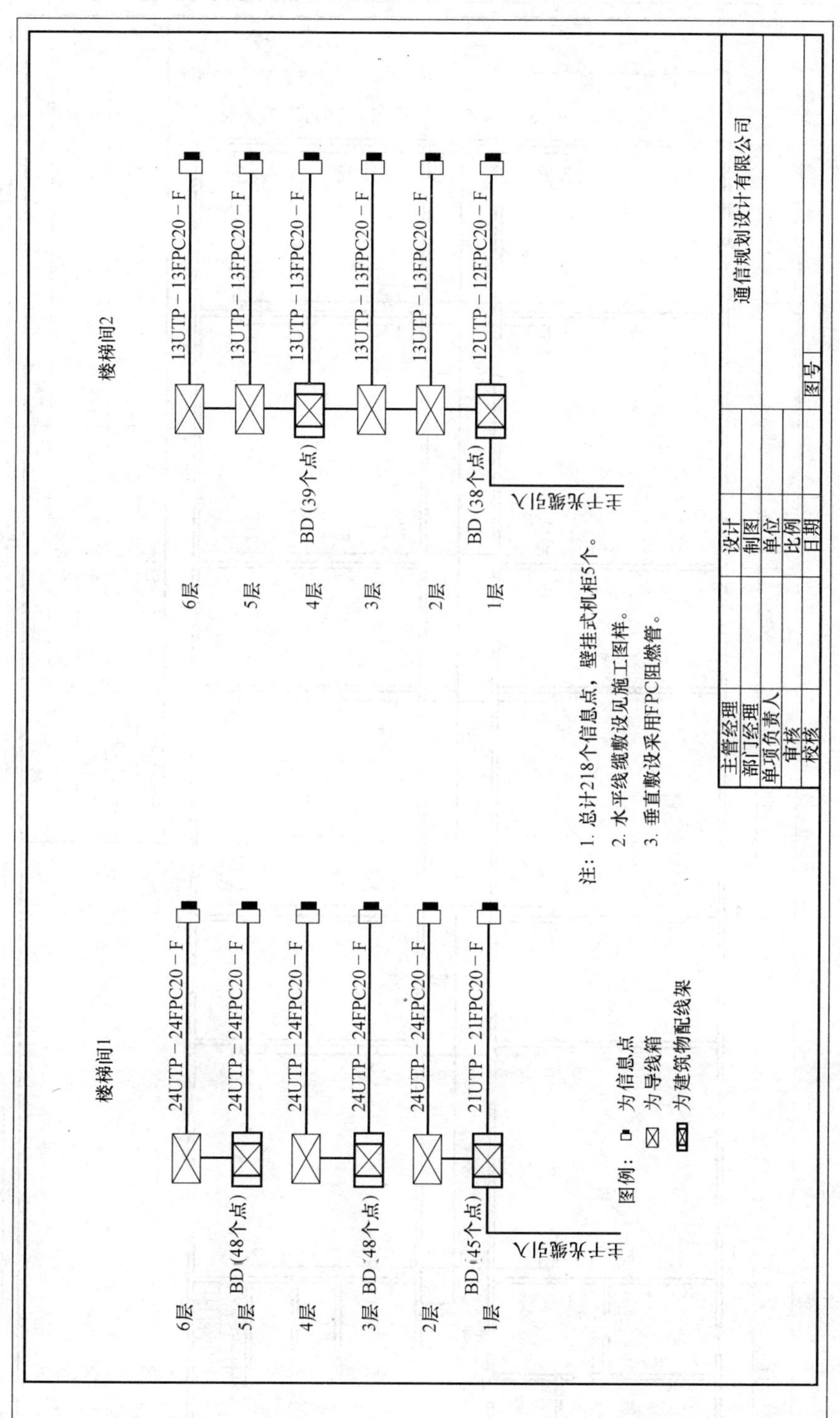

图2-26　综合布线系统拓扑图

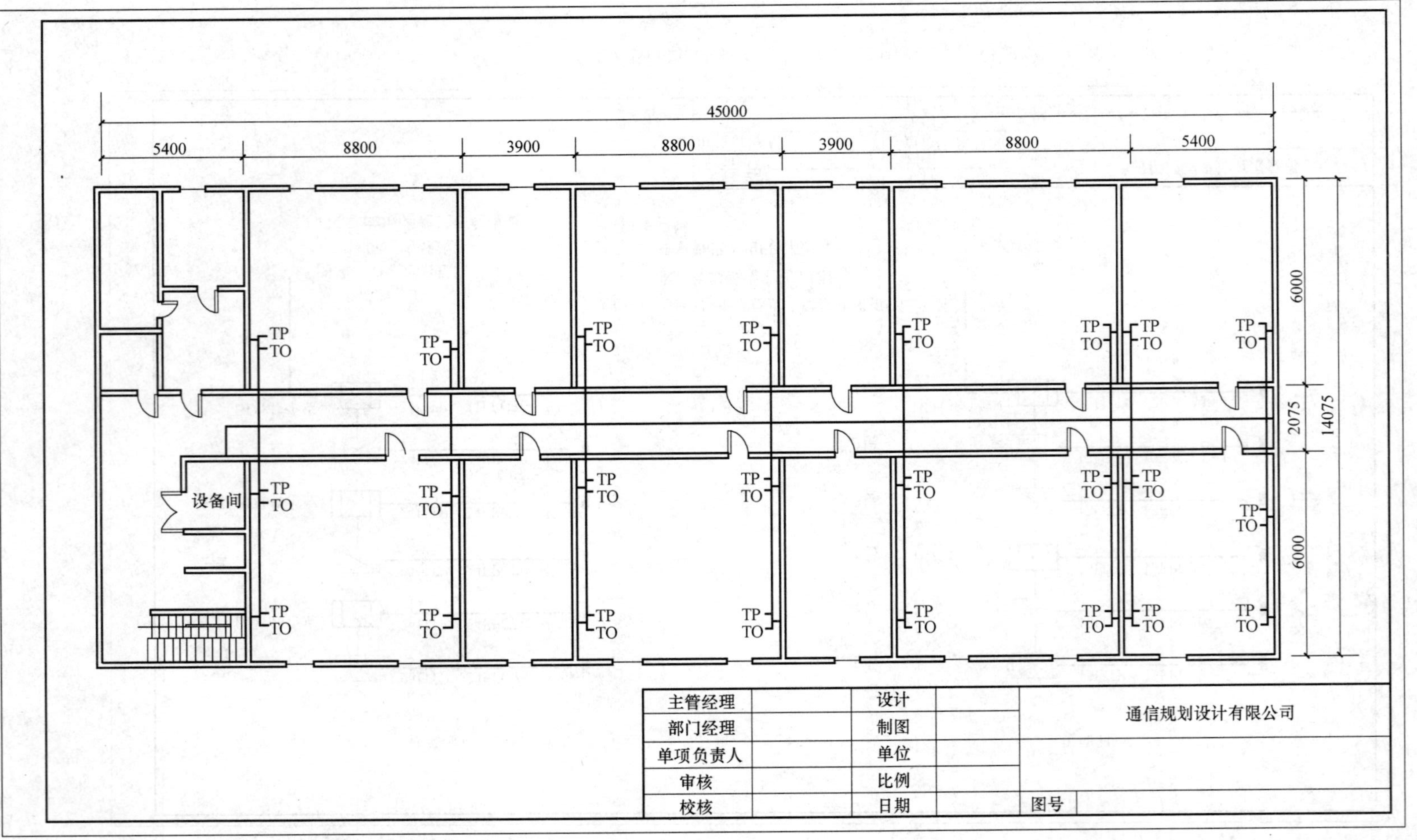


图2-27 综合布线系统管线路由图

## 2.5.4　能力拓展

各学校结合自身特点，可适当选用一些绘图软件，开展相应的培训，按照课程进度与学生能力适当安排一些工程制图训练项目。

（1）综合布线系统拓扑图　它主要用于反映综合布线系统拓扑，以便于直观反映系统的逻辑关系，综合布线系统拓扑图如图 2-26 所示。

（2）综合布线系统管线路由图　它主要用于反映综合布线系统管线路由结构，以便于指导施工，综合布线系统管线路由图如图 2-27 所示。

（3）综合布线信息插座安装示意图　它主要用于反映综合布线系统中各信息点的安装位置，以便于指导施工，综合布线信息插座安装示意图如图 2-28 所示。

（4）机柜设备安装示意图　它主要用于反映综合布线系统中，各设备在机柜的安装位置，以便于指导施工，机柜设备安装示意图如图 2-29 所示。

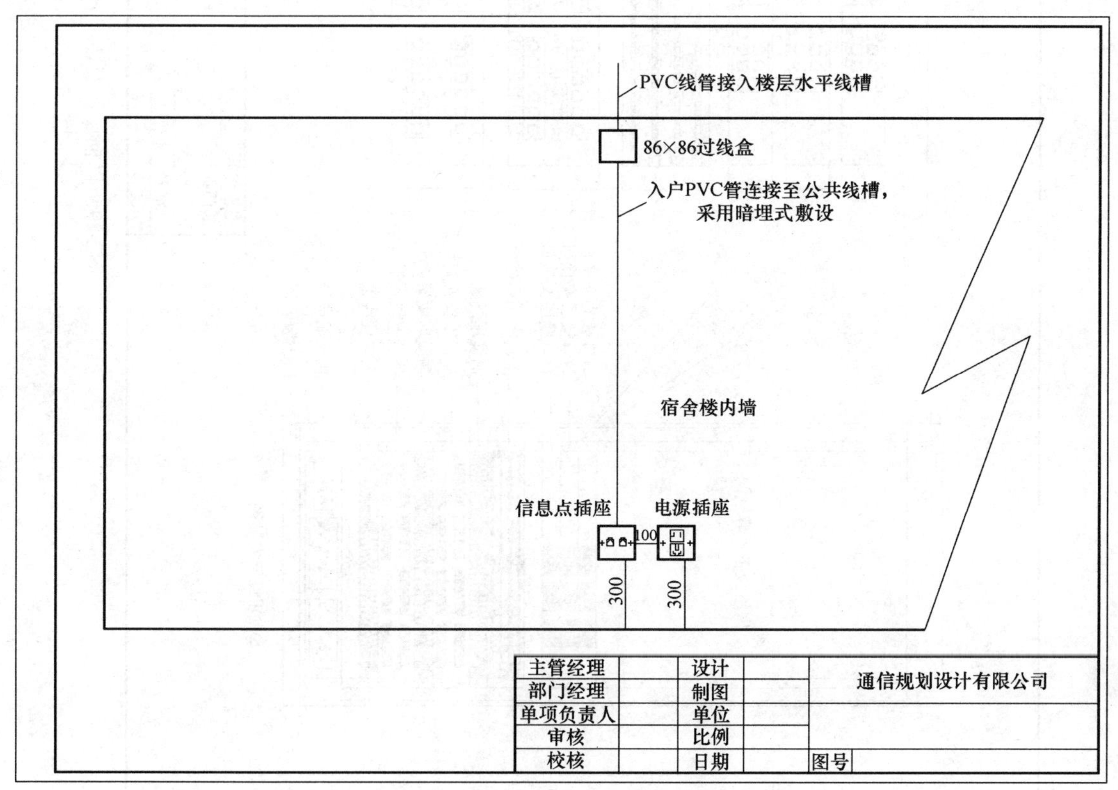


图 2-28　综合布线信息插座安装示意图

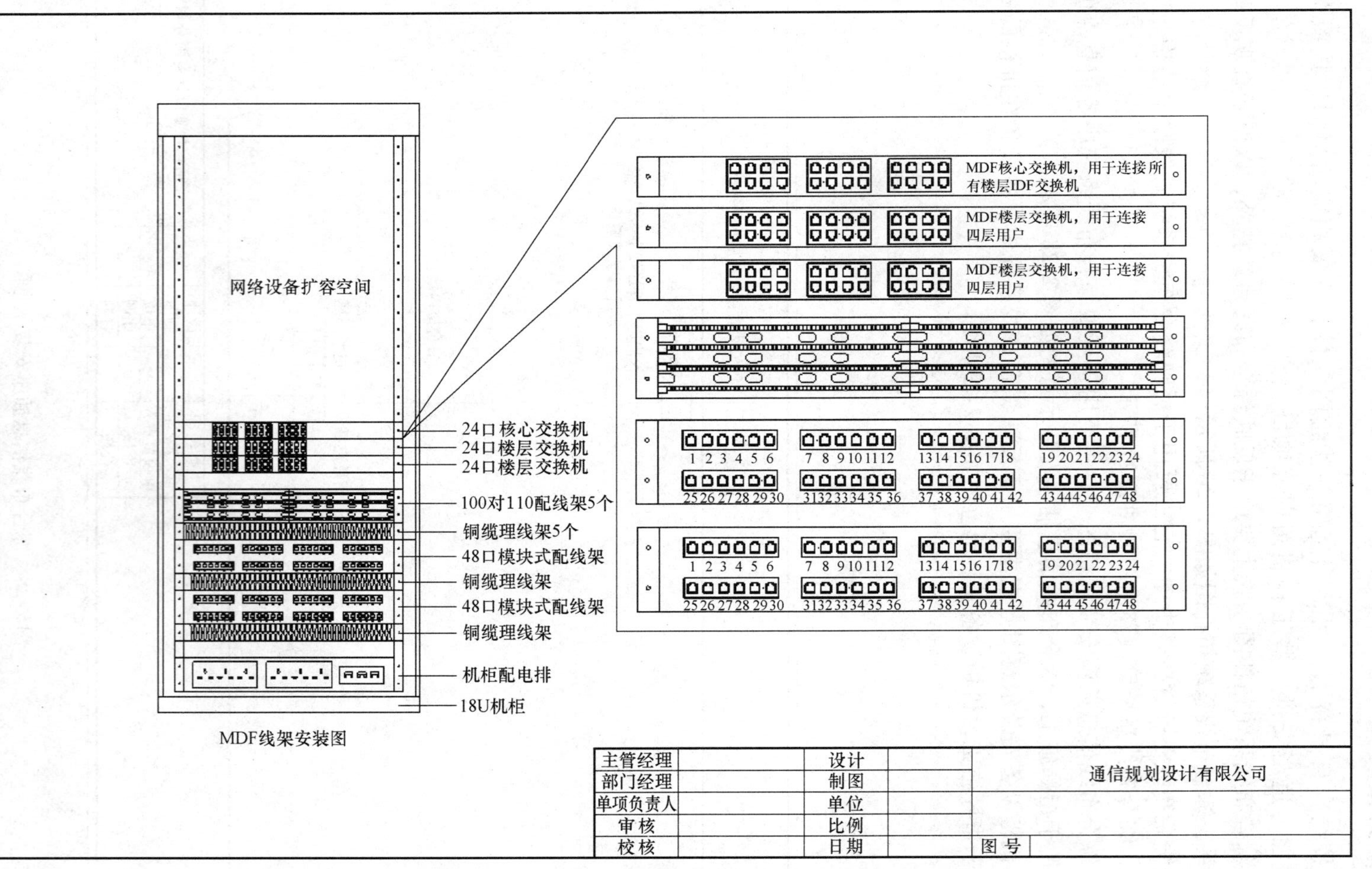


图2-29 机柜设备安装示意图

# 模块六 工 程 预 算

## 2.6.1 项目案例

工程预算人员按照前期的需求分析和设计方案，绘制设计图样、施工图样和统计材料清单(见表2-7)。依据这些资料计算工程的工作量，参照《通信建设工程概算、预算编制办法》进行预算编制，最终形成工程预算文件，该文件用于指导项目招投标和项目实施中的成本控制。

表2-7 材料清单

| 序号 | 材料名称 | 规格 | 数量 | 单位 | 备注 |
|---|---|---|---|---|---|
| 1 | 非屏蔽双绞线 | CAT5E 或 CAT6 | 5499 | m | |
| 2 | 48 口配线架 | CAT5E 或 CAT6 | 3 | 个 | |
| | 24 口配线架 | CAT5E 或 CAT6 | 6 | 个 | 可选 |
| 3 | 信息模块 | CAT5E 或 CAT6 | 141 | 个 | |
| 4 | 单口信息插座 | | 141 | 套 | |
| 5 | PVC 线管 | PVC TC-15 | 3000 | m | |
| 6 | 光缆 | 4 芯多模户外光缆 | 32 | m | |
| 7 | 光缆终端盒 | | 4 | 个 | |
| 8 | 尾纤 | 多模，FC 接口 | 6 | 根 | |
| 9 | 耦合器 | FC 接口 | 24 | 个 | |
| 10 | 接口面板 | 8 接口 | 3 | 个 | |
| | | 16 接口 | 1 | 个 | |
| 11 | 机柜 | 18U | 4 | 个 | |

## 2.6.2 案例分析

中华人民共和国工业和信息化部（以下简称工信部）于2008年5月编写，并于同年7月施行的《通信建设工程概算、预算编制办法》适用于通信建设项目新建、扩建、改建工程的概算、预算的编制。综合布线系统建设属于通信工程的一部分，因此建设的概算、预算的编制也可参照此执行。

通信建设工程概算、预算应包括从筹建到竣工验收所需的全部费用，其具体内容、计算方法、计算规则应依据工信部发布的现行通信建设工程定额及其他有关计价依据进行编制。

通信建设工程项目总费用由各单项工程项目总费用构成；各单项工程项目总费用由工程费、工程建设其他费、预备费、建设期利息四部分构成，通信建设单项工程项目总费用构成见表2-8。

表 2-8 通信建设单项工程项目总费用构成

<table>
<tr><td rowspan="13">通信建设单项工程项目总费用</td><td rowspan="10">工程费</td><td rowspan="9">建筑安装工程费</td><td rowspan="5">直接费</td><td rowspan="4">直接工程费</td><td>人工费</td></tr>
<tr><td>材料费</td></tr>
<tr><td>机械使用费</td></tr>
<tr><td>仪表使用费</td></tr>
<tr><td>措施费</td><td></td></tr>
<tr><td rowspan="2">间接费</td><td>规费</td><td></td></tr>
<tr><td>企业管理费</td><td></td></tr>
<tr><td>利润</td><td></td><td></td></tr>
<tr><td>税金</td><td></td><td></td></tr>
<tr><td>设备、工器具购置费</td><td></td><td></td><td></td></tr>
<tr><td>工程建设其他费</td><td></td><td></td><td></td><td></td></tr>
<tr><td>预备费</td><td></td><td></td><td></td><td></td></tr>
<tr><td>建设期利息</td><td></td><td></td><td></td><td></td></tr>
</table>

### 2.6.3 知识储备

1. 定额手册简介

为适应通信建设发展需要，合理和有效控制工程建设投资，规范通信建设概算、预算的编制与管理，根据国家法律、法规及有关规定，中华人民共和国工业和信息化部修订了《通信建设工程概算、预算编制办法及费用定额》以及《通信建设工程预算定额》等标准，自 2008 年 7 月 1 日起实施。

新修订的《通信建设工程预算定额》共五册：第一册《通信电源设备安装工程》、第二册《有线通信设备安装工程》、第三册《无线通信设备安装工程》、第四册《通信线路工程》、第五册《通信管道工程》，适用于通信建设项目新建、扩建、改建工程的概算、预算的编制。

通信建设工程概算、预算应包括从筹建到竣工验收所需的全部费用，其具体内容、计算方法、计算规则应依据工信部发布的现行通信建设工程定额及其他有关计价依据进行编制。通信工程概算、预算的编制应由具有通信建设相关资质的单位负责编制，概算、预算的编制、审核以及从事通信工程造价的相关人员必须持有工信部颁发的《通信建设工程概预算人员资格证书》。

一个通信建设单项工程项目应按工程性质进行分类，见表 2-9。如果有几个设计单位共同设计时，总设计单位应负责统一概算、预算的编制原则，并汇总建设项目的总概算。分级设计单位负责本设计单位所承担的单项工程概算、预算的编制。

表 2-9 通信建设单项工程项目划分表

| 专业类别 | 单项工程名称 | 备注 |
| --- | --- | --- |
| 通信线路工程 | 1. ××光、电缆线路工程<br>2. ××水底光、电缆工程(包括水线房建筑及设备安装)<br>3. ××用户线路工程(包括主干及配线光、电缆、交接及配线设备、集线器等)<br>4. ××综合布线系统工程 | 进局及中继光(电)缆工程可按每个城市作为一个单项工程 |

（续）

| 专业类别 | 单项工程名称 | 备注 |
| --- | --- | --- |
| 通信管道建设工程 | 通信管道建设工程 | |
| 通信传输设备安装工程 | 1. ××数字复用设备及光、电设备安装工程<br>2. ××中继设备、光放设备安装工程 | |
| 微波通信设备安装工程 | ××微波通信设备安装工程（包括天线、馈线） | |
| 卫星通信设备安装工程 | ××地球站通信设备安装工程（包括天线、馈线） | |
| 移动通信设备安装工程 | 1. ××移动控制中心设备安装工程<br>2. 基站设备安装工程（包括天线、馈线）<br>3. 分布系统设备安装工程 | |
| 通信交换设备安装工程 | ××通信交换设备安装工程 | |
| 数据通信设备安装工程 | ××数据通信设备安装工程 | |
| 供电设备安装工程 | ××电源设备安装工程（包括专用高压供电线路工程） | |

2. 概算、预算编制依据

通信建设工程概算、预算的编制，应按相应的设计阶段进行。当建设项目采用初步设计和施工图设计两阶段设计时，应分别编制相应的概算、预算；当只采用施工图设计时，应编制施工图预算，并列预备费、投资贷款利息等费用。

（1）设计概算的编制依据　设计概算在编制过程中需要相关资料作为依据，这些资料如下：

1）批准的可行性研究报告。

2）初步设计图样及有关资料。

3）国家相关管理部门发布的有关法律、法规、标准规范。

4）相应的概算、预算定额。

5）建设项目所在地政府发布的土地征用和赔补费等有关规定。

6）有关合同、协议等。

（2）施工图预算的编制依据　施工图预算在编制过程中也同样需要相关资料作为依据，这些资料如下：

1）批准的初步设计概算及有关文件。

2）施工图、标准图、通用图及其编制说明。

3）国家相关管理部门发布的有关法律、法规、标准规范。

4）相应的概算、预算定额。

5）建设项目所在地政府发布的土地征用和赔补费用等有关规定。

6）有关合同、协议等。

3. 编制说明与编制流程

（1）设计概算编制说明　设计概算编制说明中应包括的如下内容：

1）工程概况、概算总价值。

2）编制依据及采用的取费标准和计算方法的说明。

3）工程技术经济指标分析：主要分析各项投资的比例和费用构成，分析投资情况，说明设计的经济合理性及编制中存在的问题。

4）其他需要说明的问题。

（2）施工图预算编制说明　施工图预算编制说明应包括如下内容：

1）工程概况、预算总价值。

2）编制依据及采用的取费标准和计算方法的说明。

3）工程技术经济指标分析。

4）其他需要说明的问题。

（3）预算编制流程　建议预算单位采用如下流程进行预算编制：

1）收集资料，熟悉图样。

2）计算工程量。

3）套用定额，选用价格。

4）计算各项费用。

5）复核。

6）写编制说明。

7）审核出版。

4. 预算编制方法

预算编制时应采用标准的预算表进行编制，这些概算和预算表格按照国家有关规定分为五种表格，共八张，这些表格如下：

（1）表一　《概算、预算总表》：供编制建设项目总费用或单项工程费用使用。

（2）表二　《建筑安装工程费用概算、预算表》：供编制建筑安装工程费用使用。

（3）表三　表三主要反映人工、机械、仪器仪表总表，其中：

1）表三甲：《建筑安装工程量概算、预算表》，供编制建筑安装工程量使用。

2）表三乙：《建筑安装工程施工机械使用费概算、预算表》，供编制建筑安装工程机械台班费使用。

3）表三丙：《建筑安装工程施工仪器仪表使用费概算、预算表》，供编制建筑安装工程仪器仪表台班费使用。

（4）表四　表四主要反映建设工程所需的材料及相关设备的总表，其中：

1）表四甲：《国内器材概算、预算表》，供编制设备、材料、仪表、工具、器具的概算、预算和施工图材料清单使用。

2）表四乙：《引进工程器材概算、预算表》，供引进工程专用。

（5）表五　表五主要反映在工程建设中所需要的其他费用总表，其中：

1）表五甲：《工程建设其他费用概算、预算表》，供编制建设项目（或单项工程）的工程建设其他费使用。

2）表五乙：《引进工程其他费概算、预算表》，供引进工程专用。

**建设项目总____算表**（表一）

建设项目名称： 建设单位名称： 表格编号： 第 页

| 序号 | 表格编号 | 单项工程名称 | 小型建筑工程费 | 需要安装的设备费 | 不需要安装的设备、工器具费 | 建筑安装工程费 | 预备费 | 其他费用 | 总价值 | | 生产准备及开办费 |
|---|---|---|---|---|---|---|---|---|---|---|---|
| | | | （元） | | | | | | 人民币（元） | 其中外币（ ） | （元） |
| Ⅰ | Ⅱ | Ⅲ | Ⅳ | Ⅴ | Ⅵ | Ⅶ | Ⅷ | Ⅸ | Ⅹ | Ⅺ | Ⅻ |
| | | | | | | | | | | | |
| | | | | | | | | | | | |
| | | | | | | | | | | | |
| | | | | | | | | | | | |
| | | | | | | | | | | | |
| | | | | | | | | | | | |
| | | | | | | | | | | | |
| | | | | | | | | | | | |
| | | | | | | | | | | | |
| | | | | | | | | | | | |
| | | | | | | | | | | | |
| | | | | | | | | | | | |
| | | | | | | | | | | | |
| | | | | | | | | | | | |
| | | | | | | | | | | | |
| | | | | | | | | | | | |
| | | | | | | | | | | | |
| | | | | | | | | | | | |

设计负责人： 审核： 编制： 编制日期： 年 月

**建筑安装工程费用____算表(表二)**

工程名称：　　建设单位名称：　　表格编号：　　第　页

| 序号 | 费用名称 | 依据和计算方法 | 合计(元) | 序号 | 费用名称 | 依据和计算方法 | 合计(元) |
|---|---|---|---|---|---|---|---|
| Ⅰ | Ⅱ | Ⅲ | Ⅳ | Ⅰ | Ⅱ | Ⅲ | Ⅳ |
|  | 建筑安装工程费 | 一+二+三+四 |  | 8 | 夜间施工增加费 |  |  |
| 一 | 直接费 | (一)+(二) |  | 9 | 冬雨期施工增加费 |  |  |
| (一) | 直接工程费 | 1+2+3+4 |  | 10 | 生产工具用具使用费 |  |  |
| 1 | 人工费 | (1)+(2) |  | 11 | 施工用水电蒸汽费 |  |  |
| (1) | 技工费 |  |  | 12 | 特殊地区施工增加费 |  |  |
| (2) | 普工费 |  |  | 13 | 已完工程及设备保护费 |  |  |
| 2 | 材料费 | (1)+(2) |  | 14 | 运土费 |  |  |
| (1) | 主要材料费 |  |  | 15 | 施工队伍调遣费 |  |  |
| (2) | 辅助材料费 |  |  | 16 | 大型施工机械调遣费 |  |  |
| 3 | 机械使用费 |  |  | 二 | 间接费 | (一)+(二) |  |
| 4 | 仪表使用费 |  |  | (一) | 规费 | 1+2+3+4 |  |
| (二) | 措施费 | 1+2+3+…+16 |  | 1 | 工程排污费 |  |  |
| 1 | 环境保护费 |  |  | 2 | 社会保障费 |  |  |
| 2 | 文明施工费 |  |  | 3 | 住房公积金 |  |  |
| 3 | 工地器材搬运费 |  |  | 4 | 危险作业意外伤害保险费 |  |  |
| 4 | 工程干扰费 |  |  | (二) | 企业管理费 |  |  |
| 5 | 工程点交、场地清理费 |  |  | 三 | 利润 |  |  |
| 6 | 临时设施费 |  |  | 四 | 税金 |  |  |
| 7 | 工程车辆使用费 |  |  |  |  |  |  |

设计负责人：　　审核：　　编制：　　编制日期：　　年　月

**建筑安装工程量____算表(表三)甲**

工程名称:　　　　建设单位名称:　　　　表格编号:　　　　第　　页

| 序号 | 定额编号 | 项 目 名 称 | 单位 | 数量 | 单位定额值 | | 合计值 | |
|---|---|---|---|---|---|---|---|---|
| | | | | | 技工 | 普工 | 技工 | 普工 |
| Ⅰ | Ⅱ | Ⅲ | Ⅳ | Ⅴ | Ⅵ | Ⅶ | Ⅷ | Ⅸ |
| | | | | | | | | |
| | | | | | | | | |
| | | | | | | | | |
| | | | | | | | | |
| | | | | | | | | |
| | | | | | | | | |
| | | | | | | | | |
| | | | | | | | | |
| | | | | | | | | |
| | | | | | | | | |
| | | | | | | | | |
| | | | | | | | | |
| | | | | | | | | |
| | | | | | | | | |
| | | | | | | | | |
| | | | | | | | | |
| | | | | | | | | |
| | | | | | | | | |
| | | | | | | | | |
| | | | | | | | | |
| | | | | | | | | |
| | | | | | | | | |

设计负责人:　　　　审核:　　　　编制:　　　　编制日期:　　年　　月

**建筑安装工程施工机械使用费____算表（表三）乙**

工程名称：　　建设单位名称：　　表格编号：　　第　页

| 序号 | 定额编号 | 项 目 名 称 | 单位 | 数量 | 机 械 名 称 | 单位定额值 | | 合计值 | |
|---|---|---|---|---|---|---|---|---|---|
| | | | | | | 数　量（台班） | 单　价（元） | 数　量（台班） | 合　价（元） |
| Ⅰ | Ⅱ | Ⅲ | Ⅳ | Ⅴ | Ⅵ | Ⅶ | Ⅷ | Ⅸ | Ⅹ |
| | | | | | | | | | |
| | | | | | | | | | |
| | | | | | | | | | |
| | | | | | | | | | |
| | | | | | | | | | |
| | | | | | | | | | |
| | | | | | | | | | |
| | | | | | | | | | |
| | | | | | | | | | |
| | | | | | | | | | |
| | | | | | | | | | |
| | | | | | | | | | |
| | | | | | | | | | |
| | | | | | | | | | |
| | | | | | | | | | |
| | | | | | | | | | |
| | | | | | | | | | |
| | | | | | | | | | |
| | | | | | | | | | |
| | | | | | | | | | |
| | | | | | | | | | |
| | | | | | | | | | |
| | | | | | | | | | |

设计负责人：　　审核：　　编制：　　编制日期：　年　月

## 建筑安装工程施工仪器仪表使用费____算表(表三)丙

工程名称：　　　　建设单位名称：　　　　表格编号：　　　　第　　页

| 序号 | 定额编号 | 项目名称 | 单位 | 数量 | 仪表名称 | 单位定额值 | | 合计值 | |
|---|---|---|---|---|---|---|---|---|---|
| | | | | | | 数量(台班) | 单价(元) | 数量(台班) | 合价(元) |
| Ⅰ | Ⅱ | Ⅲ | Ⅳ | Ⅴ | Ⅵ | Ⅶ | Ⅷ | Ⅸ | Ⅹ |
| | | | | | | | | | |
| | | | | | | | | | |
| | | | | | | | | | |
| | | | | | | | | | |
| | | | | | | | | | |
| | | | | | | | | | |
| | | | | | | | | | |
| | | | | | | | | | |
| | | | | | | | | | |
| | | | | | | | | | |
| | | | | | | | | | |
| | | | | | | | | | |
| | | | | | | | | | |
| | | | | | | | | | |
| | | | | | | | | | |
| | | | | | | | | | |
| | | | | | | | | | |
| | | | | | | | | | |
| | | | | | | | | | |
| | | | | | | | | | |
| | | | | | | | | | |
| | | | | | | | | | |

设计负责人：　　　　审核：　　　　编制：　　　　编制日期：　　年　　月

**国内器材____算表（表四）甲**

（　　　　　　）表

工程名称：　　　　　　　　建设单位名称：　　　　　　　　表格编号：　　　　　　　　第　　页

| 序号 | 名称 | 规格型号 | 单位 | 数量 | 单价（元） | 合计（元） | 备　注 |
|---|---|---|---|---|---|---|---|
| Ⅰ | Ⅱ | Ⅲ | Ⅳ | Ⅴ | Ⅵ | Ⅶ | Ⅷ |
| | | | | | | | |
| | | | | | | | |
| | | | | | | | |
| | | | | | | | |
| | | | | | | | |
| | | | | | | | |
| | | | | | | | |
| | | | | | | | |
| | | | | | | | |
| | | | | | | | |
| | | | | | | | |
| | | | | | | | |
| | | | | | | | |
| | | | | | | | |
| | | | | | | | |
| | | | | | | | |
| | | | | | | | |
| | | | | | | | |
| | | | | | | | |
| | | | | | | | |
| | | | | | | | |
| | | | | | | | |
| | | | | | | | |
| | | | | | | | |
| | | | | | | | |

设计负责人：　　　　　　　　审核：　　　　　　　　编制：　　　　　　　　编制日期：　　　　年　　月

## 引进工程器材____算表(表四)乙

(　　　　　　　　　)表

工程名称：　　　　　　建设单位名称：　　　　　　表格编号：　　　　　　第　　页

| 序号 | 中文名称 | 外文名称 | 单位 | 数量 | 单价 | | 合价 | |
|---|---|---|---|---|---|---|---|---|
| | | | | | 外币(　　) | 折合人民币(元) | 外币(　　) | 折合人民币(元) |
| Ⅰ | Ⅱ | Ⅲ | Ⅳ | Ⅴ | Ⅵ | Ⅶ | Ⅷ | Ⅸ |
| | | | | | | | | |
| | | | | | | | | |
| | | | | | | | | |
| | | | | | | | | |
| | | | | | | | | |
| | | | | | | | | |
| | | | | | | | | |
| | | | | | | | | |
| | | | | | | | | |
| | | | | | | | | |
| | | | | | | | | |
| | | | | | | | | |
| | | | | | | | | |
| | | | | | | | | |
| | | | | | | | | |
| | | | | | | | | |
| | | | | | | | | |
| | | | | | | | | |
| | | | | | | | | |
| | | | | | | | | |
| | | | | | | | | |
| | | | | | | | | |
| | | | | | | | | |

设计负责人：　　　　　　审核：　　　　　　编制：　　　　　　编制日期：　　　年　　月

**工程建设其他费____算表（表五）甲**

工程名称：　　　　建设单位名称：　　　　表格编号：　　　　第　页

| 序号 | 费用名称 | 计算依据及方法 | 金额（元） | 备　注 |
|---|---|---|---|---|
| Ⅰ | Ⅱ | Ⅲ | Ⅳ | Ⅴ |
| 1 | 建设用地及综合赔补费 | | | |
| 2 | 建设单位管理费 | | | |
| 3 | 可行性研究费 | | | |
| 4 | 研究试验费 | | | |
| 5 | 勘察设计费 | | | |
| 6 | 环境影响评价费 | | | |
| 7 | 劳动安全卫生评价费 | | | |
| 8 | 建设工程监理费 | | | |
| 9 | 安全生产费 | | | |
| 10 | 工程质量监督费 | | | |
| 11 | 工程定额测定费 | | | |
| 12 | 引进技术及引进设备其他费 | | | |
| 13 | 工程保险费 | | | |
| 14 | 工程招标代理费 | | | |
| 15 | 专利及专用技术使用费 | | | |
| | 总　计 | | | |
| 16 | 生产准备及开办费（运营费） | | | |
| | | | | |
| | | | | |

设计负责人：　　　　审核：　　　　编制：　　　　编制日期：　　年　　月

## 引进设备工程建设其他费用____算表（表五）乙

工程名称：　　建设单位名称：　　表格编号：　　第　页

| 序号 | 费用名称 | 计算依据及方法 | 金　额 | | 备　注 |
|---|---|---|---|---|---|
| | | | 外币（ ） | 折合人民币（元） | |
| Ⅰ | Ⅱ | Ⅲ | Ⅳ | Ⅴ | Ⅵ |
| | | | | | |
| | | | | | |
| | | | | | |
| | | | | | |
| | | | | | |
| | | | | | |
| | | | | | |
| | | | | | |
| | | | | | |
| | | | | | |
| | | | | | |
| | | | | | |
| | | | | | |
| | | | | | |
| | | | | | |
| | | | | | |
| | | | | | |

设计负责人：　　审核：　　编制：　　编制日期：　　年　月

5. 通信建设工程概算(预算)表填写说明

本套表格供编制工程项目概算或预算使用，各类表格的标题中的“____算”应根据编制阶段明确填写“概”或“预”。各表中的取费项目之间的关系如下：

(1) 表一中的费用　表一中的费用与其他表关系如下：

建筑安装工程费等于表二中的建筑安装工程费，其他费用等于表五中的汇总值。

(2) 表二中的费用　表二中的费用与其他表关系如下：

建筑安装工程费 = 直接费 + 间接费 + 利润 + 税金，其中：

1) 直接费 = 直接工程费 + 措施费，其中：

① 直接工程费 = 人工费 + 材料费 + 机械使用费 + 仪表使用费，其中：

人工费 = 技工日工费 × 技工工程量 + 普工日工费 × 普工工程量，其中，技工工程量等于表三甲中的技工工程量的汇总值，普工工程量等于表三甲中的普工工程量的汇总值。

② 材料费 = 表四甲汇总值 + 表四乙汇总值。

③ 机械使用费 = 表三乙机械工程量汇总值。

④ 仪表使用费 = 表三丙仪表工程量汇总值。

2) 措施费为 1 ~ 16 项取费汇总值，其中，取费 = 人工费 × 相应费率。

3) 间接费 = 规费汇总值 + 企业管理费的汇总值，其中：

① 规费 = 人工费 × 相应费率。

② 企业管理费 = 人工费 × 相应费率。

4) 利润 = 人工费 × 相应费率。

5) 税金 = (直接费 + 间接费 + 利润) × 相应费率。

(3) 表三　表三主要反映人工、机械、仪器仪表汇总表，其中：

1) 表三甲为人工工程量汇总统计，按照劳动者的能力，分为技工和普工，按照工作量 × 工日的形式进行统计核算，并将二者工作量分别汇总。

2) 表三乙为机械使用费用汇总统计，按照台班 × 工程量 × 单价的形式进行计算，并将费用统计汇总。

3) 表三丙为仪器仪表使用费用汇总统计，按照台班 × 工程量 × 单价的形式进行计算，并将费用统计汇总。

(4) 表四　表四主要反映建设工程所需的材料及相关设备的总表，按照材料及相关设备生产地，分为国内生产与国外引进，其中：

表四甲：《器材概算、预算表》，主要反映建设工程所需的材料及相关设备的总表，主要分为材料费和设备费，其中：

材料费 = 材料原价 + 运费 + 保险 + 保管 + 采购代理，设备费 = 设备原价 + 运费 + 保险 + 保管 + 采购代理。

表四乙：《引进工程器材概算、预算表》，用于国外引进的材料及相关设备。

(5) 表五　表五主要反映在工程建设中所需要的其他费用总表，按照取费标准，分为国内取费与国外引进取费，其中：

1) 表五甲：《工程建设其他费用概算、预算表》，供编制建设项目(或单项工程)的工程建设其他费使用。其他费用汇总统计，按照建筑安装工程费 × 相应费率形式进行计算，并将费用汇总。

2）表五乙：《引进工程其他费概算、预算表》，主要为外币与本币兑换关系以及国外引进的其他相关费用。

## 2.6.4 能力拓展

预算取费参照中华人民共和国工业和信息化部于2008年发行的《通信建设工程概算、预算编制办法》中规定的各种取费与工程定额标准而阐述，各高校可结合最新版的取费标准，结合本书“实训一 项目预算”进行课程实施。

1. 直接费

（1）直接工程费 直接用于建设工程中所发生的费用，如人工费、材料费、机械使用费、仪器仪表使用费等，其中：

1）通信建设工程不分专业和地区工资类别，综合取定人工费。按照2008年7月1日起实施的《通信建设工程概算、预算编制办法及费用定额》以及《通信建设工程预算定额》等标准的规定，人工费单价取费为：技工为48元/工日，普工为19元/工日。

人工费 = 技工费 + 普工费，其中，技工费 = 技工单价 × 技工总工日，普工费 = 普工单价 × 普工总工日。

2）材料费 = 主要材料费 + 辅助材料费，其中：

主要材料费 = 材料原价 + 运杂费 + 运输保险费 + 采购及保管费 + 采购代理服务费

辅助材料费 = 主要材料费 × 辅助材料费系数

说明：

①材料原价：供应价或供货地点价。

②运杂费：编制概算时，除水泥及水泥制品的运输距离按500km计算以外，其他类型的材料运输距离按1500km计算。运杂费 = 材料原价 × 器材运杂费费率，器材运杂费费率见表2-10。

**表2-10 器材运杂费费率**

| 器材名称 / 费率(%) / 运距 L/km | 光缆 | 电缆 | 塑料及塑料制品 | 木材及木制品 | 水泥及水泥构件 | 其他 |
|---|---|---|---|---|---|---|
| $L \leq 100$ | 1.0 | 1.5 | 4.3 | 8.4 | 18.0 | 3.6 |
| $100 < L \leq 200$ | 1.1 | 1.7 | 4.8 | 9.4 | 20.0 | 4.0 |
| $200 < L \leq 300$ | 1.2 | 1.9 | 5.4 | 10.5 | 23.0 | 4.5 |
| $300 < L \leq 400$ | 1.3 | 2.1 | 5.8 | 11.5 | 24.5 | 4.8 |
| $400 < L \leq 500$ | 1.4 | 2.4 | 6.5 | 12.5 | 27.0 | 5.4 |
| $500 < L \leq 750$ | 1.7 | 2.6 | 6.7 | 14.7 | — | 6.3 |
| $750 < L \leq 1000$ | 1.9 | 3.0 | 6.9 | 16.8 | — | 7.2 |
| $1000 < L \leq 1250$ | 2.2 | 3.4 | 7.2 | 18.9 | — | 8.1 |
| $1250 < L \leq 1500$ | 2.4 | 3.8 | 7.5 | 21.0 | — | 9.0 |
| $1500 < L \leq 1750$ | 2.6 | 4.0 | — | 22.4 | — | 9.6 |
| $1750 < L \leq 2000$ | 2.8 | 4.3 | — | 23.8 | — | 10.2 |
| $L > 2000$km时，每增250km增加 | 0.2 | 0.3 | — | 1.5 | — | 0.6 |

③运输保险费：运输保险费 = 材料原价 × 保险费率(0.1%)。

④采购及保管费：采购及保管费 = 材料原价 × 采购及保管费费率，材料采购及保管费费率见表 2-11。

**表 2-11 材料采购及保管费费率**

| 工程名称 | 计算基础 | 费率(%) |
|---|---|---|
| 通信设备安装工程 | 材料原价 | 1.0 |
| 通信线路工程 | | 1.1 |
| 通信管道工程 | | 3.0 |

⑤ 采购代理服务费按实计列。

⑥ 辅助材料费：辅助材料费 = 主要材料费 × 辅助材料费费率，辅助材料费费率见表2-12。

**表 2-12 辅助材料费费率**

| 工程名称 | 计算基础 | 费率(%) |
|---|---|---|
| 通信设备安装工程 | 主要材料费 | 3.0 |
| 电源设备安装工程 | | 5.0 |
| 通信线路工程 | | 0.3 |
| 通信管道工程 | | 0.5 |

⑦ 凡由建设单位提供的可回收利用的旧材料，其材料费不计入工程成本。

3）机械使用费 = 机械台班单价 × 概算、预算的机械台班量。

4）仪表使用费 = 仪表台班单价 × 概算、预算的仪表台班量。

（2）措施费

1）环境保护费 = 人工费 × 相关费率，环境保护费费率见表 2-13。

**表 2-13 环境保护费费率**

| 工程名称 | 计算基础 | 费率(%) |
|---|---|---|
| 无线通信设备安装工程 | 人工费 | 1.20 |
| 通信线路工程、通信管道工程 | | 1.50 |

2）文明施工费 = 人工费 × 费率(1.0%)。

3）工地器材搬运费 = 人工费 × 相关费率，工地器材搬运费费率见表 2-14。

**表 2-14 工地器材搬运费费率**

| 工程名称 | 计算基础 | 费率(%) |
|---|---|---|
| 通信设备安装工程 | 人工费 | 1.3 |
| 通信线路工程 | | 5.0 |
| 通信管道工程 | | 1.6 |

4）工程干扰费＝人工费×相关费率，工程干扰费费率见表2-15。

**表2-15　工程干扰费费率**

| 工程名称 | 计算基础 | 费率(%) |
|---|---|---|
| 通信线路工程、通信管道工程(干扰地区) | 人工费 | 6.0 |
| 移动通信基站设备安装工程 | | 4.0 |

注：1. 干扰地区指城区、高速公路隔离带、铁路路基边缘等施工地带。
2. 综合布线工程不计取。

5）工程点交、场地清理费＝人工费×相关费率，工程点交、场地清理费费率见表2-16。

**表2-16　工程点交、场地清理费费率**

| 工程名称 | 计算基础 | 费率(%) |
|---|---|---|
| 通信设备安装工程 | 人工费 | 3.5 |
| 通信线路工程 | | 5.0 |
| 通信管道工程 | | 2.0 |

6）临时设施费：临时设施费按施工现场与企业的距离划分为35km以内、35km以外两档，临时设施费＝人工费×相关费率，临时设施费费率见表2-17。

**表2-17　临时设施费费率**

| 工程名称 | 计算基础 | 费率(%) | |
|---|---|---|---|
| | | 距离≤35km | 距离＞35km |
| 通信设备安装工程 | 人工费 | 6.0 | 12.0 |
| 通信线路工程 | 人工费 | 5.0 | 10.0 |
| 通信管道工程 | 人工费 | 12.0 | 15.0 |

7）工程车辆使用费＝人工费×相关费率，工程车辆使用费费率见表2-18。

**表2-18　工程车辆使用费费率**

| 工程名称 | 计算基础 | 费率(%) |
|---|---|---|
| 无线通信设备安装工程、通信线路工程 | 人工费 | 6.0 |
| 有线通信设备安装工程、通信电源设备安装工程、通信管道工程 | | 2.6 |

8）夜间施工增加费＝人工费×相关费率，夜间施工增加费费率见表2-19。

**表2-19　夜间施工增加费费率**

| 工程名称 | 计算基础 | 费率(%) |
|---|---|---|
| 通信设备安装工程 | 人工费 | 2.0 |
| 通信线路工程(城区部分)、通信管道工程 | | 3.0 |

注：此项费用不考虑施工时段，均按相应费率计取。

9）冬雨期施工增加费 = 人工费 × 相关费率，冬雨期施工增加费费率见表 2-20。

**表 2-20 冬雨期施工增加费费率**

| 工程名称 | 计算基础 | 费率(%) |
|---|---|---|
| 通信设备安装工程(室外天线、馈线部分) | 人工费 | 2.0 |
| 通信线路工程、通信管道工程 | | |

注：1. 此项费用不分施工所处季节，均按相应费率计取。
2. 综合布线工程不计取。

10）生产工具用具使用费 = 人工费 × 相关费率，生产工具用具使用费费率见表 2-21。

**表 2-21 生产工具用具使用费费率**

| 工程名称 | 计算基础 | 费率(%) |
|---|---|---|
| 通信设备安装工程 | 人工费 | 2.0 |
| 通信线路工程、通信管道工程 | | 3.0 |

11）施工用水电蒸汽费：通信线路、通信管道工程依照施工工艺要求按实际计取施工用水电蒸汽费。

12）特殊地区施工增加费：各类通信工程按 3.20 元/工日标准计取特殊地区施工增加费，特殊地区施工增加费 = 概(预)算总共日 ×3.20 元/工日。

13）已完工程及设备保护费：承包人依据工程发包的内容范围报价，经建设单位确认计取已完工程及设备保护费。

14）运土费：通信线路(城区部分)、通信管道工程根据市政管理要求，按实计取运土费，计算依据参照地方标准。

15）施工队伍调遣费：施工队伍调遣费按调遣费定额计算，施工现场与企业的距离在 35km 以内时，不计取此项费用。施工队伍调遣费 = 单程调遣费定额 × 调遣人数 ×2，施工队伍单程调遣费定额见表 2-22，施工队伍调遣人数定额见表 2-23。

**表 2-22 施工队伍单程调遣费定额**

| 调遣里程 $L$/km | 调遣费/元 | 调遣里程 $L$/km | 调遣费/元 |
|---|---|---|---|
| $35 < L \leqslant 200$ | 106 | $2400 < L \leqslant 2600$ | 724 |
| $200 < L \leqslant 400$ | 151 | $2600 < L \leqslant 2800$ | 757 |
| $400 < L \leqslant 600$ | 227 | $2800 < L \leqslant 3000$ | 784 |
| $600 < L \leqslant 800$ | 275 | $3000 < L \leqslant 3200$ | 868 |
| $800 < L \leqslant 1000$ | 376 | $3200 < L \leqslant 3400$ | 903 |
| $1000 < L \leqslant 1200$ | 416 | $3400 < L \leqslant 3600$ | 928 |
| $1200 < L \leqslant 1400$ | 455 | $3600 < L \leqslant 3800$ | 964 |
| $1400 < L \leqslant 1600$ | 496 | $3800 < L \leqslant 4000$ | 1042 |
| $1600 < L \leqslant 1800$ | 534 | $4000 < L \leqslant 4200$ | 1071 |
| $1800 < L \leqslant 2000$ | 568 | $4200 < L \leqslant 4400$ | 1095 |
| $2000 < L \leqslant 2200$ | 601 | $L > 4400$km 时，每增加 200km 增加 | 73 |
| $2200 < L \leqslant 2400$ | 688 | | |

**表 2-23　施工队伍调遣人数定额**

| 通信设备安装工程 | | | |
|---|---|---|---|
| 概(预)算技工总工日 | 调遣人数/人 | 概(预)算技工总工日 | 调遣人数/人 |
| 500 工日以下 | 5 | 4000 工日以下 | 30 |
| 1000 工日以下 | 10 | 5000 工日以下 | 35 |
| 2000 工日以下 | 17 | 5000 工日以上，每增加 1000 工日增加调遣人数 | 3 |
| 3000 工日以下 | 24 | | |
| 通信线路、通信管道工程 | | | |
| 概(预)算技工总工日 | 调遣人数/人 | 概(预)算技工总工日 | 调遣人数/人 |
| 500 工日以下 | 5 | 9000 工日以下 | 55 |
| 1000 工日以下 | 10 | 10000 工日以下 | 60 |
| 2000 工日以下 | 17 | 15000 工日以下 | 80 |
| 3000 工日以下 | 24 | 20000 工日以下 | 95 |
| 4000 工日以下 | 30 | 25000 工日以下 | 105 |
| 5000 工日以下 | 35 | 30000 工日以下 | 120 |
| 6000 工日以下 | 40 | 30000 工日以上，每增加 5000 工日增加调遣人数 | 3 |
| 7000 工日以下 | 45 | | |
| 8000 工日以下 | 50 | | |

16）大型施工机械调遣费 = 2 ×（单程运价 × 调遣运距 × 总吨位），大型施工机械调遣费单程运价为 0.62 元/t · 单程公里，大型施工机械调遣吨位见表 2-24。

**表 2-24　大型施工机械调遣吨位**

| 机械名称 | 吨位 | 机械名称 | 吨位 |
|---|---|---|---|
| 光缆接续车 | 4t | 水下光(电)缆沟挖冲机 | 6t |
| 光(电)缆拖车 | 5t | 液压顶管机 | 5t |
| 微管微缆气吹设备 | 6t | 微控钻孔敷管设备 | 25t 以下 |
| 气流敷设吹缆设备 | 8t | 微控钻孔敷管设备 | 25t 以上 |

2. 间接费

间接费包括规费与企业管理费两项内容。

（1）规费　建筑安装工程费用中间接费的组成部分，是指政府和有关部门规定必须缴纳的费用，包括工程排污费、社会保障费、企业管理费等。

1）工程排污费，根据施工所在地政府部门相关规定。

2）社会保障费按照性质分为养老保险费、失业保险费和医疗保险费等，每项费用均按人工费 × 相关费率收取，规费费率见表 2-25。社会保障费为三项费用汇总值，其中：

① 社会保障费 = 人工费 × 相关费率。

② 住房公积金 = 人工费 × 相关费率。

③ 危险作业意外伤害保险费 = 人工费 × 相关费率。

表 2-25 规费费率

| 费用名称 | 工程名称 | 计算基础 | 费率(%) |
|---|---|---|---|
| 社会保障费 | 各类通信工程 | 人工费 | 26.81 |
| 住房公积金 | | | 4.19 |
| 危险作业意外伤害保险费 | | | 1.00 |

(2) 企业管理费 企业管理费 = 人工费 × 相关费率，企业管理费费率见表 2-26。

表 2-26 企业管理费费率

| 工程名称 | 计算基础 | 费率(%) |
|---|---|---|
| 通信线路工程、通信设备安装工程 | 人工费 | 30.0 |
| 通信管道工程 | | 25.0 |

3. 利润

利润 = 人工费 × 相关费率，利润费率见表 2-27。

表 2-27 利润费率

| 工程名称 | 计算基础 | 费率(%) |
|---|---|---|
| 通信线路、通信设备安装工程 | 人工费 | 30.0 |
| 通信管道工程 | | 25.0 |

4. 税金

税金 = (直接费 + 间接费 + 利润) × 税率，税率见表 2-28。

表 2-28 税率

| 工程名称 | 计算基础 | 税率(%) |
|---|---|---|
| 各类通信工程 | 直接费 + 间接费 + 利润 | 3.41 |

注：通信线路工程计取税金时将光缆、电缆的预算价从直接工程费中核减。

5. 设备、工器具购置费

设备、工器具购置费 = 设备原价 + 运杂费 + 运输保险费 + 采购及保管费 + 采购代理服务费

说明：

1) 设备原价：供应价或供货地点价。

2) 运杂费 = 设备原价 × 设备运杂费费率，设备运杂费费率见表 2-29。

表 2-29　设备运杂费费率

| 运输里程 $L$/km | 取费基础 | 费率(%) | 运输里程 $L$/km | 取费基础 | 费率(%) |
|---|---|---|---|---|---|
| $L\leqslant 100$ | 设备原价 | 0.8 | $1000<L\leqslant 1250$ | 设备原价 | 2.0 |
| $100<L\leqslant 200$ | 设备原价 | 0.9 | $1250<L\leqslant 1500$ | 设备原价 | 2.2 |
| $200<L\leqslant 300$ | 设备原价 | 1.0 | $1500<L\leqslant 1750$ | 设备原价 | 2.4 |
| $300<L\leqslant 400$ | 设备原价 | 1.1 | $1750<L\leqslant 2000$ | 设备原价 | 2.6 |
| $400<L\leqslant 500$ | 设备原价 | 1.2 | $L>2000$km 时，每增 250km 增加 | 设备原价 | 0.1 |
| $500<L\leqslant 750$ | 设备原价 | 1.5 | | | |
| $750<L\leqslant 1000$ | 设备原价 | 1.7 | — | — | — |

3）运输保险费 = 设备原价 × 保险费费率(0.4%)。

4）采购及保管费 = 设备原价 × 采购及保管费费率，采购及保管费费率见表 2-30。

表 2-30　采购及保管费费率

| 项目名称 | 计算基础 | 费率(%) |
|---|---|---|
| 需要安装的设备 | 设备原价 | 0.82 |
| 不需要安装的设备(仪表、工器具) | | 0.41 |

5）采购代理服务费按实计列。

6）引进设备(材料)的国外运输费、国外运输保险费、关税、增值税、外贸手续费、银行财务费、国内运杂费、国内运输保险费、引进设备(材料)国内检验费、海关监管手续费等按引进货价计算后进入相应的设备材料费中。单独引进软件不计关税，只计增值税。

6. 工程建设其他费

(1) 建设用地及综合赔补费　建设用地及综合赔补费是指通信工程占地为建设用地，对土地拥有者的补偿。

1）根据应征建设用地面积、临时用地面积，按建设项目所在省、市、自治区人民政府制定颁发的土地征用补偿费、安置补助费标准和耕地占用税、城镇土地使用税标准计算。

2）建设用地上的建(构)筑物如需迁建，其迁建补偿费应按迁建补偿协议计列或按新建同类工程造价计算。

(2) 建设单位管理费　参照财政部　财建[2002]394 号《基建财务管理规定》执行，建设单位管理费总额控制数费率见表 2-31。

如果建设项目采用工程总承包方式，则其总包管理费由建设单位与总包单位根据总包工作范围在合同中商定、从建设单位管理费中列支。

表 2-31 建设单位管理费总额控制数费率

| 工程总概算/万元 | 费率(%) | 算例 | |
|---|---|---|---|
| | | 工程总概算/万元 | 建设单位管理费/万元 |
| 1000 以下 | 1.5 | 1000 | 1000×1.5% =15 |
| 1001~5000 | 1.2 | 5000 | 15+(5000-1000)×1.2% =63 |
| 5001~10000 | 1.0 | 10000 | 63+(10000-5000)×1.0% =113 |
| 10001~50000 | 0.8 | 50000 | 113+(50000-10000)×0.8% =433 |
| 50001~100000 | 0.5 | 100000 | 433+(100000-50000)×0.5% =683 |
| 100001~200000 | 0.2 | 200000 | 683+(200000-100000)×0.2% =883 |
| 200000 以上 | 0.1 | 280000 | 883+(280000-200000)×0.1% =963 |

(3) 可行性研究费　参照《国家计委关于印发〈建设项目前期工作咨询收费暂行规定〉的通知》(计投资[1999]1283 号)的规定。

(4) 研究试验费　新产品、新技术、新工艺进行研究实验的费用。

1) 根据建设项目研究试验内容和要求进行编制。

2) 研究试验费不包括以下项目：

① 应由科技三项费用(即新产品试制费、中间试验费和重要科学研究补助费)开支的项目。

② 应在建筑安装费用中列支的施工企业对材料、构件进行一般鉴定、检查所发生的费用及技术革新的研究试验费。

③ 应由勘察设计费或工程费中开支的项目。

(5) 勘察设计费　参照原国家计委、原建设部《关于发布〈工程勘察设计收费管理规定〉的通知》(计价格[2002]10 号)规定。

(6) 环境影响评价费　参照原国家计委、原国家环境保护总局《关于规范环境影响咨询收费有关问题的通知》(计价格[2002]125 号)规定。

(7) 劳动安全卫生评价费　参照建设项目所在省(市、自治区)劳动行政部门规定的标准计算。

(8) 建设工程监理费　参照国家发改委、原建设部[2007]670 号文，关于《建设工程监理与相关服务收费管理规定》的通知进行计算。

(9) 安全生产费　参照财政部、国家安全生产监督管理总局财企[2006]478 号文，关于《高危行业企业安全生产费用财务管理暂行办法》的通知：安全生产费按建筑安装工程费的 1.0% 计取。

(10) 工程质量监督费　参照国家发改委、财政部计价格[2001]585 号文的相关规定。

(11) 工程定额测定费　工程定额测定费 = 直接费 × 费率(0.14%)。

（12）引进技术及引进设备其他费　国外产品、技术、设备等进行引进所需的相关费用。

1）引进项目图样资料翻译复制费：根据引进项目的具体情况计列或按引进设备到岸价的比例估列。

2）出国人员费用：依据合同规定的出国人次、期限和费用标准计算。生活费及制装费按照财政部、外交部规定的现行标准计算，旅费按中国民航公布的国际航线票价计算。

3）来华人员费用：应依据引进合同有关条款规定计算。引进合同价款中已包括的费用内容不得重复计算。来华人员接待费用可按每人次费用指标计算。

4）银行担保及承诺费：应按担保或承诺协议计取。

（13）工程保险费　施工单位为避免项目风险带来的意外损失而采取项目投保的方式，用于规避风险。

1）不投保的工程不计取此项费用。

2）不同的建设项目可根据工程特点选择投保险种，根据投保合同计列保险费用。

（14）工程招标代理费　参照原国家计委《招标代理服务费管理暂行办法》计价格[2002]1980号规定。

（15）专利及专用技术使用费　在项目建设中采用了专利技术或专用技术，向专利拥有者提供专利或专用技术使用费。

1）按专利使用许可协议和专有技术使用合同的规定计列。

2）专有技术的界定应以省、部级鉴定机构的批准为依据。

3）项目投资中只计取需要在建设期支付的专利及专有技术使用费。协议或合同规定在生产期支付的使用费应在成本中核算。

（16）生产准备及开办费　新建项目按设计定员为基数计算，改扩建项目按新增设计定员为基数计算：

生产准备费＝设计定员×生产准备费指标（元/人），生产准备费指标由投资企业自行测算。

（17）预备费　为防止建设期可能发生的风险因素而导致的建设费用增加而预留的费用。预备费＝（工程费＋工程建设其他费）×相关费率，预备费费率见表2-32。

**表2-32　预备费费率**

| 工程名称 | 计算基础 | 费率（%） |
|---|---|---|
| 通信设备安装工程 | 工程费＋工程建设其他费 | 3.0 |
| 通信线路工程 | | 4.0 |
| 通信管道工程 | | 5.0 |

（18）建设期利息　按银行当期利率计算。

# 实训一 项 目 预 算

## 2.7.1 实训要求

1. 实训目的

通过前面内容的学习，结合实际案例进行实训，培养通信工程预算员，实现岗位对接。通过实训达到以下目的：

1）熟悉通信工程预算员的岗位职责。

2）熟悉通信工程定额手册。

3）掌握通信工程预算原理。

4）掌握通信工程预算技巧。

5）掌握工程制图技巧。

2. 实训重点

1）掌握通信工程预算技巧。

2）掌握工程制图技巧。

3）掌握通信工程预算原理。

3. 实训难点

掌握通信工程预算技巧。

4. 通信工程预算员岗位职责

1）掌握 AutoCAD、Office 等相关计算机软件。

2）熟悉通信项目概算、预算编制办法，能独立完成预算、竣工决算文件的制作。

3）负责通信工程现场勘测、方案设计、编制预算、方案会审及相关工作。

4）负责与各运营商、设计院、建设单位、审计公司相关人员沟通和协调。

5）沟通能力良好、有较强的团队精神、责任心强、勇于吃苦。

## 2.7.2 实训案例

某通信设计院的工程预算人员按照建设单位提供的设计资料进行项目设计，绘制设计图样、施工图样，并结合材料清单，计算工程的工作量，参照《通信建设工程概算、预算编制办法》进行预算编制，最终形成工程预算文件，该文件用于指导项目招投标、项目实施中的成本控制。综合布线系统工程器材进场清单见表 2-33。

表 2-33 综合布线系统工程器材进场清单

| 序号 | 材料名称 | 规格型号 | 数量 | 单位 | 技术状况 | 备注 |
|---|---|---|---|---|---|---|
| 1 | 网线 | UTP CAT5E | 272 | 箱 | 合格 | |
| 2 | 双口面板 | RJ-45/RJ-11 | 869 | 个 | 合格 | |
| 3 | 模块 | CAT5E | 1738 | 个 | 合格 | |
| 4 | 光缆 | 六芯多模 | 356 | m | 合格 | |

（续）

| 序号 | 材料名称 | 规格型号 | 数量 | 单位 | 技术状况 | 备注 |
|---|---|---|---|---|---|---|
| 5 | 配线架 | CAT5E 24 口 | 42 | 只 | 合格 | |
| 6 | 配线架 | 100 对 | 60 | 块 | 合格 | |
| 7 | 通信电缆 | HYA200 ×2 ×0.4 | 192 | m | 合格 | |
| 8 | 通信电缆 | HYA50 ×2 ×0.4 | 153 | m | 合格 | |
| 9 | 机柜(落地) | 42U | 6 | 台 | 合格 | |
| 10 | 理线器 | 1U | 125 | 个 | 合格 | |
| 11 | 底盒 | 86 型 | 930 | 个 | 合格 | |
| 12 | 金属桥架 | 300mm ×100mm | 829 | m | 合格 | |
| 13 | PVC 塑料管 | $\phi$25mm | 6746 | m | 合格 | |
| 14 | PVC 配件 | | 1 | 批 | 合格 | |
| 15 | PVC 线槽 | 60mm ×20mm | 123 | m | 合格 | |
| 16 | PVC 线槽 | 40mm ×20mm | 116 | m | 合格 | |
| 17 | PVC 线槽 | 20mm ×20mm | 27 | m | 合格 | |
| 18 | PVC 槽件 | | 1 | 批 | 合格 | |
| 19 | 钢丝 | $\phi$1.5mm | 131 | kg | 合格 | |
| 20 | 镀锌钢丝 | $\phi$1.5mm | 63 | kg | 合格 | |
| | 镀锌钢丝 | $\phi$4.0mm | 2.7 | kg | 合格 | |
| 21 | 光缆终端盒 | 24 口 | 1 | 个 | 合格 | |
| 22 | 光缆终端盒 | 12 口 | 6 | 个 | 合格 | |
| 23 | 尼龙固定卡带 | 200mm | 10000 | 个 | 合格 | |
| 24 | 耦合器 | ST-ST | 60 | 个 | 合格 | |
| 25 | 尾纤(3m) | ST-ST | 30 | 条 | 合格 | |
| 26 | 水泥 | 325# | 232 | kg | 合格 | |
| 27 | 粗砂 | | 396 | kg | 合格 | |

预算取费可参照附录 A，由于附录 A 所用的定额为 2008 年 7 月 1 日起实施的《通信建设工程概算、预算编制办法及费用定额》以及《通信建设工程预算定额》等标准中的规定，各高校可结合最新版的取费标准、《通信建设工程概算、预算编制办法》与项目案例，自行选择课程实施。

**建设项目总__预__算表**(汇总表)

建设项目名称：××单位综合布线工程　　建设单位名称：××单位　　表格编号：　　第 1 页

| 序号 | 表格编号 | 单项工程名称 | 小型建筑工程费 | 需要安装的设备费 | 不需要安装的设备、工器具费 | 建筑安装工程费 | 预备费 | 其他费用 | 总价值 | | 生产准备及开办费 |
|---|---|---|---|---|---|---|---|---|---|---|---|
| | | | (元) | | | | | | 人民币(元) | 其中外币( ) | (元) |
| Ⅰ | Ⅱ | Ⅲ | Ⅳ | Ⅴ | Ⅵ | Ⅶ | Ⅷ | Ⅸ | Ⅹ | Ⅺ | Ⅻ |
| | | ××单位综合布线工程 | | | | 586891.78 | 23710.43 | 5868.92 | 616471.13 | | |
| | | | | | | | | | | | |
| | | | | | | | | | | | |
| | | | | | | | | | | | |
| | | | | | | | | | | | |
| | | | | | | | | | | | |
| | | | | | | | | | | | |
| | | | | | | | | | | | |
| | | | | | | | | | | | |
| | | | | | | | | | | | |
| | | | | | | | | | | | |
| | | | | | | | | | | | |
| | | | | | | | | | | | |
| | | | | | | | | | | | |
| | | | | | | | | | | | |

设计负责人：　甲　　审核：　乙　　编制：　丙　　编制日期：　　年　　月

**工程__预__算总表**(表一)

建设项目名称：

工程名称：××单位综合布线工程　　　　建设单位名称：××单位　　　　表格编号：　　　　第 2 页

| 序号 | 表格编号 | 费用名称 | 小型建筑工程费 | 需要安装的设备费 | 不需要安装的设备、工器具费 | 建筑安装工程费 | 其他费用 | 总价值 | |
|---|---|---|---|---|---|---|---|---|---|
| | | | (元) | | | | | 人民币(元) | 其中外币( ) |
| Ⅰ | Ⅱ | Ⅲ | Ⅳ | Ⅴ | Ⅵ | Ⅶ | Ⅷ | Ⅸ | Ⅹ |
| 1 | 表二 | 建筑安装工程费 | | | | 586891.78 | | 586891.78 | |
| 2 | 表五 | 工程建设其他费 | | | | | 5868.92 | 5868.92 | |
| 3 | | 预备费 | | | | | 23710.43 | 23710.43 | |
| 4 | | 建设利息 | | | | | | | |
| | | | | | | | | | |
| | | | | | | | | | |
| | | | | | | | | | |
| | | | | | | | | | |
| | | | | | | | | | |
| | | | | | | | | | |
| | | | | | | | | | |
| | | | | | | | | | |
| | | | | | | | | | |

设计负责人：　甲　　　　审核：　乙　　　　编制：　丙　　　　编制日期：　年　月

**建筑安装工程费用 预 算表(表二)**

工程名称：××单位综合布线工程　　建设单位名称：××单位　　表格编号：　　第 3 页

| 序号 | 费用名称 | 依据和计算方法 | 合计(元) | 序号 | 费用名称 | 依据和计算方法 | 合计(元) |
|---|---|---|---|---|---|---|---|
| Ⅰ | Ⅱ | Ⅲ | Ⅳ | Ⅰ | Ⅱ | Ⅲ | Ⅳ |
|  | 建筑安装工程费 | 一+二+三+四 | 586891.78 | 8 | 夜间施工增加费 | 人工费×3% | 3692.84 |
| 一 | 直接费 | (一)+(二) | 493681.85 | 9 | 冬雨期施工增加费 |  |  |
| (一) | 直接工程费 | 1+2+3+4 | 457368.89 | 10 | 生产工具用具使用费 | 人工费×3% | 3692.84 |
| 1 | 人工费 | (1)+(2) | 123094.78 | 11 | 施工用水电蒸汽费 |  |  |
| (1) | 技工费 | 48×技工工日 | 99011.52 | 12 | 特殊地区施工增加费 | 人工费×3.2 |  |
| (2) | 普工费 | 19×普工工日 | 24083.26 | 13 | 已完工程及设备保护费 |  |  |
| 2 | 材料费 | (1)+(2) | 320695.61 | 14 | 运土费 |  |  |
| (1) | 主要材料费 | 含其他杂费 | 319736.41 | 15 | 施工队伍调遣费 |  |  |
| (2) | 辅助材料费 | (1)×0.3% | 959.2 | 16 | 大型施工机械调遣费 |  |  |
| 3 | 机械使用费 |  | 202.40 | 二 | 间接费 | (一)+(二) | 36928.43 |
| 4 | 仪表使用费 |  | 13376.10 | (一) | 规费 |  |  |
| (二) | 措施费 | 1+2+3+…+16 | 36312.96 | 1 | 工程排污费 |  |  |
| 1 | 环境保护费 | 人工费×1.5% | 1846.42 | 2 | 社会保障费 |  |  |
| 2 | 文明施工费 | 人工费×1% | 1230.95 | 3 | 住房公积金 |  |  |
| 3 | 工地器材搬运费 | 人工费×5% | 6154.74 | 4 | 危险作业意外伤害保险费 |  |  |
| 4 | 工程干扰费 | 人工费×6% |  | (二) | 企业管理费 | 人工费×30% | 36928.43 |
| 5 | 工程点交、场地清理费 | 人工费×5% | 6154.74 | 三 | 利润 | 人工费×30% | 36928.43 |
| 6 | 临时设施费 | 人工费×5% | 6154.74 | 四 | 税金 | (一+二+三)×3.41% | 19353.07 |
| 7 | 工程车辆使用费 | 人工费×6% | 7385.69 |  |  |  |  |

设计负责人：　甲　　审核：　乙　　编制：　丙　　编制日期：　　年　　月

**建筑安装工程量 预 算表(表三)甲**

工程名称：××单位综合布线工程　　建设单位名称：××单位　　表格编号：　　第 4 页

| 序号 | 定额编号 | 项目名称 | 单位 | 数量 | 单位定额值/工日 | | 合计值/工日 | |
|---|---|---|---|---|---|---|---|---|
| | | | | | 技工 | 普工 | 技工 | 普工 |
| Ⅰ | Ⅱ | Ⅲ | Ⅳ | Ⅴ | Ⅵ | Ⅶ | Ⅷ | Ⅸ |
| 1 | TXL7—001 | 砖墙开槽、水泥砂浆抹平 | m | 116.00 | | 0.07 | | 8.12 |
| 2 | TXL7—002 | 混凝土墙开槽、水泥砂浆抹平 | m | 112.00 | | 0.28 | | 31.36 |
| 3 | TXL7—005 | 敷设硬质 $\phi$25mm 以下 PVC 管 | 100m | 64.25 | 1.76 | 7.04 | 113.08 | 452.32 |
| 4 | TXL7—011 | 敷设塑料线槽 100mm 宽以下(60mm×20mm) | 100m | 1.17 | 3.15 | 10.53 | 3.69 | 12.32 |
| 5 | TXL7—011 | 敷设塑料线槽 100mm 宽以下(20mm×20mm) | 100m | 0.26 | 3.15 | 10.53 | 0.82 | 2.74 |
| 6 | TXL7—011 | 敷设塑料线槽 100mm 宽以下(40mm×20mm) | 100m | 1.10 | 3.15 | 10.53 | 3.47 | 11.58 |
| 7 | TXL7—014 | 安装吊装水平桥架 300mm 以下 | 10m | 7.65 | 0.41 | 3.66 | 3.14 | 28.0 |
| 8 | TXL7—020 | 安装垂直桥架 300mm 以上 | 100m | 5.60 | 0.22 | 1.77 | 1.23 | 9.91 |
| 9 | TXL7—024 | 安装信息插座底盒(明装) | 10 个 | 4.40 | | 0.40 | | 1.76 |
| 10 | TXL7—025 | 安装信息插座底盒(砖墙内) | 10 个 | 41.20 | | 0.98 | | 40.38 |
| 11 | TXL7—026 | 安装信息插座底盒(混凝土墙内) | 10 个 | 41.30 | | 1.37 | | 56.58 |
| 12 | TXL7—029 | 安装机柜、机架 | 个 | 6.00 | 2.00 | 0.67 | 12.00 | 4.02 |
| 13 | TXL7—033 | 穿放 4 对对绞电缆 | 百米条 | 527.44 | 0.85 | 0.85 | 448.32 | 448.32 |
| 14 | TXL7—038 | 明布 4 对对绞电缆 | 百米条 | 281.04 | 0.51 | 0.51 | 143.33 | 143.33 |
| 15 | TXL7—034 | 穿放大对数对绞电缆非屏蔽 50 对以下 | 百米条 | 1.50 | 1.20 | 1.20 | 1.80 | 1.80 |
| 16 | TXL7—040 | 明布大对数对绞电缆 | 百米条 | 1.88 | 2.70 | 2.70 | 5.08 | 5.08 |
| 17 | TXL7—041 | 管、暗槽内穿放光缆 | 百米条 | 1.50 | 1.36 | 1.36 | 2.04 | 2.04 |
| 18 | TXL7—042 | 桥架、线槽、网络地板内明布光缆 | 百米条 | 2.00 | 0.90 | 0.90 | 1.80 | 1.80 |
| 19 | TXL7—045 | 卡接 4 对对绞电缆(配线架侧)(条)非屏蔽 | 条 | 1738 | 0.60 | | 1042.80 | |
| 20 | TXL7—047 | 卡接大对数对绞电缆(配线架侧)(100 对)非屏蔽 | 100 对 | 8.5 | 1.13 | | 9.61 | |
| 21 | TXL7—049 | 安装光纤连接盘(块) | 块 | 7 | 0.65 | | 4.55 | |
| 22 | TXL7—053 | 光纤连接熔接法(芯)多模 | 芯 | 60 | 0.40 | | 24.00 | |
| 23 | TXL7—058 | 安装 8 位模块式信息插座双口非屏蔽 | 10 个 | 86.9 | 0.75 | 0.07 | 65.18 | 6.08 |
| 24 | TXL7—065 | 电缆链路测试 | 链路 | 1738 | 0.10 | | 173.80 | |
| 25 | TXL7—066 | 光纤链路测试 | 链路 | 30 | 0.10 | | 3.00 | |
| | 总计 | | | | | | 2062.74 | 1267.54 |

设计负责人：　甲　　审核：　乙　　编制：　丙　　编制日期：　　年　　月

**建筑安装工程机械使用费__预__算表(表三)乙**

工程名称：××单位综合布线工程　　建设单位名称：××单位　　表格编号：　　第 5 页

| 序号 | 定额编号 | 项目名称 | 单位 | 数量 | 机械名称 | 单位定额值 | | 合计值 | |
|---|---|---|---|---|---|---|---|---|---|
| | | | | | | 数　量<br>(台班) | 单　价<br>(元) | 数　量<br>(台班) | 合　价<br>(元) |
| Ⅰ | Ⅱ | Ⅲ | Ⅳ | Ⅴ | Ⅵ | Ⅶ | Ⅷ | Ⅸ | Ⅹ |
| 1 | TXJ0001 | 光纤熔接 | 台班 | 1.80 | 光纤熔接机 | 1.00 | 168.00 | 1.205 | 202.40 |
| | | | | | | | | | |
| | | | | | | | | | |
| | | | | | | | | | |
| | | | | | | | | | |
| | | | | | | | | | |
| | | | | | | | | | |
| | | | | | | | | | |
| | | | | | | | | | |
| | | | | | | | | | |
| | | | | | | | | | |
| | | | | | | | | | |
| | | | | | | | | | |
| | | | | | | | | | |
| | | | | | | | | | |
| | | | | | | | | | |
| | | | | | | | | | |
| | | | | | | | | | |
| | | | | | | | | | |
| | | | | | | | | | |
| | | | | | | | | | |
| | | | | | | | | | |
| | 总计(元) | | | | | | | | 202.40 |

设计负责人：　甲　　审核：　乙　　编制：　丙　　编制日期：　　年　　月

**建筑安装工程仪器仪表使用费__预__算表(表三)丙**

工程名称：××单位综合布线工程　　建设单位名称：××单位　　表格编号：　　第 6 页

| 序号 | 定额编号 | 项目名称 | 单位 | 数量 | 机械名称 | 单位定额值 | | 合计值 | |
|---|---|---|---|---|---|---|---|---|---|
| | | | | | | 数 量（台班） | 单 价（元） | 数 量（台班） | 合 价（元） |
| Ⅰ | Ⅱ | Ⅲ | Ⅳ | Ⅴ | Ⅵ | Ⅶ | Ⅷ | Ⅸ | Ⅹ |
| 1 | TXY0007 | 光纤测试 | 链路 | 30 | 光功率计 | 1.00 | 62.00 | 0.60 | 37.20 |
| 2 | TXY0004 | 光纤测试 | 链路 | 30 | 稳定光源 | 1.00 | 72.00 | 0.60 | 43.20 |
| 3 | TXY0049 | 电缆测试 | 链路 | 1738 | 综合布线线路分析仪 | 1.00 | 153.00 | 86.90 | 13295.70 |
| | | | | | | | | | |
| | | | | | | | | | |
| | | | | | | | | | |
| | | | | | | | | | |
| | | | | | | | | | |
| | | | | | | | | | |
| | | | | | | | | | |
| | | | | | | | | | |
| | | | | | | | | | |
| | | | | | | | | | |
| | | | | | | | | | |
| | | | | | | | | | |
| | | | | | | | | | |
| | | | | | | | | | |
| | | | | | | | | | |
| | | | | | | | | | |
| | | | | | | | | | |
| | | | | | | | | | |
| | | | | | | | | | |
| | 总计(元) | | | | | | | | 13376.10 |

设计负责人：　甲　　审核：　乙　　编制：　丙　　编制日期：　　年　　月

国内器材__预__算表(表四)甲

(　　　　　　)表

工程名称：××单位综合布线工程　　建设单位名称：××单位　　表格编号：　　第 7 页

| 序号 | 名称 | 规格型号 | 单位 | 数量 | 单价(元) | 合计(元) | 备　注 |
|---|---|---|---|---|---|---|---|
| Ⅰ | Ⅱ | Ⅲ | Ⅳ | Ⅴ | Ⅵ | Ⅶ | Ⅷ |
| 1 | 双绞线 | UTP CAT5E | 箱 | 272.00 | 550.00 | 149600.00 | |
| 2 | 模块 | CAT5E | 个 | 1738.00 | 14.00 | 24332.00 | |
| 3 | 面板 | 双口 | 个 | 869.00 | 5.00 | 4345.00 | |
| 4 | 底盒 | 明装 86 型 | 个 | 44.00 | 3.00 | 132.00 | |
| 5 | 底盒 | 暗装 86 型 | 个 | 886 | 3.00 | 2658 | |
| 6 | 配线架 | 100 对 110 | 只 | 60.00 | 160.00 | 9600.00 | |
| 7 | 配线架 | RJ-45 | 只 | 42.00 | 400.00 | 16800.00 | |
| 8 | 光缆终端盒 | 机架式 12 口 | 个 | 6.00 | 100.00 | 600.00 | |
| 9 | 光缆终端盒 | 机架式 24 口 | 个 | 1.00 | 300.00 | 300.00 | |
| 10 | 理线器 | 1U 塑料 | 个 | 125.00 | 70.00 | 8750.00 | |
| 11 | 机柜 | 42U | 台 | 6.00 | 2100.00 | 12600.00 | |
| 12 | 全塑电缆 | HYA200×2×0.4 | m | 192.70 | 160.00 | 30832.00 | |
| 13 | 全塑电缆 | HYA502×0.4 | m | 153.75 | 55.00 | 8456.25 | |
| 14 | 光缆 | 6 芯多模室外光缆 | m | 356.00 | 3.00 | 1068.00 | |
| 15 | 金属桥架(水平) | 300mm×100mm | m | 772.65 | 35.00 | 27042.75 | |
| 16 | 金属桥架(垂直) | 300mm×100mm | m | 56.56 | 35.00 | 1979.60 | |
| 17 | 桥架配件 | | 批 | 1.00 | 1500.00 | 1500.00 | |
| 18 | PVC 槽 | 60mm×20mm | m | 122.85 | 12.00 | 1474.20 | |
| 19 | PVC 槽 | 40mm×20mm | m | 115.50 | 6.00 | 693.00 | |
| 20 | PVC 槽 | 20mm×20mm | m | 27.30 | 3.00 | 81.90 | |
| 21 | 槽件 | | 批 | 1.00 | 500.00 | 500.00 | |
| 22 | PVC 管 | $\phi$25mm | m | 6746.25 | 1.50 | 10119.38 | |
| 23 | 管件 | | 批 | 1.00 | 600.00 | 600.00 | |
| 24 | 耦合器 | ST-ST | 个 | 60.00 | 34.00 | 2040.00 | |
| 25 | 跳线 | ST-ST | 条 | 30.00 | 70.00 | 2100.00 | |

（续）

| 序号 | 名称 | 规格型号 | 单位 | 数量 | 单价(元) | 合计(元) | 备 注 |
|---|---|---|---|---|---|---|---|
| Ⅰ | Ⅱ | Ⅲ | Ⅳ | Ⅴ | Ⅵ | Ⅶ | Ⅷ |
| 26 | 水泥 | 325# | kg | 232.00 | 0.30 | 69.60 | |
| 27 | 粗砂 | | kg | 696.00 | 0.05 | 34.8 | |
| 28 | 镀锌钢丝 | $\phi$1.5mm | kg | 63.47 | 3 | 190.41 | |
| 29 | 镀锌钢丝 | $\phi$4.0mm | kg | 2.70 | 30 | 81 | |
| 30 | 铜丝 | $\phi$1.5mm | kg | 131.38 | 5 | 656.90 | |
| 31 | 扎带 | 200mm | 条 | 10000 | 0.05 | 500.00 | |
| | | | | | | | |
| | | | | | | | |
| | | | | | | | |
| | | | | | | | |
| | | | | | | | |
| | | | | | | | |
| | | | | | | | |
| | | | | | | | |
| | | | | | | | |
| | | | | | | | |
| | | | | | | | |
| | | | | | | | |
| | | | | | | | |
| | | | | | | | |
| | | | | | | | |
| | | | | | | | |
| | | | | | | | |
| | | | | | | | |
| | | | | | | | |
| | | | | | | | |
| | 总计(元) | | | | | 319736.41 | |

设计负责人：甲　　审核：乙　　编制：丙　　编制日期：　年　月

**工程建设其他费__预__算表（表五）甲**

工程名称：××单位综合布线工程　　建设单位名称：××单位　　表格编号：　　第 8 页

| 序号 | 费用名称 | 计算依据及方法 | 金额（元） | 备　注 |
|---|---|---|---|---|
| Ⅰ | Ⅱ | Ⅲ | Ⅳ | Ⅴ |
| 1 | 建设用地及综合赔补费 | | | |
| 2 | 建设单位管理费 | | | |
| 3 | 可行性研究费 | | | |
| 4 | 研究试验费 | | | |
| 5 | 勘察设计费 | | | |
| 6 | 环境影响评价费 | | | |
| 7 | 劳动安全卫生评价费 | | | |
| 8 | 建设工程监理费 | | | |
| 9 | 安全生产费 | 建筑安装工程费×1% | 5868.92 | |
| 10 | 工程质量监督费 | | | |
| 11 | 工程定额测定费 | | | |
| 12 | 引进技术及引进设备其他费 | | | |
| 13 | 工程保险费 | | | |
| 14 | 工程招标代理费 | | | |
| 15 | 专利及专利技术使用费 | | | |
| | 总　计 | | 5868.92 | |
| 16 | 生产准备及开办费（运营费） | | | |
| | | | | |
| | | | | |

设计负责人：　甲　　审核：　乙　　编制：　丙　　编制日期：　　年　　月

**引进设备工程建设其他费用____算表(表五)乙**

工程名称：××单位综合布线工程　　建设单位名称：××单位　　表格编号：　　第 9 页

| 序　号 | 费用名称 | 计算依据及方法 | 金　额 | | 备　注 |
|---|---|---|---|---|---|
| | | | 外币( ) | 折合人民(元) | |
| Ⅰ | Ⅱ | Ⅲ | Ⅳ | Ⅴ | Ⅵ |
| | | | | | |
| | | | | | |
| | | | | | |
| | | | | | |
| | | | | | |
| | | | | | |
| | | | | | |
| | | | | | |
| | | | | | |
| | | | | | |
| | | | | | |
| | | | | | |
| | | | | | |
| | | | | | |
| | | | | | |
| | | | | | |
| | | | | | |
| | | | | | |
| | | | | | |
| | | | | | |
| | | | | | |
| | | | | | |
| | | | | | |
| | | | | | |

设计负责人：　甲　　审核：　乙　　编制：　丙　　编制日期：　　年　月

# 项目三　项目招投标与合同

## 模块一　项目招标管理

### 3.1.1　项目案例

某高校推进信息化建设，建设校园网。一期工程为综合布线工程，国家投资人民币200万元作为项目建设经费，为使该项目建设质量符合国家相应的标准，降低建设成本，该高校采用招标方式进行。A招标公司受该高校的委托，针对这个项目在当地的报纸上刊登招标邀请公告。该公告明确指出A招标公司受该高校的委托，作为该项目招标代理公司，项目采用公开招标的方式进行，对招标内容以及投标人资质做出详细规定。

### 3.1.2　案例分析

为了更好地促进工程项目建设，充分保护国家利益、社会公共利益和当事人的合法权益，通过招投标的方式规范市场，推行由市场定价机制，按市场规律进行价格调控，鼓励竞争，使工程造价趋于合理，有利于节约投资，提高投资效益，使得公开、公平、公正、诚实守信的原则得以贯彻。

某高校的综合布线系统建设项目按照《中华人民共和国招标投标法》(以下简称《招投标法》) 中的有关规定，该项目必须进行招标。在招标过程中，任何单位和个人不得将依法必须进行招标的项目化整为零或者以其他任何方式规避招标。

在项目招标前，该高校应当设有标底的，并且标底必须保密。在招标组织形式上，建设单位结合自身能力，有以下两种方案进行选择：

(1) 自行组织招标　建设单位可以依据国家相关法律法规的规定，结合自身能力自行招标。在招标过程中，可自行编制招标文件、组织招标、评标等活动，可以自行办理招标事宜，并向有关行政监督部门备案。

(2) 委托招标　在项目招标过程中，由于受到自身条件的限制，无法使招标工作正常进行，所以建设单位将招标工作依法进行委托代理。在委托代理的过程中，建设单位有权自行选择招标代理机构，委托其办理招标事宜。需要注意的是，在招投标过程中，任何单位和个人不得强制其委托招标代理机构办理招标事宜，也不得以任何方式为招标人指定招标代理机构。

依法采用公开招标方式进行，并在国家指定的报刊、信息网络或者其他媒介发布招标公告。在公告中还应当载明招标人的名称和地址、招标项目的性质、数量、实施地点和时间以及获取招标文件的办法等事项。

### 3.1.3　知识储备

为确保招标工作的顺利进行，建议建设单位采用以下工作流程开展招投标工作：

1. 确定招标范围

在建设项目中，依法必须进行招标的项目，其招投标活动不受地区或者部门的限制，应当遵循公开、公平、公正和诚实守信的原则进行，任何单位和个人不得违法限制或者排斥本地区、本系统以外的法人或者其他组织参加投标，不得以任何方式非法干涉招标投标活动。

按照《招投标法》中的有关规定，工程建设项目，包括项目的勘察、设计、施工、监理以及与工程建设有关的重要设备、材料等，必须进行招标的项目如下：

1）大型基础设施、公用事业等关系社会公共利益、公众安全的项目。

2）全部或者部分使用国有资金投资或者国家融资的项目。

3）使用国际组织或者外国政府贷款、援助资金的项目。

《招投标法》中同时也规定可以不进行招标的项目包括：

涉及国家安全、国家秘密、抢险救灾或者属于利用扶贫资金实行以工代赈、需要使用农民工等特殊情况，不适宜进行招标的项目，按照国家有关规定可以不进行招标。任何单位和个人不得将依法必须进行招标的项目化整为零或者以其他任何方式规避招标。

建设项目按照有关法规规定，必须招标的项目如下：

1）施工单项合同估算价在200万人民币以上的。

2）重要设备、材料等货物采购，单项合同估算价在100万人民币以上的。

3）勘察、设计、监理等服务的采购，单项合同估算价在50万人民币以上的。

4）单项合同估算价低于1）、2）、3）项规定的标准，但项目总投资在3000万人民币以上的。

2. 组建招标组织

招标人应具有编制招标文件和组织评标能力的，可以自行办理招标事宜，也可以将招标进行委托代理。招标人有权自行选择招标代理机构，委托其办理招标事宜。任何单位和个人不得强制其委托招标代理机构办理招标事宜，也不得以任何方式为招标人指定招标代理机构。依法必须进行招标的项目，招标人自行办理招标事宜的，应当向有关行政监督部门备案。

3. 发布招标公告与文件

招标分为公开招标和邀请招标。公开招标，是指招标人以招标公告的方式邀请不特定的法人或者其他组织投标；邀请招标，是指招标人以投标邀请书的方式邀请特定的法人或者其他组织投标。在招标过程中，无论是公开招标还是邀请招标，招标人设有标底的，标底必须保密。

依法必须进行招标的项目应采用公开招标方式进行，应当在国家指定的报刊、信息网络或者其他媒介发布招标公告。公告中应当载明招标人的名称和地址、招标项目的性质、数量、实施地点和时间以及获取招标文件的办法等事项。招标人可以根据招标项目本身的要求，在招标公告或者投标邀请书中，要求潜在投标人提供有关资质证明文件和业绩情况，并对潜在投标人进行资格审查。国家对投标人的资格条件有规定的，应依照其规定。

招标人应当根据招标项目的特点和需要编制招标文件，文件应包括招标项目的技术要求、对投标人资格审查的标准、投标报价要求和评标标准等所有实质性要求和条件以及拟签订合同的主要条款。

招标文件一般包括以下内容：

1）投标邀请书。

2）投标人须知。

3）投标申请书格式，包括投标书格式和投标保证格式。

4）法定代表人授权格式。

5）合同文件，包括合同协议格式、预付款银行保函、履约保证格式等。

6）工程技术要求。

7）工程量表。

8）附件：工程图样与工程相关的说明材料。

4. 确定招标时间

招标人应当确定投标人编制投标文件所需要的合理时间，依法必须进行招标的项目，自招标文件开始发出之日起至投标人提交投标文件截止之日止，最短不得少于二十日。

招标人对已发出的招标文件进行必要的澄清或者修改的，应当在招标文件要求提交投标文件截止时间至少十五日前，以书面形式通知所有招标文件收受人，该澄清或者修改的内容为招标文件的组成部分。

5. 确定投标与评标相关流程

投标人应当按照招标文件的要求自行编制投标文件，应当在招标文件要求提交投标文件的截止时间前，将投标文件送达投标地点。招标人收到投标文件后，应当签收保存，不得开启。投标人少于三个的，招标人应当依照本法重新招标。

评标由招标人依法组建的评标委员会负责，按照评标方案确定第一、二、三中标候选人。

6. 与中标人订立合同

中标人确定后，招标人应当向中标人发出中标通知书，并同时将中标结果通知所有未中标的投标人。招标人和中标人应当自中标通知书发出之日起三十日内，按照招标文件和中标人的投标文件订立书面合同。招标人和中标人不得另行订立背离合同实质性内容的其他协议。

### 3.1.4 能力拓展

各学校结合自身特点，可适当安排一些招标文件的解读课程，开展相应的培训，按照课程进度与学生能力适当安排编制招标文件的训练项目。参考附录 B 提供的案例进行训练，各学校结合自身特点，自行选择课程实施。

## 模块二　投标与中标

### 3.2.1 项目案例

十家通信工程有限公司在看到 A 招标公司发布的《关于某高校综合布线工程建设招标公告》后，在规定时间参加了有关该综合布线工程建设项目答疑会议，并且向招标公司提交资格审查。在资格审查中发现，有两家公司尚未取得有关资质，一家公司注册资金不符合要求，余下的七家公司符合投标人资格，于规定时间购买了有关标书，着手进行投标准备工作。

七家公司中，以甲、乙、丙、丁、戊五家公司最具实力。乙公司实力雄厚，在业内具有较强实力，独立投标；甲与丙准备联合投标，丁公司通过行贿手段取得标底，戊公司独立投标。

招标大会于规定时间准时开始，在开标与评标过程中，数家公司经过角逐，乙公司报价超出预算，甲丙联合体、戊公司的报价基本符合预算，丁公司触犯法律被取消投标资格，其余两家公司的报价明显低于成本价。经评标专家组推荐，戊公司为中标候选人，并于规定的时间内，某高校与戊公司订立合同。

## 3.2.2　案例分析

甲、乙、丙、丁、戊等十家通信工程有限公司可作为投标人参与该项目建设，投标人是响应招标、参加投标竞争的法人或者其他组织。按照招标文件对投标人资格条件有规定的，或者按照国家有关规定对投标人资格条件有规定的，投标人应当具备规定的资格条件。招标方应按照这些条件进行资格审查，其目的是发现具有投标资格的投标人或组织。

在整个招标过程中，投标人可独立投标，同时也允许甲公司与丙公司可以组成一个联合体，以一个投标人的身份共同投标。按照国家有关规定，联合体各方均应当具备承担招标项目的相应能力，各方均应当具备规定的相应资格条件。由同一专业的单位组成的联合体，按照资质等级较低的单位确定资质等级。

甲公司与丙公司在组建联合体时，应当签订共同投标协议，明确约定各方拟承担的工作和责任，并将共同投标协议连同投标文件一并提交给招标人。如果联合体中标的，联合体各方应当共同与招标人签订合同，就中标项目向招标人承担连带责任。

丁公司企图通过向招标人或者评标委员会成员行贿的手段谋取中标，并与招标人串通投标，损害国家利益、社会公共利益或者他人的合法权益。

其余两家公司以低于成本的报价竞标，影响市场秩序，具有不正当竞争性质，弄虚作假，骗取中标。

开标时由招标人主持，邀请所有投标人参加。评标由招标人依法组建的评标委员会负责，评标委员会成员应当客观、公正地履行职务，遵守职业道德，对所提出的评审意见承担个人责任。

评标委员会应当按照招标文件确定的评标标准和方法，对投标文件进行评审和比较。设有标底的，应当参考标底。评标委员会完成评标后，应当向招标人提出书面评标报告，并推荐合格的中标候选人。

中标人确定后，招标人应当向中标人发出中标通知书，并同时将中标结果通知所有未中标的投标人。

## 3.2.3　知识储备

在投标工作中，建议参与招投标的单位按照以下的流程进行。

1. 投标人资格审查

为保证工程质量，属于建设施工的招标项目，招标人应按照国家有关规定或参照有关规定对投标人资格进行有条件限定，投标人应当具备规定的资格条件，应当具备承担招标项目的能力。投标人应不少于三个，否则视为无效，招标人应当依照本法重新招标。

两个以上法人或者其他组织根据自身情况可以组成一个联合体，以一个投标人的身份共同投标。联合体各方均应当具备承担招标项目的相应能力，各方均应当具备规定的相应资格条件。由同一专业的单位组成的联合体，按照资质等级较低的单位确定资质等级。

联合体各方应当签订共同投标协议，明确约定各方拟承担的工作和责任，并将共同投标协议连同投标文件一并提交招标人。联合体中标的，联合体各方应当共同与招标人签订合同，就中标项目向招标人承担连带责任。

投标人不得相互串通投标报价，不得排挤其他投标人的公平竞争，损害招标人或者其他投标人的合法权益。投标人不得与招标人串通投标，损害国家利益、社会公共利益或者他人的合法权益；禁止投标人以向招标人或者评标委员会成员行贿的手段谋取中标。投标人不得以低于成本的报价竞标，也不得以他人名义投标或者以其他方式弄虚作假，骗取中标。

2. 投标文件

投标人应当具备承担招标项目的能力，国家有关规定对投标人资格条件或者招标文件对投标人资格条件有规定的，投标人应当具备规定的资格条件。

投标人应当按照招标文件的要求自行编制投标文件，投标文件应当对招标文件提出的实质性要求和条件做出响应，并且应当在招标文件要求提交投标文件的截止时间前，将投标文件送达投标地点。招标人收到投标文件后，应当签收保存，不得开启，截止时间后送达的投标文件，招标人应当拒收。

投标人在招标文件要求提交投标文件的截止时间前，可以补充、修改或者撤回已提交的投标文件，并书面通知招标人。补充、修改的内容为投标文件的组成部分。拟在中标后将中标项目的部分非主体、非关键性工作进行分包的，应当在投标文件中载明。投标人不得以低于成本的报价竞标，也不得以他人名义投标或者以其他方式弄虚作假，骗取中标。

3. 开标与评标

开标应当在招标文件确定的提交投标文件截止时间的同一时间公开进行。开标地点应当为招标文件中预先确定的地点，由招标人主持，邀请所有投标人参加。

开标时，由投标人或者其推选的代表检查投标文件的密封情况，也可以由招标人委托的公证机构检查并公证。经确认无误后，由工作人员当众拆封，宣读投标人名称、投标价格和投标文件的其他主要内容，开标过程应当记录，并存档备查。

评标由招标人依法组建的评标委员会负责。依法必须进行招标的项目，其评标委员会由招标人的代表和有关技术、经济等方面的专家组成，成员人数为五人以上单数，其中技术、经济等方面的专家不得少于成员总数的三分之二。

评标专家应当从事相关领域工作满八年并具有高级职称或者具有同等专业水平，由招标人从国务院有关部门或者省、自治区、直辖市人民政府有关部门提供的专家名册或者招标代理机构的专家库内的相关专业的专家名单中确定。一般招标项目可以采取随机抽取的方式，特殊招标项目可以由招标人直接确定。与投标人有利害关系的人不得进入相关项目的评标委员会，已经进入的应当更换。

评标委员会成员应当客观、公正地履行职务，遵守职业道德，对所提出的评审意见承担个人责任，委员会成员不得私下接触投标人，不得收受投标人的财物或者其他好处。评标委员会应当按照招标文件确定的评标标准和方法，对投标文件进行评审和比较。设有标底的，应当参考标底。评标委员会完成评标后，应当向招标人提出书面评标报告，并推荐合格的中标候选人。

招标人根据评标委员会提出的书面评标报告和推荐的中标候选人确定中标人，也可以授权评标委员会直接确定中标人。

4. 中标

评标委员会经过评审，认为所有投标都不符合招标文件要求的，可以否决所有投标。依法必须进行招标的项目的所有投标被否决的，招标人应当依照《招投标法》重新招标。在确定中标人前，招标人不得与投标人就投标价格、投标方案等实质性内容进行谈判。

中标人的投标应当符合下列条件之一：

1）能够最大限度地满足招标文件中规定的各项综合评价标准。

2）能够满足招标文件的实质性要求，并且经评审的投标价格最低；但是投标价格低于成本的除外。

中标人确定后，招标人应当向中标人发出中标通知书，并同时将中标结果通知所有未中标的投标人。中标通知书发出后，招标人改变中标结果的，或者中标人放弃中标项目的，应当依法承担法律责任。

招标人和中标人应当自中标通知书发出之日起三十日内，按照招标文件和中标人的投标文件订立书面合同。招标人和中标人不得另行订立背离合同实质性内容的其他协议。

中标人应当按照合同约定履行义务，完成中标项目。中标人不得向他人转让中标项目，也不得将中标项目肢解后分别向他人转让。中标人按照合同约定或者经招标人同意，可以将中标项目的部分非主体、非关键性工作分包给他人完成。接受分包的人应当具备相应的资格条件，并不得再次分包。中标人应当就分包项目向招标人负责，接受分包的人就分包项目承担连带责任。

### 3.2.4　能力拓展

各学校结合自身特点，可适当安排一些投标文件的解读课程，开展相应的培训。建议各高校按照课程进度与学生能力，结合附录 C 提供的参考案例和“实训二　投标文件制作”，适当安排有关投标文件编制的训练项目。各学校可结合自身特点，自行选择课程实施教学。

## 模块三　合 同 订 立

### 3.3.1　项目案例

戊通信工程有限公司经过招投标成为最终中标者，并于规定的时间内与某高校就综合布线工程建设订立工程承包合同。承包合同中明确规定了建设项目承包范围、分包范围、工程价款、质量标准、工期、验收办法、保修范围、违约责任、争议解决办法等事宜。戊公司在征得某高校同意后，将管道工程、电源工程、机房建设工程等单位工程进行了专业分包，在选择分包商时，选择具有相应资质的专业分包商，使该项目如期进行，经过 2 个月的建设，该项目通过验收交付使用。

### 3.3.2　案例分析

为了保护建设单位和施工单位的合法权益，明确双方的权利与义务，建设单位与施工单位本着平等、互利、自愿的原则，经过友好协商，采用书面形式签订工程承包合同。双方订立与履行合同，应当遵守法律、行政法规、尊重社会公德，不得扰乱社会经济秩序，损害社会公共利益。

建设单位和施工单位所签署的合同内容由双方共同约定，也可以参照建设工程合同的示范文本订立合同，合同中应包括当事人、标的物、采购数量、质量标准、价款、履约方式、违约责任及解决方式等条款。

建设单位的综合布线工程包括楼体布线、管道工程、电源工程、机房建设等，为了避免多家公司交叉作业、责任划分不明确，避免各家公司相互推诿扯皮，故委托一个施工单位、由多个施工单位组成的施工联合体或施工合作体作为施工总包单位。戊公司为中标单位，所以戊公司作为施工总包单位进行施工总承包，按照总承包合同的约定对建设单位负责。

戊公司的主营业务为综合布线，对管道工程、电源工程、机房建设等工程并不熟悉，在征得建设单位同意后，施工总承包单位可以根据需要将一部分的施工任务分包给其他符合资质的分包人，但是禁止分包单位将其承包的工程再分包，主体工程的施工必须由承包人自行完成。

### 3.3.3 知识储备

1. 订立合同原则

为了保护合同当事人的合法权益，明确双方的权利与义务，维护社会经济秩序，当事人双方本着公平、平等、自愿、互利、诚实守信的原则，经过友好协商，采用书面形式签订合作协议。当事人订立与履行合同，应当遵守法律、行政法规，尊重社会公德，不得扰乱社会经济秩序，损害社会公共利益。依法成立的合同，对当事人具有法律约束力，当事人应当按照约定履行自己的义务，不得擅自变更或者解除合同。

2. 合同订立

当事人应当具有相应的民事权利能力和民事行为能力，方可订立合同，也可依法委托代理人订立合同。当事人订立合同，有书面形式、口头形式和其他形式。书面形式是指合同书、信件和数据电文(包括电报、电传、传真、电子数据交换和电子邮件)等可以有形地表现所载内容的形式。

合同的甲方是指要约方、发包方或购买方；乙方是指承诺方、承包方或供应商。订立合同就是采用要约与承诺的方式。

1）要约是希望和他人订立合同的意思表示，该意思表示应当符合下列规定：

① 内容具体确定。

② 表明经受要约人承诺，要约人即受该意思表示约束。

2）承诺是受要约人同意要约的意思表示，应当以通知的方式作出，但根据交易习惯或者要约表明可以通过行为作出承诺的除外。承诺应当在要约确定的期限内到达要约人，承诺生效时合同成立。

施工合同的内容包括工程范围、建设工期、中间交工工程的开工和竣工时间、工程质量、工程造价、技术资料交付时间、材料和设备供应责任、拨款和结算、竣工验收、质量保修范围和质量保证期、双方相互协作等条款。

3. 无效合同

1）当事人在订立合同过程中有下列情形之一的，合同无效：

① 一方以欺诈、胁迫的手段订立合同，损害国家利益。

② 恶意串通，损害国家、集体或者第三人利益。

③ 以合法形式掩盖非法目的。

④ 损害社会公共利益。

⑤ 违反法律、行政法规的强制性规定。

2）合同中的下列免责条款无效：

① 造成对方人身伤害的。

② 因故意或者重大过失造成对方财产损失的。

3）下列合同，当事人一方有权请求人民法院或者仲裁机构变更或者撤销：

① 因重大误解订立的。

② 在订立合同时显失公平的。

4. 合同的履行

当事人应当遵循诚实守信的原则按照约定全面履行自己的义务，根据合同的性质、目的和交易习惯履行通知、协助、保密等义务。

合同生效后，当事人就质量、价款或者报酬、履行地点等内容没有约定或者约定不明确的，可以协议补充。不能达成补充协议的，按照下列规定履行：

1）质量要求不明确的，按照国家标准、行业标准履行；没有国家标准、行业标准的，按照通常标准或者符合合同目的的特定标准履行。

2）价款或者报酬不明确的，按照订立合同时履行地的市场价格履行；依法应当执行政府定价或者政府指导价的，按照规定履行。

3）履行地点不明确，给付货币的，在接受货币一方所在地履行；交付不动产的，在不动产所在地履行；其他标的物，在履行义务一方所在地履行。

4）履行期限不明确的，债务人可以随时履行，债权人也可以随时要求履行，但应当给对方必要的准备时间。

5）履行方式不明确的，按照有利于实现合同目的的方式履行。

6）履行费用的负担不明确的，由履行义务一方负担。

执行政府定价或者政府指导价的，在合同约定的交付期限内政府价格调整时，按照交付时的价格计价。逾期交付标的物的，遇价格上涨时，按照原价格执行；价格下降时，按照新价格执行。逾期提取标的物或者逾期付款的，遇价格上涨时，按照新价格执行；价格下降时，按照原价格执行。

5. 工程承包

由于建设工程的复杂性，在一个单项工程中往往包括若干项单位工程，为了避免多家公司交叉作业，责任划分不明确，避免各家公司推诿扯皮，故委托一个施工单位、由多个施工单位组成的施工联合体或施工合作体作为施工总包单位。施工总包单位按照总承包合同的约定对建设单位负责。

工程承包按照承包范围可分为施工总承包、专业分包、劳务分包三大类，建设单位可以将工程的勘察、设计、施工、设备采购一并发包给一个工程总承包单位，也可以将建筑工程勘察、设计、施工、设备采购的一项或者多项发包给一个工程总承包单位。施工总承包单位在征得建设单位同意后，可以根据需要将施工任务的一部分分包给其他符合资质的分包人，但必须遵守以下有关分包的规定：

1）禁止承包单位将其承包的全部工程转包给他人，禁止承包单位将其承包的全部工程肢解以后以分包的名义分别转包给他人。

2）经建设单位同意后，总承包单位可以将承包工程中的部分工程发包给具有相应资质条件的分包单位，工程主体结构的施工必须由总承包单位自行完成。

3）工程总承包单位按照总承包合同的约定对建设单位负责，分包单位按照分包合同的约定对总承包单位负责，总承包单位和分包单位就分包工程对建设单位承担连带责任。

4）禁止总承包单位将工程分包给不具备相应资质条件的单位，禁止分包单位将其承包的工程再分包。

6. 合同纠纷解决

建设工程纠纷，是指建设工程当事人对建设过程中的权利和义务产生了不同的理解，纠纷处理的基本形式有和解、调解、仲裁、诉讼四种。

（1）和解　和解是指建设工程纠纷当事人在自愿友好的基础上，互相沟通、互相谅解，从而解决纠纷的一种方式，纠纷和解有以下特点：

1）简便易行，能经济、及时地解决纠纷。

2）纠纷的解决依靠当事人的妥协与让步，没有第三方的介入，有利于维护合同双方的友好合作关系，使合同能更好地得到履行。

3）和解协议不具有强制执行的效力，和解协议的执行依靠当事人的自觉履行。

（2）调解　调解是指建设工程当事人对法律规定或者合同约定的权利、义务发生纠纷，第三人依据一定的道德和法律规范，通过摆事实、讲道理，促使双方互相做出适当的让步，平息争端，自愿达成协议，以求解决建设工程纠纷的方法。建设工程纠纷调解解决有以下特点：

1）有第三者介入作为调解人，调解人以双方都信任者为佳。

2）能够较经济、较及时地解决纠纷。

3）有利于消除合同当事人的对立情绪，维护双方的长期合作关系。

4）调解协议不具有强制执行的效力，调解协议的执行依靠当事人的自觉履行。

（3）仲裁　仲裁亦称“公断”，是当事人双方在纠纷发生前或纠纷发生后达成协议，自愿将纠纷交给第三者，由第三者在事实上作出判断、在权利义务上作出裁决的一种解决纠纷的方式。这种纠纷解决方式必须是自愿的，因此必须有仲裁协议，建设工程纠纷仲裁解决有以下特点：

1）体现当事人的意思自治，自治不仅体现在仲裁的受理应当以仲裁协议为前提，还体现在仲裁的整个过程，许多内容都可以由当事人自主确定。

2）由于各仲裁机构的仲裁员都是由各方面的专业人士组成，当事人完全可以选择熟悉纠纷领域的专业人士担任仲裁员。

3）保密和不公开审理是仲裁制度的重要特点，除当事人、代理人，以及需要时的证人和鉴定人外，其他人员不得出席和旁听仲裁开庭审理，仲裁庭和当事人不得向外界透露案件的任何实体及程序问题。

4）仲裁裁决做出后是终局的，对当事人具有约束力。

5）仲裁裁决具有强制执行的法律效力。

（4）诉讼　诉讼是指建设工程当事人依法请求人民法院行使审判权，审理双方之间发生的纠纷，做出有国家强制保证实现其合法权益，从而解决纠纷的审判活动，建设工程纠纷诉讼解决有以下特点：

1）程序和实体判决严格依法进行，与其他解决纠纷的方式相比，诉讼的程序和实体判决都应当严格依法进行。

2）诉讼当事人在实体和程序上的地位平等。原告起诉，被告可以反诉；原告提出诉讼请求，被告可以反驳诉讼请求。

3）建设工程纠纷当事人如果不服第一审人民法院判决，可以上诉至第二审人民法院。建设工程纠纷经过两级人民法院审理，即告终结。

4）诉讼判决具有强制执行的法律效力，当事人可以向人民法院申请强制执行。

### 3.3.4　能力拓展

各学校结合自身特点，可适当安排一些合同文件的解读课程，开展相应的培训。建议各高校按照课程进度与学生能力，结合附录D提供的参考案例，适当安排有关合同文件编制的训练项目，自行选择课程实施。

## 实训二　投标文件制作

### 3.4.1　实训要求

1. 实训目的

通过前面的学习，结合实际案例进行实训，培养商务代表，实现岗位对接。通过实训达到以下目的：

1）熟悉商务代表岗位职责。

2）掌握投标文件制作技巧。

3）掌握投标文件编制方法。

2. 实训重点

1）掌握投标文件制作技巧。

2）掌握投标文件编制方法。

3. 实训难点

1）掌握投标文件制作技巧。

2）掌握投标文件编制方法。

4. 商务代表岗位职责

1）掌握Office等相关的办公软件。

2）熟悉招投标流程以及相应的法律法规。

3）负责用户沟通协调及相关工作。

4）负责与各运营商、设计院、建设单位、审计公司相关人员沟通和协调。

5）沟通能力良好、有较强的团队精神、责任心强、勇于吃苦。

### 3.4.2　实训案例

某通信工程有限公司项目经理看到《关于某高校综合布线工程建设招标公告》后，于规定时间购买了有关标书，并对招标文件进行解读，掌握其中注意事项，着手进行投标的准备工作。

按照招标文件要求，该公司准备了公司有关资质、相关授权文件、设计方案、预算等技术文件，在规定时间内提交投标文件。

各学校结合自身特点，可适当安排一些投标文件的解读课程，开展相应的培训。建议各高校按照课程进度与学生能力，结合参考案例，自行选择课程实施。

# ××××学院综合布线工程
# 项目招标书

招标文件编号：ZBWJ20130108

招 标 项 目：综合布线系统工程

××××××招标公司

## 第一部分　投 标 须 知

某综合布线工程以邀请招标的方式进行采购，欢迎符合条件的供应商前来投标。

**一、招标项目**

1）综合布线系统。

2）网络设备。

3）其他设备、材料。

**二、供应商资质条件**

1）在中国境内注册的法人。

2）具有相关主管部门（如城乡建设部、工信部、国家新闻出版广电总局、公安部等）颁发的设计、施工资质证书（不低于四级），并且注册资金不少于200万元人民币。

3）有履行合同的能力，并提供本地化服务。

4）在以往的政府采购活动中没有违法、违规、违纪、违约行为。

**三、完工时间、付款及投标保证金**

1）完工时间：2013年7月31日前，该项目必须交付使用。

2）付款方式：中标产品安装、调试、验收合格后，付总货款的90%，其余10%，经使用一年，无明显质量问题一次付清。

3）投标保证金：投标单位于投递标书时交纳现金人民币5000元整，作为投标保证金。中标单位在签订合同以后投标保证金转为履约保证金，设备经使用一年，无明显质量问题后退还；未中标单位在开标后当场退还。

**四、投标注意事项**

1）施工地点：××××××××。

2）招标文件发售日期：2013年2月28日~3月7日。

3）招标文件售价：每份招标文件售价为人民币100元整（招标文件一经售出，概不退还）。

4）投标截止日期：2013年4月5日17：00整。

注意：各投标单位必须携带线材样品方能进行投标，中标单位提供的样品必须留在招标方，以备验收时对投标方所提供的货物进行对照。

5）投标地点：××××××××。

6）联系电话：××××××××。

7）联系人：××××××××。

8）投标单位如对招标文件存有疑问，可于招标文件购买之日起至____日截止之前以信函或电话方式通知招标单位，由招标单位负责解释。

**五、投标书的编制**

1）投标单位编制投标书应按照招标文件所规定的格式、内容逐项填写齐全，并提交全部资格证明文件，否则投标无效。

2）投标单位必须按照招标书的要求对招标设备清单中的教学仪器设备进行投标，并附必要的文字、图样说明。

3）投标单位对所投设备只能提出一个不变价格，招标单位不接受任何选择价。

4）投标书应字迹清晰、内容齐全、表达清楚，不应有涂改增删处，如修改时，修改处须有法定代表印章。

5）投标单位对安装、技术培训、质量保证措施及售后服务等给甲方提供的优惠条件，应在标书中说明。

6）投标文件中包含：投标书报价表、法定代表人资格证明书、授权委托书、工程预算书及工程量清单、主要材料和设备清单、资质及相关资料。

7）文字部分采用 A4 纸张，施工平面图、网络图、计划措施图等图表采用 A3 纸张，文字部分和图表部分都要编页码。用黑色喷墨(或激光)打印机打印(或复印)，技术标统一不用彩色打印。

CAD 图样绘制要求遵照制图规范：字体采用仿宋体，字号为 5 号字，字体高度按制图规范规定的方式进行标注；线条粗细应符合制图规范；有图框，无会签栏；标题写在图样中下方。

8）投标报价采用人民币报价。

9）预算编制按现行预算定额、取费标准和有关规定。

**六、资格证明文件**

1）投标单位的企业法人营业执照。

2）与投标相关的生产技术能力说明。

3）产品生产许可证、产品鉴定书、有关检测报告。

4）代理商委托书。

5）法人代表授权书和身份证复印件。

6）产品样品、说明书等相关技术资料。

注意：以上资格文件均须加盖公章。

**七、投标书的递交**

1）投标单位应把投标书装入信袋内加以密封，并在封签处加盖单位公章。投标书信袋上应写明：

① 投标仪器设备名称。

② 招标文件编号。

③ 投标单位名称。

2）投标单位必须于______年____月____日______时将标书送到，逾期投标不予受理。

3）投标单位送达投标书后，要求对投标书进行修改或撤回时，必须在投标截止之前以书面形式递交招标单位，修改标书文件的递交仍需按密封要求进行。

4）有下列情况之一的，其投标书无效(即废标)：

① 投标书未按规定密封的。

② 投标书未盖单位公章和无法定代表人印章的。

③ 投标书未按招标文件规定的要求和格式编制填写，或内容不全、字迹模糊、难以辨认的。

④ 投标书逾期送达的。

⑤ 投标单位法定代表人或指定代表未参加开标会议(以法定代表人授权书为准)，或参加会议但无证件或授权书的。

⑥ 扰乱会场秩序，经劝阻无效，仍无理取闹的。

⑦ 未缴纳投标保证金的。

**八、开标与评标**

1）招标单位于指定地点公开开标。各投标单位派法定代表人或指定代表参加。

2）为利于评标审查，招标单位在开标后可随时请投标单位对投标书进行澄清解答，解答时不得对投标书中实质性的内容和报价加以修改。

**九、评标规则**

评标采用综合评标法，根据下列条件择优选择中标单位。

1）投标书完整无缺符合招标文件的规定、要求和格式，并能满足招标设备的技术要求、保证质量、保证交货日期。

2）所投产品的品牌影响力及在国内市场的销售份额。

3）所投产品的性能、配置及价格。

4）认为其能认真地履行合同义务。

**十、中标通知**

1）招标单位将评标报告上报有关部门审批后，于投标有效期前向中标单位发中标通知书；向未中标单位发未中标通知书，但不作任何解释。

2）中标通知书将是合同的一个组成部分。

**十一、签订合同**

中标单位收到中标通知后，按通知书规定的时间签订设备供货合同。

## 第二部分　设备清单、项目说明

**一、设备清单**

| 序号 | 项目名称 | 产品明细 | 数量 | 备　注 |
|---|---|---|---|---|
| 1 | 综合布线系统 | | | |
| | | | | |
| 2 | 网络设备 | | | |
| | | | | |
| 3 | 其他设备、材料 | | | |
| | | | | |
| | | | | |
| | | | | |
| | | | | |
| | | | | |
| | | | | |
| | | | | |
| | | | | |
| | | | | |

**二、项目说明**

1）布线位置：×××××××××，布线点包括：教学楼、食堂、宿舍等，所做布线点及线材均作参考，若有异议双方可以协商解决。

2）网线要求：使用进口6类非屏蔽双绞线，品牌选用COMMSCOPE或IBDN。

3）整个工程应该是达到完工即可使用，整个网络接入某网络中心机房。

4）投标材料需要写明产品型号、规格、产地。

5）投标项目包含施工费。

## 第三部分　投标书格式

**一、设备投标书**

投标仪器设备名称：

招标文件编号：

投标单位：

发出时间：　　　　年　　　　月　　　　日

单位名称：

地址：

电话：　　　　　　　　　　　　　　　邮编：

传真：　　　　　　　　　　　　　　　电挂：

联系人：

投标单位：（盖章）

法定代表人：（盖章）

授权代表人：（盖章）

年　　　月　　　日

**二、投标函**

至＿＿＿＿＿＿＿＿我们收到贵方＿＿＿仪器设备的招标文件（编号　　　　　），经详细研究，愿意参加投标。并授权下述签字人＿＿＿＿＿，全权代表我投标单位提交下述文件正本一份、副本一式＿＿＿份。文件包括：

1）投标书包括投标报价表（见附表1）、交货一览表（见附表2）、售后服务表（附表3）。

2）资格证明文件（按第一部分投标须知第六款要求提供）。

3）缴纳人民币＿＿＿＿＿＿＿元，作为投标保证金，并同时宣布愿意遵守下列条款：

① 承认和愿意按照招标文件的各项规定和要求，提供招标设备。投标总价为（大写）＿＿＿＿万元人民币。

② 愿意按照国家《合同法》履行自己的责任和义务。

③ 理解你们不以最低价格作为唯一中标的选择标准。

④ 如果我们的投标书中标，我们将尽快签订供货合同，并按期、按质、按量完成任务。

⑤ 能够提供招标文件中要求的所有资料。

⑥ 遵守招标文件规定的收费项目和标准。

4）有关本投标书的函、电请按下列地址联系：＿＿＿＿＿＿。

附表 1：

**投标报价表**

招标文件编号：

| 序号 | 设备名称 | 规格型号 | 单位 | 数量 | 单价(万元) | 总价(万元) |
|---|---|---|---|---|---|---|
| | | | | | | |
| | | | | | | |
| | | | | | | |
| | | | | | | |
| | | | | | | |
| | | | | | | |
| | | | | | | |
| | | | | | | |
| | | | | | | |

注：1. 所有价格均采用人民币表示。
　　2. 如果单价与总价不符时以单价为准。

投标单位：　　　　（盖章）

授权代表人：　　　（盖章）

年　　　　月　　　　日

附表 2：

**交货一览表**

招标文件编号：

| 序号 | 设备名称 | 规格型号 | 单位 | 数量 | 产地 | 交货日期 | 交货地点 |
|---|---|---|---|---|---|---|---|
| | | | | | | | |
| | | | | | | | |
| | | | | | | | |
| | | | | | | | |

注：本表和投标报价表的序号、设备名称、数量等数据应一致。

投标单位：　　　　　　（盖章）

授权代表人：　　　　　（盖章）

年　　　　月　　　　日

附表3：

**售后服务表**

招标文件编号：

| | |
|---|---|
| 可提供的优惠条件 | 1.<br>2.<br>3. |
| 售后服务内容 | 1.<br>2.<br>3. |

投标单位：　　　　（盖章）

授权代表人：　　　　（盖章）

年　　月　　日

# 第四部分　开标、评标原则

## 一、评标表

设备名称：

| 评标名次 | 1 | 2 | 3 | 4 | 5 | 6 | 7 |
|---|---|---|---|---|---|---|---|
| 投标单位 | | | | | | | |

注：评标小组人员根据质量和价格综合考虑，为各投标单位排名次，然后把所有评标小组人员对每一投标单位的所排名次综合起来，即得出投标单位的总名次。

年　　月　　日

## 二、评标办法

本次招标采用综合评标法，不承诺最低价中标。

## 第五部分　中标通知书

# 中　标　通　知　书

致：

经评标委员会决定________________（投标单位名称）在________________________________招标活动中中标，并请你单位于　　年　　月　　日　　时，前来我处签订合同。

特此通知！

招标领导小组

年　　月　　日

## 第六部分　合 同 格 式

### ×××综合布线项目建设合同

委托方(简称甲方)：

被委托方(简称乙方)：

甲方现有×××综合布线项目建设工程，委托乙方进行综合布线施工。按照《中华人民共和国合同法》与相应的法规规定，结合本工程具体情况，双方本着公平、公正、公开、诚实守信的原则，双方资源达成如下协议：

**一、工程概况**

1）工程名称：×××××综合布线。

2）工程地点：×××××。

3）工程内容：以报价单所列项目为准。

4）工程承包方式：施工总承包。

5）工程工期：工程自　　年　　月　日开工，于　　年　　月　日竣工。

6）合同价款(人民币大写)：________________。

7）付款方式：甲方分两次按下表的比例支付工程款。如施工中有增减项目，其款项在第二次付款时调整，工期相应顺延或提前。付清余款后乙方正式向甲方移交装修场所。

| 序号 | 付款时间 | 付款比例(%) | 付款金额/元 |
|---|---|---|---|
| 第一次 | 合同签订当天 | 50 | |
| 第二次 | 工程验收结束 | 50 | |

**二、甲方责任**

1）工程开工前向乙方确认该工程的装修设计及施工说明，并在图样及报价单上签字认可；清除影响施工的障碍物，向乙方提供施工所需的水、电，并说明使用注意事项；办理施工所涉及的各种批件手续并交纳相应的费用。

2）指派________为甲方驻施工现场代表和监理单位，负责合同履行，对工程质量、进度进行监督检查，办理验收、登记手续和其他事宜。

3）负责审定双方协议的变更、增改项目，并按进度支付变更增改项目工程款项。

4）如确定需要拆改原建筑物结构或设备管线，负责到有关部门办理相应的审批手续并交纳相关费用；若甲方未办理任何手续，擅自同意或要求乙方拆改原建筑物结构或设备管线，由此发生的损失或事故由甲方负责并承担。

5）协调乙方做好现场保卫、消防、垃圾处理等工作，协调各方关系。

**三、乙方责任**

1）协助甲方对装修设计及施工说明进行确定，拟定施工进度计划交甲方审定。所采购的材料，事先经甲方审定、认可；协助甲方办理入场手续，按照规定缴纳相关费用。

2）指派________为乙方驻施工现场代表，负责合同履行。按要求组织施工，保质保量、按期完成施工任务，解决由乙方负责的各项事宜。

3）严格执行施工规范、安全操作规程、防火安全规定、环境保护规定。严格按照图样及施工说明进行施工，对施工进程中的项目变更事先交甲方审定、认可后方可施工。参加竣工验收。

4）遵守有关部门对施工现场管理的规定，做好施工现场保卫、垃圾处理等工作，同时协调好由于施工而带来的扰民等问题。

5）施工中未经甲方同意或者有关部门批准，不得随意拆毁原建筑物结构及各种设备管线，否则，承担由此造成的一切后果。

6）工程竣工未移交甲方之前，负责对现场的一切设施和施工成品进行保护。

**四、工程质量、工期、保修及违约责任**

1）本工程以施工图样、报价单、工程增改单和国家制定的施工及验收规范为质量评定验收标准。

2）因甲方未按合同规定履行义务而影响工期，甲方临时更改图样而影响工程质量，延误工期，其返工费用由甲方承担且工期顺延，以“工程增改单”为准。

3）由于乙方原因造成的质量事故，其返工费用由乙方承担，工期不顺延。

4）非乙方原因造成的停电、停水及不可抗拒因素的影响，导致停工 8h 以上(一周内累计计算)，工期相应顺延。

5）由于甲方原因导致延期开工或中途停工，甲方应补偿乙方因停工、窝工所造成的损失。甲方不按合同的约定拨付工程款，每拖一天按延迟付款总额的 0.5% 支付滞纳金。

6）未办理验收手续，甲方提前使用或擅自动用，造成的损失由甲方负责。

7）因单方原因合同无法继续履行时，应通知对方办理合同终止协议，并由责任方赔偿对方由此造成的经济损失。

8）工程完工自验收合格当日起一年内，乙方实行质量保修。即一年内因乙方施工或所购材料造成的质量问题，由乙方负责免费维修；一年内因甲方使用不当或所购材料造成的问题，则由甲方负责维修材料的购置费用，乙方收取人工费进行维修。

**五、附则**

1）本合同正本两份，双方各执一份，具有同等法律效力。

2）本合同自签订之日起生效，至工程竣工/交付使用之日起，一年保修期满，合同自行终止。

3）以下附件为合同之不可分割组成部分（与合同同时生效）：

① 施工图样。

② 工程项目报价单。

③ 工程增改单。

**六、特别约定**

甲、乙双方同意：

1）进场前，检查办公区内的水、电设施，进场后不能损坏库房内的水、电设施，损坏后由乙方负责。

2）不在库房内做饭、住宿，因违规而导致的一切后果由乙方负责。

3）电源线的管道内不能有接头，管道与管道的交接处不能有接头，从上一接线盒处找接头。

4）工程完成后，乙方向甲方提供完成的走线图。

5）所有电源插座的右边为相线，左边为零线。

6）相线用红色，零线用蓝色，地线用绿黄相间的颜色。

**七、备注事项**

1）本合同未涉或未详部分，以政府或有关行政建设单位管理部门的规定为准。

2）凡本合同或与本合同有关的争议，双方应友好协商解决。协商不成，可提交有关部门按现行有效的仲裁规则进行仲裁，裁决是终局的，对双方均具有约束力。

3）合同之未尽事宜，双方另行协商。另议所形成的书面文件，为合同之补充部分，与本合同具有同样的法律效力。

| | |
|---|---|
| 甲　方： | 乙　方： |
| 负责人： | 负责人： |
| 电　话： | 电　话： |
| 甲方盖章： | 乙方盖章： |
| 年　　月　　日 | 年　　月　　日 |

# 项目四　项目实施与管理

## 模块一　项目管理基础

### 4.1.1　项目案例

戊通信工程有限公司(以下简称戊公司)经过招投标成为最终中标者，并于规定的时间内与某高校就综合布线工程建设订立了工程承包合同。承包合同中明确规定了建设项目承包范围、分包范围、工程价款、质量标准、工期、验收办法、保修范围、违约责任、争议解决办法等事宜。戊公司在征得建设单位同意后，将管道工程、电源工程、机房建设工程等分部分项工程进行了专业分包，在选择分包商时，选择具有相应资质的专业分包商。

戊公司的项目经理张经理利用现代项目管理知识，进行了工作分解，依据工作分解合理制订进度计划、成本计划、质量计划，合理进行资源调配，使项目如期进行，经过2个月的建设，该项目通过验收交付使用。

### 4.1.2　案例分析

戊公司所承接的项目有综合布线系统工程、通信线路工程、通信管道工程、电源工程、机房建设工程等，属于典型的通信工程建设项目。而戊公司的主营业务为弱电工程，不具备通信管道工程、电源工程、机房建设工程设计与施工能力，在征得建设单位同意后，进行专业分包。该工程建设周期为2个月，如何在2个月内实现进度、质量、成本等目标，解决专业分包的协调、资源利用、实施期间的风险控制等诸多困难，成为戊公司的首要任务。项目管理就是对那些为达到项目目标而必须进行的计划和控制，在项目活动中，运用专业的知识、工具、方法和技能，使项目能够实现项目干系人的需求和愿望。

为使项目目标得以实现，戊公司的项目经理应从以下几方面入手：

1. 组织结构对项目的影响

分析由于组织结构对项目目标的影响，并采取相应的措施，如成立项目组织结构、任务分工、管理职能分工、工作流程组织和项目管理班子人员等。

2. 管理模式(包括合同措施)对项目的影响

分析由于管理的原因对项目目标的影响，并采取相应的措施，如调整进度管理的方法和手段，改变施工管理和强化合同管理等。

3. 经济措施对项目的影响

分析由于经济的原因对项目目标实现的影响，并采取相应的措施，如落实加快工程施工进度所需的资金等。

4. 技术手段对项目的影响

分析由于技术(包括设计和施工的技术)的原因对项目目标实现的影响，并采取相应的措施，如调整设计、改进施工方法和改变施工机具等。当项目目标失控时，人们往往首先思考的是采取什么技术措施，而忽略可能或应当采取的组织措施和管理措施。

戊公司的项目经理针对以上的分析，确定了该项目的工作流程、分包模式等工作模式，对项目目标进行工作分解。项目经理最基本的技能是项目工作目标分解，也称为工作分解结构(Work Breakdown Structure,WBS)，创建WBS是把项目可交付成果和项目工作分解成较小的、更易于管理的组成部分的过程，并以此为依据开展各种计划的制订与项目管理工作。

## 4.1.3　知识储备

1. 建设工程项目管理

建设工程项目管理是运用系统的理论和方法，对建设工程项目进行的计划、组织、指挥、协调和控制等专业化活动，其项目管理的内涵是：自项目开始至项目完成，通过项目策划和项目控制，以使项目的费用目标、进度目标和质量目标得以实现。工程建设管理流程可分成项目前期、项目准备、项目实施、项目验收和项目总结五个阶段工作，各项工作必须遵循先后顺序的管理流程。

一个建设工程项目往往由许多参与单位承担不同的建设任务和管理任务，如勘察、设计、工程施工、设备安装、工程监理、设备及物资供应、建设单位方管理、政府主管部门的管理和监督等。各参与单位的工作性质、工作任务和利益不尽相同，因此就形成了代表不同利益方的项目管理。由于建设单位是建设工程项目实施过程(生产过程)的总集成者，是人力资源、物质资源和知识的集成；同时，建设单位也是建设工程项目生产过程的总组织者。因此对于一个建设工程项目而言，建设单位的项目管理往往是该项目的项目管理的核心。项目管理的核心任务是项目的目标控制，项目目标动态控制的纠偏措施主要包括：

(1) 组织结构　分析由于组织的原因而影响项目目标实现的问题，并采取相应的措施，如调整项目组织结构、任务分工、管理职能分工、工作流程组织和项目管理班子人员等。

(2) 管理模式(包括合同措施)　分析由于管理的原因而影响项目目标实现的问题，并采取相应的措施，如调整进度管理的方法和手段，改变施工管理和强化合同管理等。

(3) 经济措施　分析由于经济的原因而影响项目目标实现的问题，并采取相应的措施，如落实加快工程施工进度所需的资金等。

(4) 技术手段　分析由于技术(包括设计和施工的技术)的原因而影响项目目标实现的问题，并采取相应的措施，如调整设计、改进施工方法和改变施工机具等。当项目目标失控时，人们往往首先思考的是采取什么技术措施，而忽略可能或应当采取的组织措施和管理措施。

项目实施阶段管理的主要任务是通过管理使项目的目标得以实现，在项目管理过程中是通过项目经理和项目组织的努力，运用系统论、方法论、控制论对项目及其资源进行计划、组织、协调、控制，旨在实现项目的特定目标的管理方法体系。项目管理的主要任务与方法包括：

1) 项目的成本控制，使资金使用控制在合理的范围内。

2) 项目的进度控制，使施工进度符合工程进展的需要。

3) 项目的质量控制，使工程质量满足有关规范的规定。

4) 项目的安全管理，充分保障施工者的人身安全。

5）项目的合同管理，严格控制设计变更，保障合同的执行。

6）项目的信息管理，确保实施过程中各种资料的完整性，做到有据可查。

7）项目的组织与协调，强化合作者之间的合作。

建设工程项目管理包括项目范围管理、进度管理、费用管理、设备材料管理、资金管理、质量管理、安全管理、职业健康和环境管理、人力资源管理、风险管理、沟通与信息管理、合同管理、现场管理、项目收尾等，其中范围管理、进度管理、成本管理、质量管理、安全管理尤为重要。

2. 组织结构

项目组织结构反映一个组织系统（如项目管理班子）中各子系统之间和各元素（如各工作部门）之间的组织关系，反映的是各工作单位、各工作部门和各工作人员之间的组织关系。对一个项目的组织结构进行分解，并用图的方式表示，就形成项目的组织结构图（Diagram of Organizational Breakdown Structure，OBS），或称项目管理组织结构图。组织结构模式反映了一个组织系统中各子系统之间或各元素（各工作部门）之间的指令关系。组织分工反映了一个组织系统中各子系统或各元素的工作任务分工和管理职能分工。组织结构模式和组织分工都是一种相对静态的组织关系。而工作流程组织则反映一个组织系统中各项工作之间的逻辑关系，是一种动态关系。在一个建设工程项目实施的过程中，其管理工作的流程、信息处理的流程以及设计工作、物资采购和施工的流程的组织都属于工作流程组织的范畴。

一个建设工程项目的实施除了建设单位外，还有许多单位参加，如设计单位、施工单位、供货单位和工程管理咨询单位以及有关的政府行政管理部门等，项目组织结构图应注意表达建设单位以及与项目的参与单位有关的各工作部门之间的组织关系。常用的组织结构模式包括职能型组织结构、线形组织结构和矩阵形组织结构等。

（1）职能型组织结构的特点及其应用　在人类历史发展过程中，当手工业作坊发展到一定的规模时，一个企业内需要设置对人、财、物和产、供、销管理的职能部门，这样就产生了初级的职能型组织结构。因此，职能型组织结构是一种传统的组织结构模式。在职能型组织结构中，每一个职能部门可根据它的管理职能对其直接和非直接的下属工作部门下达工作指令，因此，每一个工作部门都有可能得到其直接和非直接的上级工作部门下达的工作指令，它就会有多个矛盾的指令源。一个工作部门的多个矛盾的指令源会影响企业管理机制的运行。

在一般的工业企业中，设有人、财、物和产、供、销等管理部门，另有生产车间和后勤保障机构等。虽然生产车间和后勤保障机构并不一定是职能部门的直接下属部门，但是，职能管理部门可以在其管理的职能范围内对生产车间和后勤保障机构下达工作指令，这是典型的职能型组织结构。在高等院校中，设有人事、财务、教学、科研和基本建设等管理的职能部门（处室），另有学院、系和研究中心等教学和科研的机构，其组织结构模式也是职能型组织结构，人事处和教务处等都可对学院和系下达其分管范围内的工作指令。职能型组织结构如图 4-1 所示，A、B1、B2、B3、C5 和 C6 都是工作部门，A 可以对 B1、B2、B3 下达指令，B1、B2、B3 都可

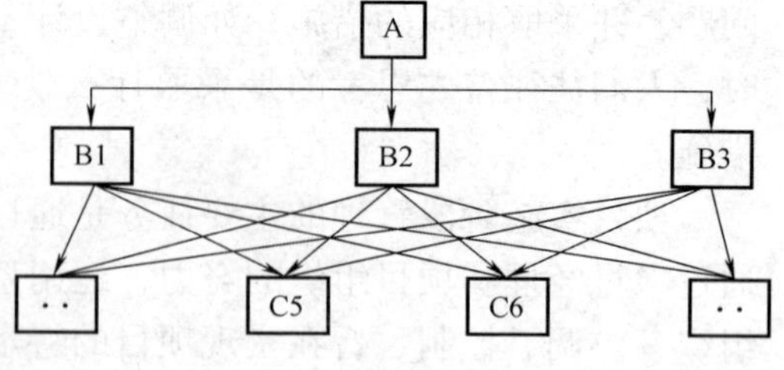

图 4-1　职能型组织结构

以在其管理的职能范围内对 C5 和 C6 下达指令，因此 C5 和 C6 有多个指令源，其中有些指令可能是矛盾的。

（2）线形组织结构的特点及其应用　在军事组织系统中，组织纪律非常严谨，组织关系是指令逐级下达，一级指挥一级和一级对一级负责。线形组织结构就是来自于这种十分严谨的军事组织系统。在线形组织结构中，每一个工作部门只能对其直接的下属部门下达工作指令，每一个工作部门也只有一个直接的上级部门，因此，每一个工作部门只有唯一的指令源，避免了由于矛盾的指令而影响组织系统的运行。

在国际上，线形组织结构模式是建设项目管理组织系统的一种常用模式，因为一个建设项目的参与单位很多，少则数十，多则数百，大型项目的参与单位将数以千计，在项目实施过程中矛盾的指令会给工程项目目标的实现造成很大的影响，而线形组织结构模式可确保工作指令的唯一性。但在一个特大的组织系统中，由于线形组织结构模式的指令路径过长，有可能会造成组织系统在一定程度上运行的困难。线形组织结构中，每一个工作部门的指令源是唯一的，如图 4-2 所示。A 可以对其直接的下属部门 B1、B2、B3 下达指令，B2 可以对其直接的下属部门 C21、C22、C23 下达指令，虽然 B1 和 B3 比 C21、C22、C23 高一个组织层次，但是，B1 和 B3 并不是 C21、C22、C23 的直接上级部门，它们不允许对 C21、C22、C23 下达指令。

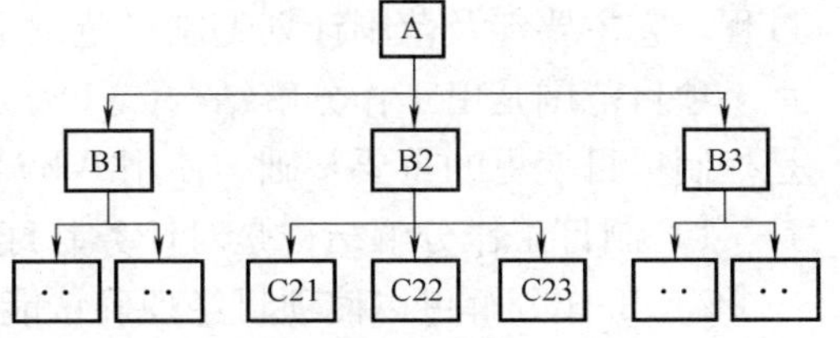

图 4-2　线形组织结构

（3）矩阵形组织结构的特点及其应用　矩阵形组织结构是一种较新型的组织结构模式。在矩阵形组织结构中，最高指挥者（部门）下设纵向和横向两种不同类型的工作部门。纵向工作部门如人、财、物、产、供、销等职能管理部门，横向工作部门如生产车间等。一个施工企业，如采用矩阵形组织结构模式，则纵向工作部门可以是计划管理、技术管理、合同管理、财务管理和人事管理部门等，而横向工作部门可以是项目部，如图 4-3 所示。

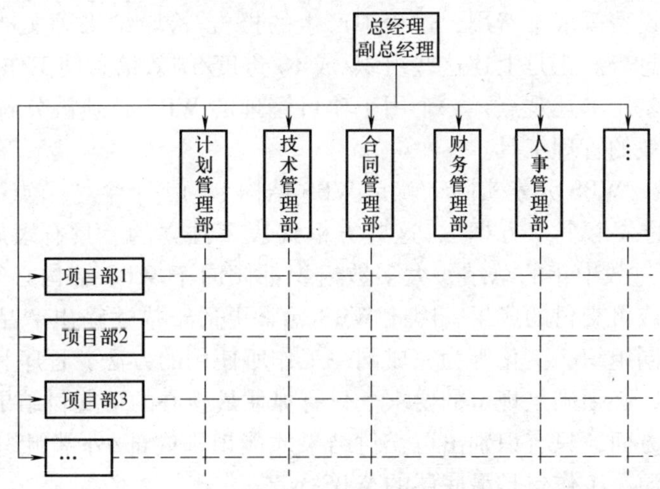

图 4-3　矩阵形组织结构

一个大型建设项目如果采用矩阵形组织结构模式，则纵向工作部门可以是投资控制、进度控制、质量控制、合同管理、信息管理、人事管理、财务管理和物资管理等部门，而横向工作部门可以是各子项目的项目管理部，如图 4-3 所示。矩阵形组织结构适用于大的组织系统，在上海地铁和广州地铁一号线建设时都采用了矩阵形组织结构模式。

在矩阵形组织结构中，每一项纵向和横向交汇的工作指令都来自于纵向和横向两个工作部门，因此其指令源为两个。当纵向和横向工作部门的指令发生矛盾时，由该组织系统的最高指挥者(部门)进行协调或决策。

3. 工作分解结构

项目范围管理也称为项目目标管理，是指保证项目包含且仅包含项目所需的全部工作的过程。它主要涉及范围计划编制、范围定义、范围验证和范围变更控制的管理。

项目范围是由工作分解结构(WBS)定义的，所以 WBS 是一个项目的综合工具，同时也是控制项目变更的重要基础。使用 WBS 的目的在于：

1）制订工作分解结构是对任务制订计划和分配资源。

2）工作分解可以使项目经理确认能够管理工作的程度。

3）可以让项目干系人明确在项目中的工作和职责。

4）工作分解结构不显示工作顺序。

WBS 是由三个关键元素构成的名词：工作(Work)——可以产生有形结果的工作任务；分解(Breakdown)——是一种逐步细分和分类的层级结构；结构(Structure)——按照一定的模式组织各部分。根据这些概念，WBS 有相应的构成因子与其对应。

(1) 结构化编码　结构化编码是最显著和最关键的 WBS 构成因子，首先编码用于将 WBS 彻底结构化。通过编码体系，可以很容易识别 WBS 元素的层级关系、分组类别和特性。并且由于近代计算机技术的发展，编码实际上使 WBS 信息与组织结构信息、成本数据、进度数据、合同信息、产品数据、报告信息等紧密地联系起来。

(2) 工作包　工作包是 WBS 的最底层元素，一般的工作包是最小的“可交付成果”，这些可交付成果很容易识别出完成它的活动、成本和组织以及资源信息。例如：管道安装工作包可能含有道路破拆、土方工程、预埋管件、人孔井建设、土方回填等几项活动；并包含相关的材料费、建设费等成本费用；过程中产生的报告/检验结果等文档；以及被分配的工班组等责任包干信息等。正是上述这些组织/成本/进度/绩效信息使工作包乃至 WBS 成为了项目管理的基础。基于上述观点，一个用于项目管理的 WBS 必须被分解到工作包层次才能够使其成为一个有效的管理工具。

(3) WBS 元素　WBS 元素实际上就是 WBS 结构上的一个个“节点”，通俗的理解就是“组织机构图”上的一个个“方框”，这些方框代表了独立的、具有隶属关系/汇总关系的“可交付成果”。经过数十年的总结，大多数组织都倾向于 WBS 结构必须与项目目标有关，必须面向最终产品或可交付的成果，因此 WBS 元素更适于描述输出产品的名词组成。其中的道理很明显，不同组织、文化等为完成同一工作所使用的方法、程序和资源不同，但是它们的结果必须相同，必须满足规定的要求。只有抓住最核心的可交付结果才能最有效地控制和管理项目；另一方面，只有识别出可交付结果才能识别内部/外部组织完成此工作所使用的方法、程序和资源。工作包是最底层的 WBS 元素。

(4) WBS 字典　管理的规范化、标准化一直是众多公司追求的目标，WBS 字典就是这样一种工具。它用于描述和定义 WBS 元素中的工作的文档。字典相当于对某一 WBS 元素的规范，即 WBS 元素必须完成的工作以及对工作的详细描述；工作成果的描述和相应规范标准；元素上下级关系以及元素成果的输入输出关系等。同时 WBS 字典对于清晰地定义项目范围也有着巨大的规范作用，它使得 WBS 易于理解和易于被组织以外的参与者(如承包商)接受。在建筑业，工程量清单规范就是典型的工作包级别的 WBS 字典。

4. 进度管理

项目进度管理是指在项目实施过程中，对各阶段的进展程度和项目最终完成的期限所进行的管理。在规定的时间内，拟订出合理且经济的进度计划(包括多级管理的子计划)，在执行该计划的过程中，经常要检查实际进度是否按计划要求进行，若出现偏差，便要及时找出原因，采取必要的补救措施或调整、修改原计划，直至项目完成，其目的是保证项目能在满足其时间约束条件的前提下实现其总体目标。进度管理的目的在于：

1）保证在某个时间能够收回投资并能够获得利润。

2）协调资源的投入。

3）保证资源在需要时可以获得。

4）预测在不同时间所需的资金和资源的优先级别，以便能够与其他项目之间做好平衡。

项目进度管理包括六个管理过程，具体内容如下：

1）活动定义，确认一些特定的工作，通过完成这些活动就完成了工程项目的各子项目。

2）活动排序，明确各活动之间的顺序等相互依赖关系，并形成文件。

3）活动资源估算，估算每项活动所需要的材料、人员、设备以及其他物品的种类与数量。

4）活动历时估算，估算完成各项计划活动所需工时单位数。

5）制订进度表，分析活动顺序、历时、资源需求和进度约束来编制项目的进度计划。

6）进度控制，监控项目状态，维护项目进度以及必要时管理进度变更。

进度计划编制的主要依据是：项目目标范围、工期的要求、项目特点、项目的内外部条件、工作分解结构、项目对各项工作的时间估计、项目的资源供应状况等。编制时要与费用、质量、安全等目标相协调，充分考虑客观条件和风险预计，确保项目目标的实现。进度计划编制主要工具是网络计划图和横道图等，其中横道图具有直观、形象、易理解等特点，在进度计划的编制过程中得到了广泛使用。

横道图又叫甘特图(Gantt Chart)、条状图(Bar Chart)，它以图示的方式通过活动列表和时间刻度形象地表示出任何特定项目的活动顺序与持续时间，基本是一条线条图，横轴表示时间，纵轴表示活动(项目)，线条表示在整个项目期间计划和实际的活动完成情况，可以直观地表明任务计划在什么时候进行，以及实际进展与计划要求的对比。管理者由此可便利地弄清一项任务(项目)还剩下哪些工作要做，并可评估工作进度。横道图包含以下三个含义：

1）以图形或表格的形式显示活动。

2）现在是一种通用的显示进度的方法。

3）应包括实际日历天和持续时间，并且不要将周末和节假日算在进度之内。

横道图按反映的内容不同，可分为计划图表、负荷图表、机器闲置图表、人员闲置图表和进度表五种形式。横道图事实上仅仅部分地反映了项目管理的三重约束(时间、成本和范围)，因为它主要关注进度管理。

在项目进度管理中，制订出一个科学、合理的项目进度计划，只是为项目进度的科学管理提供了可靠的前提和依据，但并不等于项目进度的管理就不再存在问题。在项目实施过程中，由于外部环境和条件的变化，往往会造成实际进度与计划进度发生偏差，如不能及时发现这些偏差并加以纠正，项目进度管理目标的实现就一定会受到影响。所以，必须实行项目进度计划控制。

项目进度计划控制的方法是以项目进度计划为依据，在实施过程中对实施情况不断进行跟踪检查，收集有关实际进度的信息，比较和分析实际进度与计划进度的偏差，找出偏差产生的原因和解决办法，确定调整措施，对原进度计划进行修改后再予以实施。随后继续检查、分析、修正；再检查、分析、修正……直至项目最终完成。

5. 成本管理

成本估算(Cost Estimating)是为完成项目各项任务所需要的资源成本的近似估算。美国项目管理学会(PMI)认为，有三种成本估算方法：

1）类比估算：是一种自上而下的估算形式，通常在项目的初期或信息不足时进行。

2）参数估算：是一种建模统计技术，如回归分析和学习曲线。

3）自下而上估算：通过对项目工作包进行详细的成本估算，然后通过成本账户和工作分解结构(WBS)将结果累加起来得出项目总成本，这种方法最为准确。

### 4.1.4 能力拓展

WBS 总是处于计划过程的中心，也是制订进度计划、资源需求、成本预算、风险管理计划和采购计划等的重要基础。综合布线系统建设按照专业性质进行工作结构分解，可分为：

1. 综合布线系统

又可细分为工作区子系统、配线子系统、干线子系统、设备间子系统、建筑群子系统、进线间子系统等几个子系统。

2. 管道工程建设

又可细分为管道沟土方工程、检查井建设工程、6 孔子管建设工程等几项。

3. 机房工程建设

防静电工程、等电位工程、防雷工程、精装修工程等。

4. 电源工程建设

机房电源配电柜、电源线路、UPS、稳压电源等。

项目经理以 WBS 为基础制订项目进度计划，项目进度计划指在规定的时间内，拟订出合理且经济的进度计划(包括多级管理的子计划)，在执行该计划的过程中，经常要检查实际进度是否按计划要求进行，若出现偏差，便要及时找出原因，采取必要的补救措施或调整、修改原计划，直至项目完成。在制订进度计划时，采用科学的方法确定进度目标，编制进度计划和资源供应计划，进行进度控制，在与质量、费用目标协调的基础上，实现工期目标，也就是通俗意义上的“保证按时完成任务”。工程施工进度计划的制订以 WBS 为基础，可以使用横道图或者前导图对进度进行计划安排，本案例中使用横道图作为进度计划安排，工程施工进度计划见表 4-1。

表4-1 工程施工进度计划

| 序号 | 工作内容 | 起止时间 | | | | | | | | | | | | | | | | | |
|---|---|---|---|---|---|---|---|---|---|---|---|---|---|---|---|---|---|---|---|
| | | (　)月 | | | | | | | | (　)月 | | | | | | | | (　)月 | |
| | | 1 | 5 | 9 | 13 | 17 | 21 | 25 | 29 | 2 | 6 | 10 | 14 | 18 | 22 | 26 | 30 | 4 | 8 |
| 一 | 综合布线系统 | | | | | | | | | | | | | | | | | | |
| 1 | 配管安装 | | | | | | | | | | | | | | | | | | |
| 2 | 配线子系统建设 | | | | | | | | | | | | | | | | | | |
| 3 | 干线子系统建设 | | | | | | | | | | | | | | | | | | |
| 4 | 设备间子系统建设 | | | | | | | | | | | | | | | | | | |
| 5 | 工作区子系统建设 | | | | | | | | | | | | | | | | | | |
| 6 | 机柜安装、配线架安装卡接 | | | | | | | | | | | | | | | | | | |
| 7 | 光纤线路工程 | | | | | | | | | | | | | | | | | | |
| 8 | 系统测试 | | | | | | | | | | | | | | | | | | |
| 二 | 管道工程建设 | | | | | | | | | | | | | | | | | | |
| 1 | 电缆沟土方工程 | | | | | | | | | | | | | | | | | | |
| 2 | 检查井建设 | | | | | | | | | | | | | | | | | | |
| 3 | 电缆沟建设 | | | | | | | | | | | | | | | | | | |
| 三 | 机房工程建设 | | | | | | | | | | | | | | | | | | |
| 1 | 防静电工程 | | | | | | | | | | | | | | | | | | |
| 2 | 防雷、等电位工程 | | | | | | | | | | | | | | | | | | |
| 3 | 精装修工程 | | | | | | | | | | | | | | | | | | |
| 四 | 电源工程建设 | | | | | | | | | | | | | | | | | | |
| 1 | 配电柜工程 | | | | | | | | | | | | | | | | | | |
| 2 | 电源线路工程 | | | | | | | | | | | | | | | | | | |
| 3 | UPS 及稳压电源 | | | | | | | | | | | | | | | | | | |
| 五 | 验收 | | | | | | | | | | | | | | | | | | |
| 1 | 工程文档整理 | | | | | | | | | | | | | | | | | | |
| 2 | 报验 | | | | | | | | | | | | | | | | | | |
| 3 | 系统验收 | | | | | | | | | | | | | | | | | | |

# 模块二 项目实施准备

## 4.2.1 项目案例

戊公司的项目经理利用现代项目管理知识，进行了工作分解，依据工作分解合理制订进度计划、成本计划、质量计划、合理进行资源调配，使项目如期进行。项目实施前，在建设单位的组织下，由监理单位主持，总承包单位、施工单位和相关设计院参加，召开施工图会审及安全技术交底会议，监管单位列席，召开技术交底会。在会议上，分别进行了图样会审、项目交底、技术交底及质量标准的制订，张经理作为工程总承包方，介绍了施工组织设计、施工图设计等，并按照ISO9000质量管理体系的要求，将各种质量管理手册和质量管理文件下发给专业分包商、劳务分包商，将质量要点、安全要点分别做陈述，将有关材料报送监理单位与相关单位，完成项目实施前的准备工作。

## 4.2.2 案例分析

工程实施的第一步就是开工前的准备工作，要求做到以下几点：

1. 进行施工组织设计

设计综合布线实际施工图，确定布线的走向位置，供施工人员、督导人员和主管人员使用。

2. 材料准备

综合布线系统工程施工过程需要许多施工材料，这些材料有的必须在开工前就备好料，有的可以在开工过程中备料。主要有以下几种：

1）光缆、双绞线、插座、信息模块、服务器、稳压电源等落实购货厂商，并确定供货日期。

2）不同规格的塑料槽板、PVC防火管等综合布线辅助材料齐全。

3）如果设备是集中供电，则准备好电缆线等相关材料，制订好电气设备安全措施(供电线路必须按民用建筑标准规范进行)。

4）制订施工进度表。

3. 审核开工报告

开工前监理单位应审核施工单位的开工报告。

4. 技术交底

开工前监理单位组织，施工单位等相关单位参加，召开施工图会审及技术交底会议，监管单位列席。会审内容包括：落实工程技术联络会要求与技术交底，技术交底要做到逐级交底。

5. 开工前复核

开工前施工单位协同监理单位应对施工现场勘察、对图样现场复核。

## 4.2.3 知识储备

1. 技术交底

通信工程建设点多、涉及面广、专业性强、涉及社会上多方面的利益，这些因素直接影响到工程建设的质量、投资、工期控制等。为了尽量避免各方的冲突，开工前，施工单位协同监理单位应对施工现场勘察、对图样现场复核。监理单位应组织总承包单位、施工单位等相关单位进行施工图会审及技术交底工作。

技术交底工作的内容：工程概况、施工方案、质量策划、安全措施、关键工序、特殊工序、质量控制点、施工工艺，按照相应的法律、法规，制订质量计划、安全管理计划等。值得注意的是，技术交底要做到逐级交底。

2. 组建项目团队

按照任务分工、职责不同，在该项目中的角色应该分为以下几种：

(1) 综合布线工程师、弱电工程师　主要负责各种线路敷设、施工等工作。

(2) 现场安全员　主要负责施工现场的安全检查、监察，确保施工过程中不发生安全事故。

(3) 质量管理员　主要负责施工过程中材料、设备等的质量检查，施工质量检查等工作。

(4) 预算员　主要负责施工过程中施工预算修正、工程变更预算等工作。

(5) 综合布线施工人员　主要负责综合布线系统建设工程具体施工等工作。

3. 施工组织设计

施工组织设计是用来指导建设工程施工全过程中各项活动的技术的、经济的和组织的综合性文件。各项工程由于建设单位不同，施工组织设计也不尽相同，没有统一的模式。因此需要根据不同的建设工程，编制不同的施工组织设计。施工组织设计前，必须进行详细的现场勘察、需求分析，合理安排施工过程的空间布置和时间安排，科学地组织材料供给，把施工中的各个单位(或称队伍)管理部门及各施工阶段之间的关系更好地协调起来，并通过施工组织设计科学地表达出来。

施工组织总设计应由总承包单位进行编制，包括如下内容：

(1) 工程概况　应着重说明工程的规模、造价、工程的特点、建设期限以及外部施工条件等。

(2) 施工准备工作　应列出准备工作一览表，各项准备工作的负责单位、配合单位及负责人，完成的日期及保证措施。

(3) 施工部署及主要施工对象的施工方案　包括建设项目的分期建设规划、各期的建设内容、施工任务的组织分工、主要施工对象的施工方案和施工设备、技术组织措施以及大型暂设工程的建设安排调度等。

(4) 施工总进度计划　包括整个建设项目的开工与竣工日期、总的施工程序安排、分期建设进度、土建工程与专业工程的配合、主要建筑物及构筑物的施工期限等。

(5) 施工总平面图　图中应说明场内外主要交通运输道路、供水供电管网和大型临时设施的布置，施工场地的用地划分等。

(6) 材料、机具计划　主要原材料、半成品、预制构件和施工机具的需要量计划。

(7) 文明施工计划　安全、环保、消防等分包的文明施工(措施切实可行,并符合有关规定)。

(8) 施工技术方案进度计划　保证建设工程项目的投资控制和进度控制。

(9) 机具、仪表使用计划　主要生产机具、仪表的使用，会直接影响工期和成本。

（10）其他计划　质量、安全、文明施工计划和保证措施。

4. 系统施工图的会审

图样会审是一项极其严肃和重要的技术工作，认真做好图样会审工作，对于减少施工图中的差错，保证和提高工程质量有重要的作用。施工单位的专业技术人员首先会认真阅读施工图、熟悉图样的内容和要求，把疑难问题整理出来，把图样中存在的问题等记录下来，在设计交底和图样会审时解决。

图样会审建议由建设单位、监理公司、各子系统设备供应商、机电设备安装商参加，有步骤地进行，并按照工程的性质、图样内容等分别组织会审工作。会审结果应形成纪要，由设计、建设、总包、施工四方共同签字，并分发下去，作为施工图的补充技术文件。

5. 向监理单位报送相关资料

为了确保工程能够保质保量地完成，需提供给监理单位有关该项工程的相关资料，以备审核，这些材料主要有：

1）开工报告。

2）施工组织设计申报表。

3）施工组织设计。

4）开工申请。

5）进场机具仪表报验单。

6）进场原材料报验单。

### 4.2.4 能力拓展

结合各学校实际情况与教学安排，组织学生按照ISO9000质量管理体系的要求，结合所学习的内容，参考附录E中的文件格式，填写《技术交底纪要》、《会议纪要》、《工程开工报告》、《设计变更记录》等，并结合工作岗位自行编写《项目团队组织分工表》。

## 模块三　项 目 实 施

### 4.3.1 项目案例

戊公司的项目经理按施工组织设计、进度计划等要求安排组织施工队伍、分包单位进场，开始进行项目实施。在项目实施过程中，张经理按照设计文件、建设工程有关规范以及相应的标准，对主体工程、分包工程进行阶段验收，项目实施包括如下内容：

（1）综合布线系统　该工程的主体工程，不能进行专业分包，由施工总承包单位实施。

（2）管道工程建设　分部分项工程，由专业分包单位进行，施工总承包单位监管。

（3）电源工程建设　分部分项工程，由专业分包单位进行，施工总承包单位监管。

（4）机房工程建设　分部分项工程，由专业分包单位进行，施工总承包单位监管。

在项目实施过程中，张经理对实施过程中的质量管理、安全管理、进度管理等均作了工作计划，按照计划进行持续跟踪。根据具体情况结合项目目标，不断调整各项工作计划、持续改进，使得项目实施能符合项目目标。

## 4.3.2 案例分析

在项目实施过程中，主要是通过技术手段和管理手段，使项目的目标得以实现，从而实现项目增值。该项目实施涉及的内容包括：

1. 综合布线系统

综合布线系统可细分为工作区、配线子系统、干线子系统、管理间、设备间、建筑群子系统等几个子系统。

2. 管道工程建设

管道工程建设可细分为管道沟土方工程、检查井建设工程、6 孔子管建设工程等。

3. 电源工程建设

电源工程建设可细分为机房电源配电柜、电源线路、UPS、稳压电源等。

4. 机房工程建设

机房工程建设可细分为防静电工程、等电位工程、防雷工程、精装修工程等。

由于该工程专业涉及面较广，为使项目实施顺利进行，需要施工方案进行计划指导。施工方案由总承包单位编写主体工程，分包工程施工方案由分包单位编写，总承包单位审核，监理单位审批备案，施工方案包括施工内容、验收标准等内容。总承包单位以综合布线为主体工程，施工方案按照综合布线施工为主进行编写。

施工方案编制应包括的主要内容如下：

1）施工概况及施工特点，施工对象的名称、特点、难点和复杂程度，施工的条件和作业环境，需要解决的技术和要点。

2）确定机电安装的程序和顺序。

3）资源的配置和要求，均要满足工程需求。

4）编制网络进度计划，确定其全部施工过程时间、空间上的安排和相互配合关系。

5）编制工程质量计划及保证措施。

6）编制安全工作计划及保障措施。

## 4.3.3 知识储备

以综合布线系统建设为例，重点介绍综合布线系统建设过程中涉及的器材及相应的工具。

1. 线管和线槽的建设

预留孔洞和预埋线管施工图设计时，应充分考虑线路和设备容量应能满足今后发展的最大需要量。建设单位、设计单位、施工单位密切配合，充分了解建筑工程的具体情况，以便合理解决管线建设中的施工问题；充分了解其他水、电管道的分布、位置、技术与工艺要求，以免与这些管道发生布置上的矛盾。预埋暗管应尽量避免穿越建筑物的沉降、伸缩缝，如果必须穿越沉降或伸缩缝时，线管应进行相应的处理。预埋暗管一般采用电线管或聚氯乙烯管，在易受重压的地段和存在电磁干扰影响的场所应采用钢管并有良好的接地。

预埋线槽和暗管敷设线缆应符合下列规定：

1）敷设线槽的两端应用标志表示出编号和长度等内容。

2）敷设暗管宜采用镀锌钢管或阻燃硬质 PVC 管，用于布放多层屏蔽电缆、扁平线缆和大对数主干电缆或主干光缆。直线管道的管径利用率应为 50% ~60%，弯管道应为 40% ~

50%。暗管布放线缆时，管道的截面利用率应为25%～30%。采用地面布放线缆时，应采用金属线槽，线槽的截面利用率不超过50%。采用顶棚布线时，设置电缆桥架和线槽敷设线缆应符合下列规定：

1）电缆线槽、桥架宜高出地面2.2m以上，线槽和桥架顶部距上层楼板不宜小于300mm；在过梁或其他障碍物处，不宜小于50mm。

2）槽内线缆布放应顺直，尽量不交叉；在线缆进出线槽部位、转弯处应绑扎固定，其水平部分线缆可以不绑扎；垂直线槽布放线缆应每隔5～10m进行固定。

3）电缆桥架内线缆垂直敷设时，在线缆的上端和每隔1.5m处应固定在桥架的支架上；水平敷设时，在线缆的首、尾、转弯及每隔5～10m处进行固定。

4）在水平、垂直桥架和垂直线槽中敷设线缆时，应对线缆进行绑扎。双绞线、光缆及其他信号电缆应根据线缆的类别、数量、缆径、线缆芯数分束绑扎。绑扎间距不宜大于1.5m，间距应均匀，松紧适度。

5）楼内光缆宜在金属线槽中敷设，在桥架敷设时应在绑扎固定段加装垫套。

采用吊顶支承柱作为线槽在顶棚内敷设线缆时，每根支承柱所管辖范围内的线缆可以设置线槽进行布放，但应分束绑扎。线缆护套应阻燃，线缆选用应符合设计要求，不应受到外力的挤压和损伤。

建筑群子系统采用通信管道敷设、直埋敷设、架空敷设及室外墙壁线缆敷设。建筑群子系统的施工技术要求，应按照本地网通信线路工程验收的相关规定执行。

2. 双绞线的敷设

双绞线一般应按下列要求敷设：

1）双绞线的型号、规格应与设计规定相符。

2）双绞线的布放应自然平直，不得产生扭绞、打圈接头等现象，不应受到外力的挤压和损伤。

3）双绞线两端应贴有标签，应标明编号，标签书写应清晰、端正和正确，标签应选用不易损坏的材料。

4）双绞线端接后，应留有余量。交接间、设备间内的双绞线预留长度宜为0.5～1.0m；双绞线布放宜盘留，预留长度宜为3～5m，有特殊要求的应按设计要求预留长度。

5）双绞线的弯曲半径应符合下列规定：

① 非屏蔽4对双绞线的弯曲半径应至少为电缆外径的4倍。

② 屏蔽4对双绞线的弯曲半径应至少为电缆外径的6～10倍。

③ 主干线缆的弯曲半径应至少为线缆外径的10倍。

④ 光缆的弯曲半径应至少为光缆外径的15倍。

⑤ 电源线、综合布线系统双绞线应分隔布放，双绞线间的净距应符合设计要求。

⑥ 建筑物内电、光缆暗管敷设与其他管线最小净距应符合设计要求。

⑦ 在暗管或线槽中线缆敷设完毕后，宜在通道两端出口处用填充材料进行封堵。

3. 双绞线安装工具

双绞线安装工具包括双绞线敷设工具和双绞线端接工具。双绞线敷设工具主要包括放线工具（如导线器、放线支架、放线滑车等）和牵引工具（如牵引机等）；双绞线端接工具主要包括剥线钳、压线钳、打线工具等。下面介绍一些在综合布线施工中经常使用且重要的工具。

（1）双绞线敷设工具　导线器又称穿线器，如图4-4所示。它可以帮助技术人员在难以施工的地方穿线，也可以帮助操作人员从屋顶向靠近地板的插座牵线，或者在建筑物中充满障碍的吊顶上以及地板下面进行牵线，还可以用于在管道中牵引线路。使用导线器，可大大提高双绞线布放的作业效率和质量。

（2）双绞线端接工具　常用于双绞线端接，根据用途不同，可分为如下几种：

1）剥线钳：是制作双绞线时常用的工具，如图 4-5 所示。它主要用来剥掉双绞线的外皮，也可以用来剥掉细缆导线外部的两层绝缘层。剥线钳的种类很多，刀片的切割深度，可由随刀赠送的螺杆调整其相应位置的内六角形螺母实现。

图 4-4　导线器

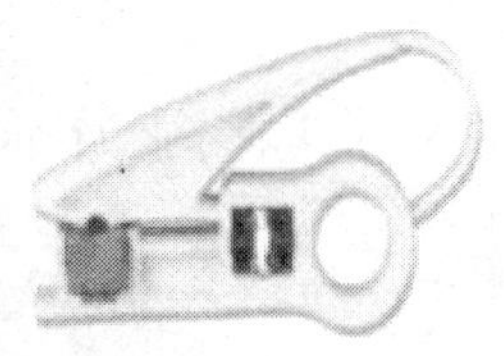

图 4-5　剥线钳

2）RJ-45 压线钳：主要用来压接 RJ-45 插头，有些还可以压接 RJ-11 等的连接头。压线钳同时具有剪线、剥线和压线功能，如图 4-6 所示。

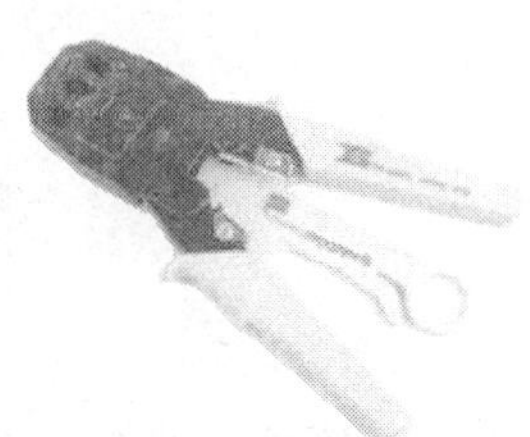

图 4-6　RJ-45 压线钳

3）打线器：将双绞线压接到信息模块和配线架上，信息模块配线架采用绝缘置换连接器与双绞线连接。绝缘置换连接器中有一个 V 形豁口的小刀片，当把导线压入豁口时，刀片会割开导线的绝缘层，与其中的导体形成接触，如图 4-7 所示。

4. 光纤端接工具

光纤熔接机主要用于光缆的施工和维护，靠放出电弧将两头光纤熔化，以达到熔接的目的。光纤熔接机可以快速、全自动地熔接，它配备高清晰度彩色显示屏幕，具有体积小、重量轻、速度快的特点。切纤器与光纤熔接机如图 4-8 所示。

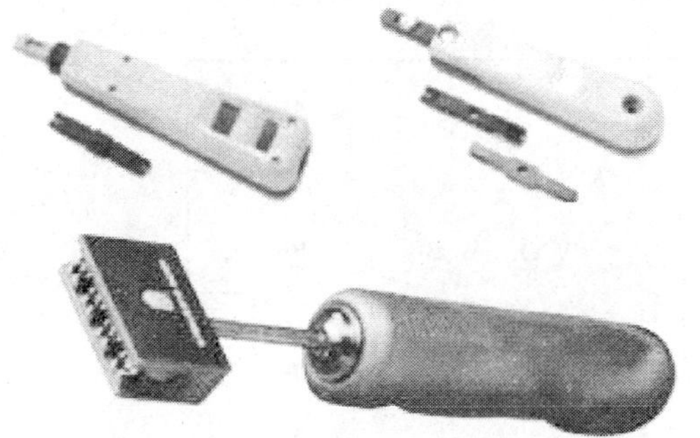

图 4-7　打线器

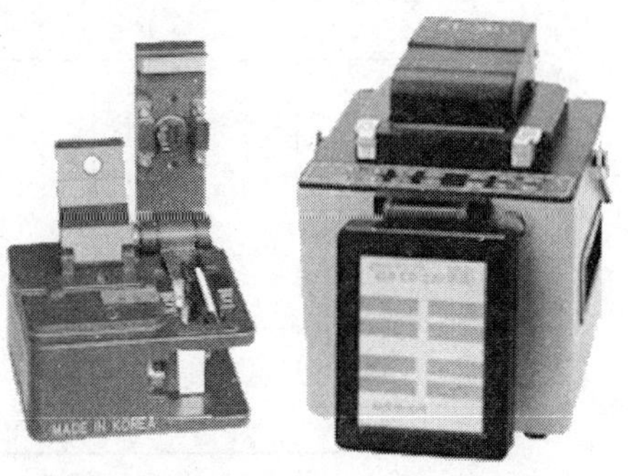


图 4-8　切纤器与光纤熔接机

## 4.3.4 能力拓展

1. 双绞线制作

信息模块/RJ连接头与双绞线端接有T568A或T568B两种布线标准，在同一个综合布线工程中，布线标准不能混用。各种双绞线(包括跳线)和接插件间必须接触良好、连接正确、标志清楚。以T568B标准为例，介绍RJ-45水晶头连接步骤：

1）用双绞线剥线钳将双绞线塑料外皮剥去2~3cm。

2）将绿色线对与蓝色线对放在中间位置，而橙色线对与棕色线对放在靠外的位置，形成左一橙、左二蓝、左三绿、左四棕的线对次序。

3）小心地剥开每一线对(开绞)，并进行线芯标准排序，如图4-10所示，将线芯整理平整。

4）将裸露出的双绞线线芯用压线钳、剪刀、斜口钳等工具整齐地剪切，只剩下约13mm的长度。

5）手握水晶头(金属引脚朝上)，将双绞线线芯依序插入水晶头，制作RJ-45接头如图4-9所示。

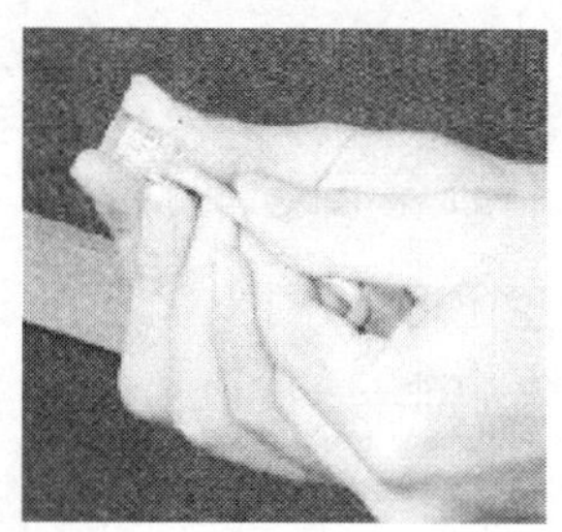

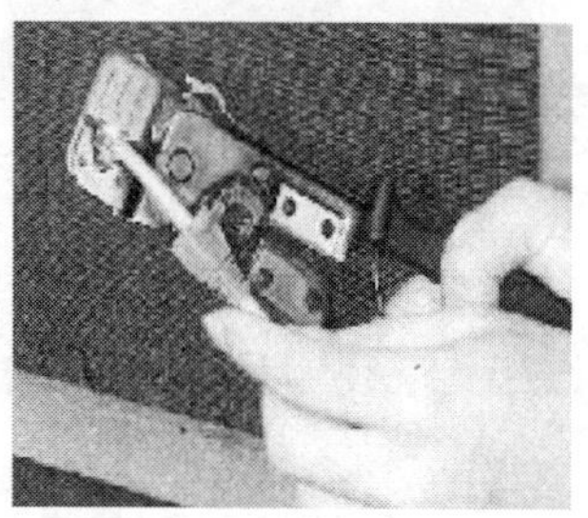

图4-9 制作RJ-45接头

6）检查水晶头正面，查看线序是否正确；检查水晶头顶部，查看8根线芯是否都顶到顶部，确认无误后，用压线钳压接RJ-45水晶头，RJ-45正确线序如图4-10所示。至此，RJ-45水晶头连接完成。

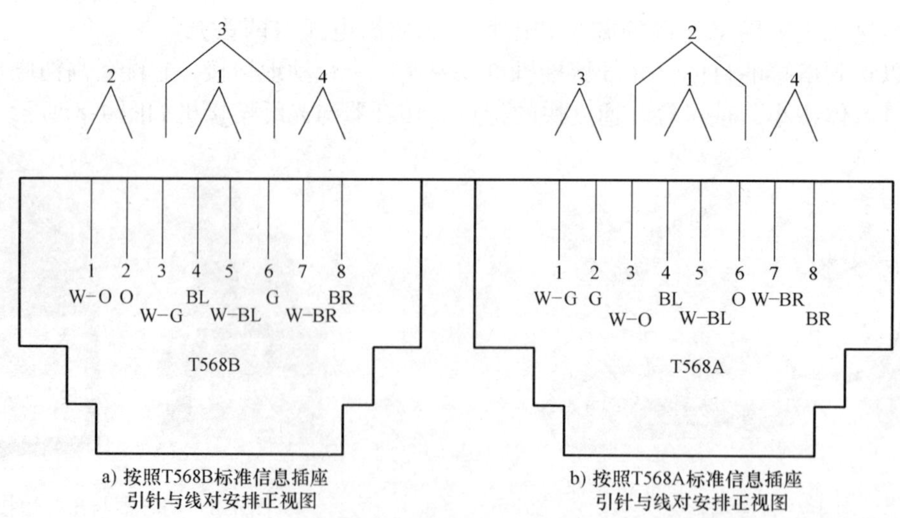


图4-10 RJ-45正确线序

2. 信息模块的安装

信息模块分打线模块（又称冲压型模块）和免打线模块（又称扣锁端接帽模块）两种，所有模块的每个端接槽都有 T568A 和 T568B 接线标准的颜色编码，打线模块需要用打线器将每个电缆的线芯按照相应的颜色端接在插座上。免打线模块使用一个塑料端接帽把每根导线端接在模块上，也有一些类型的模块既可用打线工具也可用塑料端接帽压接线芯。

3. 配线架的安装

下面以固定式配线架的端接为例，介绍配线架的安装过程，具体过程如下：

1）在配线架上安装理线器，用于支撑和理顺过多的电缆。

2）利用压线钳将双绞线剪至合适的长度。

3）利用剥线钳剥除双绞线的绝缘层包皮。

4）依据所执行的标准和配线架的类型，将双绞线的 4 对线按照正确的颜色顺序一一分开。注意，千万不要将线对拆开。

5）根据配线架上所指示的颜色，将导线一一置入线槽。最后，将 4 个线对全部置入线槽。

6）利用打线工具端接配线架与双绞线。

7）重复第 2 步至第 6 步的操作，端接其他双绞线。

8）将双绞线理顺，并利用尼龙扎带将双绞线与理线器固定在一起。

9）利用尖嘴钳整理扎带。配线架端接完成。

4. 光缆的接续

光缆传输具有传输频带宽、通信容量大、损耗低、不受电磁干扰、光缆直径小、重量轻、原材料来源丰富等优点，因而正成为新的传输媒介。光缆施工大致分为以下几步：准备工作→路由工程→光缆敷设→光缆接续→工程验收。

（1）准备工作　在光缆工程开始前，应该做好如下准备工作：

1）检查设计资料、原材料、施工工具和器材是否齐全。

2）组建一支高素质的施工队伍。这一点至关重要，因为光缆施工比电缆施工要求要严格得多，任何施工中的疏忽都将可能造成光纤损耗增大，甚至断芯。

（2）路由工程　确定光缆路由时，应该做好如下工作：

1）光缆敷设前首先要对光缆经过的路由做认真勘察，了解当地道路建设和规划，尽量避开池塘、打麦场、加油站等这些潜在的隐患。路由确定后，对其长度做实际测量，精确到 50m 之内。还要加上布放时的自然弯曲和各种预留长度，各种预留还包括插入孔内弯曲、杆上预留、接头两端预留、水平面弧度增加等其他特殊预留。为了使光缆在发生断裂时再接续，应在每百米处留有一定余量，余量长度一般为 5% ~10%，根据实际需要的长度订购，并在绕盘时注明。

2）在电杆上编号，制作路径施工图，并说明每根电杆或地下管道出口电杆的号码以及管道长度，并定出需要留出余量的长度和位置。这样可有效地利用光缆的长度，合理配置，使熔接点尽量减少。

3）两根光纤接头处最好安设在地势平坦、地质稳固的地点，避开池塘、河流、沟渠及道路，最好设在电杆或管道出口处，架空光缆接头应落在电杆旁 0.5 ~1m 处，这一工作称为“配盘”，合理的配盘可以减少熔接点。另外，在施工图上还应说明熔接点位置，当光缆发生断点时，便于迅速用仪器找到断点进行维修。

（3）光缆敷设　正确的敷设方式、方法可更好地发挥光缆的传输性能，需做好如下工作：

1）同一批次的光纤，其模场直径基本相同。光纤在某点断开后，两端间的模场可视为一致，因而在此断开点熔接可使模场直径对光纤熔接损耗的影响降到最低程度。所以要求光缆生产厂家用同一批次的裸纤，按要求的光缆长度连续生产，在每盘上顺序编号，并分别标明 A(红色)、B(绿色)端，不得跳号。架设光缆时需按编号沿确定的路由顺序布放，并保证前一盘光缆的 B 端要和后一盘光缆的 A 端相连，从而保证接续时两光纤端面模场直径基本相同，使熔接损耗值达到最小。

2）架空光缆可用型号为“7/2.2mm”的镀锌钢绞线作悬挂光缆的吊线。吊线与光缆要良好接地，要有防雷、防电措施，并有防震、防风的力学性能。架空吊线与电力线的水平、垂直距离要在 2m 以上，距离地面最小高度为 5m，与房顶最小距离为 1.5m。

3）架空光缆布放。由于光缆的卷盘长度比电缆长得多，长度可能达几千米，故受到允许的额定拉力和弯曲半径的限制，在施工中特别注意不能猛拉和发生扭结现象。一般光缆在转弯时，弯曲半径应大于或等于光缆外径的 10～15 倍，施工布放时弯曲半径应大于或等于 20 倍。为了避免由于光缆放置于路段中间，离电杆约 20m 处，向两反方向架设，先架设前半卷，再把后半卷光缆从盘上放下来，按“8”字形方式放在地上，然后布放。

4）在光缆布放时，严禁光缆打小圈及折断、扭曲，并要配备一定数量的对讲机。架设时，在光缆的转弯处或地形较复杂处应有专人负责，严禁车辆辗压。架空布放光缆使用滑轮车，在架杆和吊线上预先挂好滑轮(一般每 10～20m 挂一个滑轮)，在光缆引上滑轮、引下滑轮处减少垂度，减小所受张力。然后在滑轮间穿好牵引绳，牵引绳系住光缆的牵引头，用一定牵引力使光缆爬上架杆，吊挂在吊线上。光缆挂钩的间距为 40cm，挂钩在吊线上的搭扣方向要一致，每根电杆处要有凸形滴水沟，每盘光缆在接头处应留有杆长加 3m 的余量，以便接续盒地面熔接操作，并且每隔几百米要有一定的盘留。

（4）光缆接续　光缆接续的方法有：熔接、活动连接、机械连接三种。在工程中大都采用熔接法。采用这种熔接方法的接点损耗小，反射损耗大，可靠性高。光纤接续的过程和步骤如下：

1）剥开光缆外皮，进行光纤处理，并将光缆固定到接续盒内。注意不要伤到束管，开剥长度取 1m 左右，用纸巾将油膏擦拭干净，将光缆穿入接续盒，固定钢丝时一定要压紧，不能有松动。否则，有可能造成光缆打滚折断纤芯。

2）将光纤芯穿过热缩管，将不同束管、不同颜色的光纤分开，穿过热缩管。剥去涂覆层的光纤是很脆弱的，因此需要使用热缩管，可以保护光纤熔接头。

3）制作光纤端面，光纤端面制作的好坏将直接影响接续质量。所以在熔接前一定要做好合格的端面。用专用的剥线钳剥去涂覆层，再用蘸有酒精的清洁棉在裸纤上擦拭几次，用力要适度，然后用精密光纤切割刀切割光纤。

4）光纤熔接，打开熔接机电源，采用预置的模式进行熔接预热。并在使用前和使用后及时去除熔接机中的灰尘，特别是夹具、各镜面和 V 形槽内的粉尘和光纤碎末。熔接前要根据系统使用的光纤和工作波长来选择合适的熔接程序。如果没有特殊情况，一般都选用自动熔接程序。

5）将经过处理的纤芯放在熔接机的 V 形槽中，小心地压上光纤压板和光纤夹具，要根据光纤切割长度设置光纤在压板中的位置，关上防风罩，即可自动完成熔接。

6）打开防风罩，把熔接之后的纤芯从熔接机上取出，再将热缩管移至熔接之后的纤芯处，放到熔接机的加热器中加热。加热器可使用 $\phi$2mm 的热缩套管和 $\phi$4mm、$\phi$6mm 的一般热缩套管，$\phi$2mm 的热缩套管需要 40s 的时间加热固定，$\phi$6mm 的热缩套管需要 85s 的时间加热固定。

7）将接续好的光纤盘到光缆终端盒中，进行盘纤固定。在盘纤时，盘圈的半径越大，弧度越大，整个线路的损耗越小。所以一定要保持一定的半径，使激光在纤芯里传输时，避免产生一些不必要的损耗。

8）将光缆终端盒进行密封和挂起，一定要密封好，防止进水。光缆终端盒进水后，由于光纤及光纤熔接点长期浸泡在水中，可能会先出现部分光纤衰减增加。套上不锈钢挂钩并挂在吊线上。至此，光纤熔接完成。

9）连接相关设备，用尾纤连接相关设备，光纤接续工作完成，如图 4-11 所示。

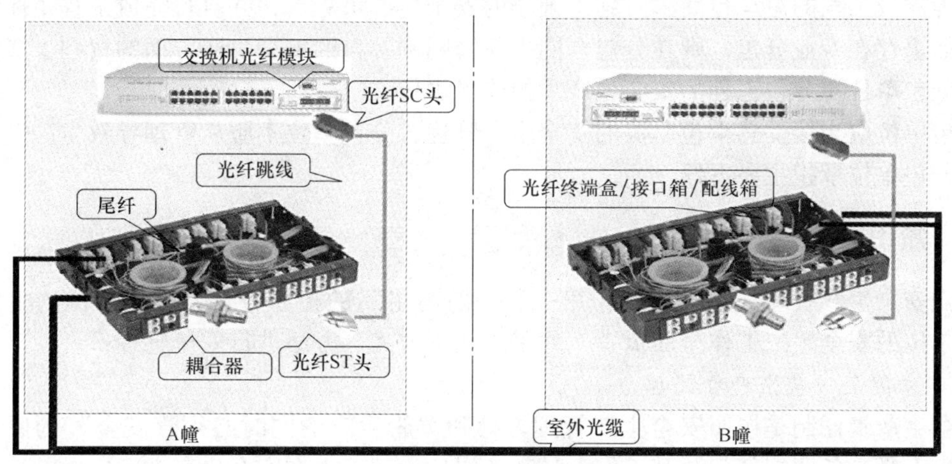


图 4-11　光纤接续

由于项目实施过程中的实践性较强，各学校可按照教学进度与学生的实际能力，适当安排一些实际技能训练，提高学生的动手能力。

# 模块四　施工安全管理

## 4.4.1　项目案例

戊公司的项目经理在项目实施前，认为施工过程中的安全管理是施工中最重要的管理工作。为此，公司特成立安全小组，由总经理出任组长，制定安全生产责任制，建立健全安全生产管理制度、安全生产检查制度，对施工人员进行三级安全培训，开展安全教育，对分包单位签署安全责任制，做到安全工作有人管，现场安全有人抓。

在项目施工中，安全员经常进行安全检查，落实安全生产责任制；对分包单位的安全管理工作进行监督；对特种作业人员进行考核，持证上岗；对高空作业人员进行培训，并配备安全防护用品。严格执行安全生产管理制度，针对生产现场情况制定了《安全用电制度》、《安全防火制度》等安全管理制度，对现场环境进行监管；将易燃易爆物品实行隔离；排查安全隐患；对员工宿舍实行安全用电管理，禁止乱接电源、禁止使用电炉子等电热设备。在施工期间，未发生安全责任事故，充分保障了施工者的人身安全。

### 4.4.2 案例分析

综合布线工程的安全管理是项目实施过程中重要的管理工作，俗话说“致富千日功，火烧当日穷”。安全管理是管理科学中的一个重要分支，主要运用现代安全管理原理、方法、手段，分析和研究各种不安全因素，从组织措施、管理措施、经济措施和技术措施等几方面，采取有力的措施，解决和消除各种不安全因素，防止事故的发生。安全管理是为实现安全目标而进行的有关决策、计划、组织和控制等方面的活动，是一种动态管理，主要对象是生产中的人、物、环境的状态管理与控制。

作为建设工程的总承包商，对施工现场的安全生产负总责，并自行完成工程主体结构的施工。如果存在专业分包，则在分包合同中应当明确各自的安全生产方面的权利、义务，总承包和分包单位对分包工程的安全生产承担连带责任。

分包单位应当接受总承包单位的安全生产管理，分包单位不服从管理导致生产安全事故的，由分包单位承担主要责任。

### 4.4.3 知识储备

加强安全生产管理，坚持“安全第一、预防为主”的指导方针，施工单位的主要负责人对本单位的安全生产工作全面负责，并采用如下方式、方法进行安全管理：

1. 建立健全安全生产责任制

安全生产责任制是按照安全生产管理方针和“管生产的同时必须管安全”的原则，将各级负责人员、各职能部门及其工作人员和各岗位生产工人在安全生产方面应做的事情及应负的责任加以明确规定的一种制度。

施工单位应依法建立安全生产责任制度，采取安全生产保障措施和实施安全教育培训制度。施工单位应当具备安全生产的资质条件，建设工程实行总承包的，由总承包单位对施工现场的安全生产负总责。

分包单位应当接受总承包单位的安全生产管理，分包合同中应当明确各自的安全生产方面的权利、义务。总承包单位和分包单位对分包工程的安全生产承担连带责任，分包单位不服从管理导致生产安全事故的，由分包单位承担主要责任。

安全生产责任制是最基本的安全管理制度，是所有安全生产管理制度的核心。企业实行安全生产责任制必须明确各类人员（从最高管理者、管理者代表到项目经理）的安全生产责任制；明确各个部门的安全生产责任制，即各职能部门（如安全环保、设备、技术、生产、财务等部门）的安全生产责任制。只有这样，才能建立健全安全生产责任制，做到群防群治。

2. 制订安全技术措施计划

安全技术措施计划制度是指企业进行生产活动时，必须编制安全技术措施计划。它是企业有计划地改善劳动条件和安全卫生设施，防止工伤事故和职业病的重要措施之一，对企业加强劳动保护，改善劳动条件，保障职工的安全和健康，促进企业生产经营的发展都起着积极作用。

安全技术措施计划的范围应包括改善劳动条件、防止事故发生、预防职业病和职业中毒等内容，具体包括：安全技术措施、职业卫生措施、辅助用房间及设施、安全宣传教育措施。

根据有关规定，生产建设企业结合自身情况，对各级管理人员、特种作业人员和企业员工开展安全教育，提高职工安全意识，群防群治。

3. 进行安全检查

安全检查是消除隐患、防止事故、改善劳动条件的重要手段，是企业安全生产管理工作的一项重要内容。通过安全检查可以发现企业及生产过程中的危险因素，以便有计划地采取措施，保证安全生产。

安全检查定期进行，由项目经理组织，深入生产的现场，主要针对生产过程中的劳动条件、生产设备以及相应的安全卫生设施和员工的操作行为是否符合安全生产的要求进行检查。为保证检查的效果，应建立完善的安全检查制度，发现工程中的危险因素，以便有计划地采取措施，保证安全生产。安全检查项目包括：管理组织机构及其安全管理的职责、安全设施、操作环境、防护用品、卫生条件、运输管理、危险品管理、火灾预防、安全教育和安全检查制度等内容。

对于特定的季节，要对防风防沙、防涝抗旱、防雷电、防暑防害等工作进行季节性的检查，根据各个季节自然灾害的发生规律，及时采取相应的防护措施。

在节假日，坚持上班的人员较少，往往会放松思想警惕，容易发生意外，而且一旦发生意外事故，也难以进行有效的救援和控制。因此，节假日必须安排专业安全管理人员进行安全检查，对重点部位要进行巡视。同时配备一定数量的安全保卫人员，搞好安全保卫工作，绝不能麻痹大意。

对于企业要害部门和重要设备必须进行重点检查。由于其重要性和特殊性，一旦发生意外，会造成大的伤害，给企业的经济效益和社会效益带来不良影响。为了确保安全，对设备的运转和零件的状况要定时进行检查，发现损伤立刻更换，决不能“带病”作业。一到有效年限，即使没有故障，也应该予以更新，不能因小失大。

4. 全面开展安全教育

根据国家安全生产监督管理总局2010年9月1日执行的《企业职工劳动安全卫生教育管理规定》中的有关要求，企业安全教育一般包括对各级管理人员、特种作业人员和企业员工的安全教育。

（1）各级管理人员的安全教育　安全教育是安全管理工作的重要手段，主要涉及以下几方面：

1）国家有关安全生产的方针、政策、法律、法规及有关规章制度。

2）安全生产管理职责、企业安全生产管理知识及安全文化。

3）有关事故案例及事故应急处理措施等。

4）本系统安全及其相应的安全技术知识。

5）本职的安全生产责任。

（2）特种作业人员的安全教育　由于特种作业直接危及人身安全，根据国家安全生产监督管理总局2010年7月1日执行的《特种作业人员安全技术考核管理规则》中的有关规定，对操作者本人，尤其对他人或周围设施的安全有重大危害因素的作业，称为特种作业；直接从事特种作业的人，称为特种作业人员。

特种作业人员应具备的条件是：必须年满十八周岁以上，工作认真负责；身体健康，没有妨碍从事本种作业的疾病和生理缺陷；具有本种作业所需的文化程度和安全、专业技术知识及实践经验。由于特种作业较一般作业的危险性更大，所以，特种作业人员必须经过安全培训和严格考核。对特种作业人员的安全教育应注意以下三点：

1）特种作业人员上岗作业前，必须进行专门的安全技术和操作技能的培训教育，这种培训教育要实行理论教学与操作技术训练相结合的原则，重点放在提高其安全操作技术和预防事故的实际能力上。

2）培训后，经考核合格方可取得操作证，并准许独立作业。

3）取得操作证的特种作业人员，必须定期进行复审。复审期限除机动车辆驾驶按国家有关规定执行外，其他特种作业人员两年进行一次。凡未经复审者不得继续独立作业。

（3）企业员工的安全教育　企业员工的安全教育主要有新员工上岗前的三级安全教育、改变工艺和变换岗位安全教育、经常性安全教育三种形式，操作方式如下：

1）新员工上岗前的三级安全教育。三级安全教育通常是指企业、部门、项目组三级，三级安全教育的主要内容如下：

① 企业（公司）级安全教育由企业主管领导负责，企业职业健康安全管理部门会同有关部门组织实施，内容应包括安全生产法律、法规，通用安全技术、职业卫生和安全文化的基本知识，本企业安全生产规章制度及状况、劳动纪律和有关事故案例等内容。

② 部门（或工区、工程处、施工队）级安全教育由部门负责人组织实施，专职或兼职安全员协助，内容包括工程项目的概况、安全生产状况和规章制度、主要危险因素及安全事项、预防工伤事故和职业病的主要措施、典型事故案例及事故应急处理措施等。

③ 项目组级安全教育由项目经理组织实施，内容包括遵章守纪、岗位安全操作规程、岗位间工作衔接配合的安全生产事项、典型事故及发生事故后应采取的紧急措施、劳动防护用品（用具）的性能及正确使用方法等内容。

2）改变工艺和变换岗位时的安全教育。企业（或工程项目）在实施新工艺、新技术或使用新设备、新材料时，必须对有关人员进行相应级别的安全教育，要按新的安全操作规程教育和培训参加操作的岗位员工和有关人员，使其了解新工艺、新设备、新产品的安全性能及安全技术，以适应新的岗位作业的安全要求。

3）经常性安全教育。在安全教育中，必须坚持不懈、经常不断地进行，要通过采取多种多样形式的安全教育活动，激发员工搞好安全生产的热情，促使员工重视和真正实现安全生产。

5. 安全预评价

安全预评价是在建设工程项目前期，应用安全评价的原理和方法对工程项目的危险性、危害性进行预测性评价。

### 4.4.4 能力拓展

1. 安全生产管理程序

（1）确定每项具体建设工程项目的安全目标　按“目标管理”方法在以项目经理为首

的项目管理系统内进行分解，从而确定每个岗位的安全目标，实现全员安全控制。

（2）编制建设工程项目安全技术措施计划　工程施工安全技术措施计划是对生产过程中的不安全因素，用技术手段加以消除和控制的文件，是落实“预防为主”方针的具体体现，是进行工程项目安全控制的指导性文件。

（3）安全技术措施计划的落实和实施　安全技术措施计划的落实和实施包括建立健全安全生产责任制，设置安全生产设施，采用安全技术和应急措施，进行安全教育和培训、安全检查、事故处理、沟通和交流信息，通过一系列安全措施的贯彻，使生产作业的安全状况处于受控状态。

（4）安全技术措施计划的验证　安全技术措施计划的验证是通过施工过程中对安全技术措施计划实施情况的安全检查，纠正不符合安全技术措施计划的情况，保证安全技术措施的贯彻和实施。

（5）持续改进　根据安全技术措施计划的验证结果，对不适宜的安全技术措施计划进行修改、补充和完善。

2. 安全管理的技术措施

建设工程由较多的分项工程组成，其施工生产作业既有共性，也有不同之处。由于施工条件、环境等不同，同类工程的不同之处在共性措施中就无法解决。应根据有关法规的规定，结合以往的施工经验与教训，制定安全技术措施。工程施工安全技术措施主要有以下几个方面：

1）电缆井土方工程，应根据开挖深度、土质类别，选择开挖方法，确定保证边坡稳定或采取支护结构措施，防止边坡滑动和塌方。

2）高空作业，应采取必要的安全防护措施与安全防护用品，安全防护用品必须是经过国家相关部门检测合格的。

3）如设有安全网（平网、立网）的，设置要求和范围应符合国家相关规定。

4）采用临时用电时，应办理临时用电的相关手续，并采取必要的防护措施。

5）特种作业人员应进行过相关培训并取得相应的认证，持证上岗。

6）季节性施工安全技术措施是考虑不同季节的气候条件对施工生产带来的不安全因素，可能造成的各种突发性事件，从技术上、管理上采取的各种预防措施。一般工程的施工组织设计或施工方案中，都需要编制季节性施工安全技术措施。对危险性大、高温期长的建设工程，应单独编制季节性施工安全技术措施。季节性主要指夏季、雨季和冬季。各季节性施工安全技术措施的主要内容是：

① 夏季气候炎热，高温时间持续较长，主要是做好防暑降温工作，避免员工中暑和因长时间暴晒造成的职业病。

② 雨季进行作业，主要应做好防触电、防雷击、防水淹泡、防塌方、防台风和防洪等工作。

③ 冬季进行作业，主要应做好防冻、防风、防火、防滑、防煤气中毒等工作。

7）应急措施是在事故发生或各种自然灾害发生的情况下的应对措施。为了在最短的时间内达到救援、逃生、防护的目的，必须在平时就准备好各种应急措施和预案，并进行模拟训练，尽量使损失减小到最低限度。应急措施可包括：

① 应急指挥和组织机构。

② 施工场内应急计划、事故应急处理程序和措施。

③ 施工场外应急计划和向外报警程序及方式。

④ 安全装置、报警装置、疏散口装置、避难场所等。

⑤ 有足够数量并符合规格的安全进、出通道。

⑥ 急救设备(担架、氧气瓶、防护用品、冲洗设施等)。

⑦ 通信联络与报警系统。

⑧ 与应急服务机构(医院、消防等)建立联系渠道。

⑨ 定期进行事故应急训练和演习。

*3. 施工安全技术措施的一般要求*

(1) 施工安全技术措施必须在工程开工前制定　施工安全技术措施是施工组织设计的重要组成部分，应在工程开工前与施工组织设计一同编制。为保证各项安全设施的落实，在工程图样会审时，就应特别注意考虑安全施工的问题，并在开工前制定好安全技术措施，使得用于该工程的各种安全设施有较充分的时间进行采购、制作和维护等准备工作。

(2) 施工安全技术措施要有全面性　按照有关法律法规的要求，在编制工程施工组织设计时，应当根据工程特点制定相应的施工安全技术措施。对于大中型工程项目、结构复杂的重点工程，除必须在施工组织设计中编制施工安全技术措施外，还应编制专项工程施工安全技术措施，详细说明有关安全方面的防护要求和措施，确保单位工程或分部分项工程的施工安全。对爆破、拆除、起重吊装、水下、基坑支护和降水、土方开挖、脚手架、模板等危险性较大的作业，必须编制专项安全施工技术方案。

(3) 施工安全技术措施要有针对性　施工安全技术措施是针对每项工程的特点制定的，编制安全技术措施的技术人员必须掌握工程概况、施工方法、施工环境、条件等一手资料，并熟悉安全法规、标准等，才能制定有针对性的安全技术措施。

(4) 施工安全技术措施应力求全面、具体、可靠　施工安全技术措施应把可能出现的各种不安全因素考虑周全，制定的对策措施方案应力求全面、具体、可靠，这样才能真正做到预防事故的发生。但是，全面具体不等于罗列一般通常的操作工艺、施工方法以及日常安全工作制度、安全纪律等。这些制度性规定，在安全技术措施中不需要再作抄录，但必须严格执行。

(5) 施工安全技术措施必须包括应急预案　由于施工安全技术措施是在相应的工程施工实施之前制定的，所涉及的施工条件和危险情况大都是建立在可预测的基础上，而建设工程施工过程是开放的过程，在施工期间的变化是经常发生的，还可能出现预测不到的突发事件或灾害(如地震、火灾、台风、洪水等)。所以，施工技术措施计划必须包括面对突发事件或紧急状态的各种应急设施、人员逃生和救援预案，以便在紧急情况下，能及时启动应急预案，减少损失，保护人员安全。

(6) 施工安全技术措施要有可行性和可操作性　施工安全技术措施应能够在每个施工工序之中得到贯彻实施，既要考虑保证安全要求，又要考虑现场环境条件和施工技术条件能够做得到。

# 模块五　质量管理

## 4.5.1　项目案例

戊公司的项目经理在综合布线系统项目施工过程中，认为施工过程中的质量管理是施工中最重要的管理工作，是否严格地进行质量控制会直接影响竣工验收以及工程后期的运行维护工作。张经理认为，戊公司已经通过ISO9000质量管理体系认证，应按照ISO9000质量管理体系的有关规定成立质量小组，由本人出任组长，按照建设工程项目的质量总目标，结合《综合布线系统工程验收规范》(GB 50312—2007)中有关规定，确定综合布线工程的质量目标，以满足该高校相应的质量要求。针对该项工程制订了质量计划、建立健全质量管理责任制、质量检查制度。按照《综合布线系统工程设计规范》(GB 50311—2007)和《综合布线系统工程验收规范》(GB 50312—2007)有关规定，对施工人员进行了上岗以及工程质量要求的专项培训，并任命了质量检查员，在施工过程中，随时进行质量检查与抽查。

在项目施工中，质量检查员按照质量控制流程的有关规定对隐蔽工程、现场材料、设备器材实行现场验收制度，经常进行质量自检，发现问题及时纠正。配合监理工程师进行质量检查，落实质量管理责任制，对分包单位的质量管理工作进行监督。在施工期间，未发生重大质量事故，使得工程施工能够如期进行竣工验收。

## 4.5.2　案例分析

该高校的综合布线系统工程采用线缆、器材和设备等高质量布线器材及标准接插件组成网络，能满足不同生产厂家终端设备的需要。在项目实施时，采用积木式的标准件和模块化设计，单幢建筑中的综合布线范围，一般为建筑物内部敷设的通信管路、槽道、桥架、通信线缆、接续设备及其他辅助设施。建筑群体的综合布线系统工程范围，除了每幢建筑物内的综合布线外，还包括各幢建筑物之间互相连接的通信线路。因此该高校的综合布线系统工程具有产品多样化、技术多样化、技术复杂化等特点，在工程项目施工时，一般均采用多工种联合作业，工程交叉点多，施工现场比较混乱，工种之间相互协调较难。在有些时候还要采用专业分包模式进行，工程质量难以控制，项目的质量目标难以实现。

综合布线系统工程项目的质量要求是由建设单位提出的，即建设单位提出建设工程项目的质量总目标，是建设单位的建设意图通过项目策划，包括项目的定义及建设规模、系统构成、使用功能和价值、规格档次标准等的定位策划和目标决策来确定的。因此，施工单位的工程项目质量管理工作包括工程设计质量、材料质量、设备质量和影响项目运行的环境质量等管理工作，着重在施工安装、材料验收、设备器材检验、竣工验收等各个阶段的质量管理。

建设单位的综合布线工程质量目标应满足相应的技术规范和技术标准的规定，综合布线工程的技术规范和技术标准为《综合布线系统工程设计规范》(GB 50311—2007)和《综合布线系统工程验收规范》(GB 50312—2007)，以满足建设单位相应的质量要求。

施工单位为实现质量管理的方针目标，采用事前预控、事中控制和事后控制的相关途径进行质量控制。有效开展各项质量管理活动，使得布线项目实施能够按照规范化的生产方式进行，在生产流程上采用ISO9000质量管理体系的标准进行。ISO9000质量管理与质量保证体系标准是企业标准体系的一部分，它是国际标准化组织在总结西方发达国家管理经验的基础上，经过几十年时间的不断发展、完善形成了一套质量管理标准体系。该体系是利用文件做工具，把企业工作的各个环节规范起来，达到保证每项工作质量最好的目的，为满足客户的要求或潜在的需要建立一套文件化的、具有预防功能的质量体系，作为内部管理的依据和向客户提供质量保证能力的证据。

在工程施工过程中，质量管理体系是质量保证的基础，而施工生产要素是施工质量形成的物质基础，包括作业者、管理者的素质及其组织效果；材料、半成品、工程用品、设备等的质量；施工工艺及技术措施的水平；施工机械、设备、工具等的技术性能；以及施工环境、施工安全等作业环境以及协调配合的管理环境。

### 4.5.3 知识储备

1. 综合布线系统工程项目质量的目标

项目质量的目标不仅涉及施工的质量，还包括设计质量、材料质量、设备质量和影响项目运行或运营的环境质量等。质量目标包括满足相应的技术规范和技术标准的规定，以及满足建设单位相应的质量要求。

建设工程项目质量目标实现的最重要和最关键的过程是在施工阶段，包括施工准备过程和施工作业技术活动过程，其任务是按照质量特性的要求，制定企业或工程项目内控标准，实施目标管理、过程监控、阶段考核、持续改进的方法，严格按图样施工。正确合理地配备施工生产要素，把特定的劳动对象转化成符合质量标准的建设工程产品。

综合布线系统工程项目从本质上说是一项拟建或在建的工程，它和一般产品具有同样的质量内涵，即一组固有特性满足需要的程度。由于布线工程的质量特性指标是在各建设工程项目的策划、决策和设计过程中进行定义的，所以应符合《综合布线系统工程设计规范》(GB 50311—2007)和《综合布线系统工程验收规范》(GB 50312—2007)中的有关规定，这些特性应符合综合布线工程的适用性、可靠性、安全性、经济性以及可维护等特性。

2. 综合布线系统工程质量的影响因素

建设工程项目质量的影响因素，主要是指在建设工程项目质量目标策划、决策和实现过程的各种客观因素和主观因素，包括人的因素、技术因素、管理因素、环境因素等多方面因素。

(1) 人的因素　人的因素对建设工程项目质量形成的影响，包括两个方面的含义：

1) 直接承担建设工程项目质量职能的决策者、管理者和作业者个人的质量意识及质量活动能力。

2) 承担建设工程项目策划、决策或实施的建设单位、勘察设计单位、咨询服务机构、工程承包企业等实体组织。

综合布线系统工程范围由传统的计算机网络布线发展为建筑智能化系统建设，实行企业经营资质管理制度、市场准入制度、执业资格注册制度、作业及管理人员持证上岗制度等，从本质上说，都是对从事建设工程活动的人的素质和能力进行必要的控制。根据国家有关法律法规中的有关规定，对建设工程的质量责任制度做出明确规定，如规定按资质等级承包工程任务，不得越级，不得挂靠，不得转包，严禁无证设计、无证施工等，从根本上说也是为了防止因人的资质或资格失控而导致质量能力的失控。

(2) 技术因素 影响建设工程项目质量的技术因素涉及的内容十分广泛，包括直接的工程技术和辅助的生产技术，前者如工程勘察技术、设计技术、施工技术、材料技术等；后者如工程检测检验技术、试验技术等。建设工程技术的先进性程度，从总体上说是取决于国家一定时期的经济发展和科技水平，取决于通信产业及相关行业的技术进步。对于具体的建设工程项目，主要是通过技术工作的组织与管理，优化技术方案，发挥技术因素对建设工程项目质量的保证作用。

(3) 管理因素 影响建设工程项目质量的管理因素，主要是决策因素和组织因素。其中，决策因素首先是建设单位的建设工程项目决策，其次是建设工程项目实施过程中，实施主体的各项技术决策和管理决策。实践证明，没有经过资源论证、市场需求预测而进行盲目建设、重复建设，建成后不能投入生产或使用，所形成的合格而无用途的建设项目，从根本上是社会资源的极大浪费，不具备质量的适用性特征。同样，盲目追求高标准，缺乏质量经济性考虑的决策，也将对工程质量的形成产生不利的影响。

(4) 环境因素 一个建设项目的决策、立项和实施，受到经济、政治、社会、技术等多方面因素的影响，是建设项目可行性研究、风险识别与管理所必须考虑的环境因素。对于建设工程项目质量控制而言，无论该建设工程项目是某建设项目的一个子项工程，还是本身就是一个独立的建设项目，作为直接影响建设工程项目质量的环境因素，一般是指建设工程项目所在地点的水文、地质和气象等自然环境；施工现场的通风、照明、安全卫生防护设施等劳动作业环境；以及由多单位、多专业交叉协同施工的管理关系、组织协调方式、质量控制系统等构成的管理环境。对这些环境条件的认识与把握，是保证建设工程项目质量的重要工作环节。

3. 建设工程项目施工质量控制目标

建设工程项目施工质量控制的总目标，是实现由建设工程项目决策、设计文件和施工合同所决定的预期使用功能和质量标准。尽管建设单位、设计单位、施工单位、供货单位和监理单位等，在施工阶段质量控制的地位和任务目标不同，但从建设工程项目管理的角度，都是致力于实现建设工程项目的质量总目标。因此，施工质量控制目标可具体表述如下：

(1) 建设单位的控制目标 建设单位在施工阶段，通过对施工全过程、全面的质量监督管理、协调和决策，保证竣工项目达到投资决策所确定的质量标准。

(2) 设计单位的控制目标 设计单位在施工阶段，通过对关键部位和重要施工项目施工质量验收签证、设计变更控制及纠正施工中所发现的设计问题，采纳变更设计的合理化建议等，保证竣工项目的各项施工结果与设计文件(包括变更文件)所规定的质量标准相一致。

(3) 施工单位的控制目标 施工单位包括施工总包和分包单位，作为建设工程产品的生产者和经营者，应根据施工合同的任务范围和质量要求，通过全过程、全面的施工质量自控，保证最终交付满足施工合同及设计文件所规定质量标准(含建设工程质量创优要求)的建设工程产品。根据国家有关法律法规的相关规定，施工单位对建设工程的施工质量负责；分包单位应当按照分包合同的约定对其分包工程的质量向总承包单位负责，总承包单位与分包单位对分包工程的质量承担连带责任。

(4) 供货单位的控制目标 材料、设备、配件等供应厂商，应按照采购供货合同约定的质量标准提供货物及其质量保证、检验试验单据、产品规格和使用说明书，以及其他必要的数据和资料，并对其产品质量负责。

（5）监理单位的控制目标　建设工程监理单位在施工阶段，通过审核施工质量文件、报告报表及采取现场旁站、巡视、平行检测等形式进行施工过程质量监理；并应用施工指令和结算支付控制等手段，监控施工承包单位的质量活动行为、协调施工关系，正确履行对工程施工质量的监督责任，以保证工程质量达到施工合同和设计文件所规定的质量标准。根据国家有关法律法规的相关规定，建设工程监理人员认为工程施工不符合工程设计要求、施工技术标准和合同约定的，有权要求建筑施工企业改正。

4. 质量控制方式方法

为实现质量管理的方针目标，采用事前预控、事中控制和事后控制的相关途径进行质量控制。

1）施工质量的事前预控途径，具体方法如下：

① 施工条件的调查和分析：包括合同条件、法规条件和现场条件。

② 成立质量管理小组，任命相关责任人。

③ 施工图样会审和设计交底：理解设计意图和对施工的要求，明确质量控制的重点、要点和难点，以及消除施工图样的差错等。

④ 施工组织设计文件的编制与审查：有效地配置合格的施工生产要素，规范施工作业技术活动行为和管理行为。

⑤ 施工分包单位的选择和资质的审查：确定分包内容、选择分包单位及分包方式关系到建设工程质量的保证问题。

⑥ 材料设备和部品采购质量控制：包括对供货厂商的评审、询价、采购计划与方式的控制等。

⑦ 施工机械设备及工器具的配置与性能检验。

2）施工质量的事中控制途径如下：

① 施工技术复核。

② 技术核定和设计变更。

③ 隐蔽工程验收。

④ 其他事项的控制。

3）施工质量的事后控制途径主要是进行已完成施工的成品保护、质量验收和不合格的处理，以保证最终验收的建设工程质量。

施工单位作为工程施工质量的控制主体，既要遵循本企业质量管理体系的要求，也要根据其在所承建的工程项目质量控制系统中的地位和责任，通过具体项目质量计划的编制与实施，有效地实现施工质量的控制目标。

### 4.5.4 能力拓展

1. 质量管理

《质量管理体系　基础和术语》(GB/T 19000—2008)的定义为“质量管理是指确立质量方针及实施质量方针的全部职能及工作内容，并对其工作效果进行评价和改进的一系列工作”。质量管理在长期的生产实践过程和理论研究中形成了比较成熟的体系结构，是确立质量管理和建立质量体系的基本原理。比较典型的质量管理体系有质量管理的 PDCA 循环和全面质量管理(TQC)。

(1) 质量管理的PDCA循环 在长期的生产实践过程和理论研究中形成的PDCA循环，是确立质量管理和建立质量体系的基本原理。从实践论的角度看，管理就是确定任务目标，并按照PDCA循环原理来实现预期目标。每一循环都围绕着实现预期的目标，进行计划、实施、检查和处置活动，随着对存在问题的克服、解决和改进，不断增强质量能力，提高质量水平。一个循环的四大职能活动相互联系，共同构成了质量管理的系统过程。

1) 建设工程项目的质量计划(Plan)，是由项目干系人根据其在项目实施中所承担的任务、责任范围和质量目标，分别进行质量计划而形成的质量计划体系。其中，建设单位的工程项目质量计划，包括确定和论证项目总体的质量目标，提出项目质量管理的组织、制度、工作程序、方法和要求。项目其他各方干系人，则根据工程合同规定的质量标准和责任，在明确各自质量目标的基础上，制订实施相应范围质量管理的行动方案，包括技术方法、业务流程、资源配置、检验试验要求、质量记录方式、不合格处理、管理措施等具体内容和做法的质量管理文件，同时亦须对其实现预期目标的可行性、有效性、经济合理性进行分析论证，并按照规定的程序与权限，经过审批后执行。

2) 实施(Do)职能在于将质量的目标值，通过生产要素的投入、作业技术活动和产出过程，转换为质量的实际值。为保证工程质量的产出或形成过程能够达到预期的结果，在各项质量活动实施前，要根据质量管理计划进行行动方案的部署和技术交底。技术交底的目的在于使具体的作业者和管理者明确计划的意图和要求，掌握质量标准及其实现的程序与方法。在质量活动的实施过程中，则要求严格执行计划的行动方案、规范行为，把质量管理计划的各项规定和安排落实到具体的资源配置和作业技术活动中去。

3) 检查(Check)指对计划实施过程进行各种检查，包括作业者的自检、互检和专职管理者的专检。各类检查也都包含两个方面：一是检查是否严格执行了计划的行动方案、实际条件是否发生了变化、不执行计划的原因；二是检查计划执行的结果，即产出的质量是否达到标准的要求，对此进行确认和评价。

4) 处置(Action)：对于质量检查所发现的质量问题或质量不合格，要及时进行原因分析，采取必要的措施予以纠正，保持工程质量形成过程的受控状态。处置过程分为纠偏和预防改进两个方面。前者是采取应急措施，解决当前的质量偏差、问题或事故；后者是提出目前的质量状况信息，并反馈给管理部门，反思问题症结或计划时的不周，确定改进目标和措施，为今后类似问题的质量预防提供借鉴。

(2) 全面质量管理(TQC)的思想 TQC即全面质量管理(Total Quality Contro1)，是20世纪中期在欧美和日本广泛应用的质量管理理念和方法，我国从20世纪80年代开始引进和推广全面质量管理方法。其基本原理就是强调在企业或组织的最高管理者质量方针的指引下，实行全面、全过程和全员参与的质量管理。

TQC的主要特点是以顾客满意为宗旨，领导参与质量方针和目标的制订，提倡预防为主、科学管理、用数据说话等。在当今国际标准化组织颁布的《质量管理体系标准》中，都体现了这些重要特点和思想。建设工程项目的质量管理，同样应贯彻“三全”管理的思想和方法，具体方式方法如下：

1) 全方位质量管理。建设工程项目的全面质量管理，是指建设工程项目各方干系人所进行的工程项目质量管理的总称，其中包括工程(产品)质量和工作质量的全面管理。工作质量是产品质量的保证，工作质量直接影响产品质量的形成。建设单位、监理单位、勘察单位、设计单位、施工总包单位、施工分包单位、材料设备供应商等，任何一方任何环节的怠慢疏忽或质量责任不到位都会造成对建设工程质量的影响。

2）全过程质量管理。全过程质量管理是指根据工程质量的形成规律，从源头抓起，全过程推进。《质量管理体系　基础和术语》(GB/T 19000—2008)强调质量管理的"过程方法"管理原则。因此，必须掌握识别过程和应用"过程方法"进行全程质量控制。主要的过程有：项目策划与决策过程、勘察设计过程、施工采购过程、施工组织与准备过程、检测设备控制与计量过程、施工生产的检验试验过程、工程质量的评定过程、工程竣工验收与交付过程、工程回访维修服务过程等。

3）全员参与质量管理。按照全面质量管理的思想，组织内部的每个部门和工作岗位都承担有相应的质量职能，组织的最高管理者确定了质量方针和目标，就应组织和动员全体员工参与到实施质量方针的系统活动中去，发挥自己的角色作用。开展全员参与质量管理的重要手段就是运用目标管理方法，将组织的质量总目标逐级进行分解，使之形成自上而下的质量目标分解体系和自下而上的质量目标保证体系。发挥组织系统内部每个工作岗位、部门或团队在实现质量总目标过程中的作用。

2. 质量控制

《质量管理体系　基础和术语》(GB/T 19000—2008)中质量术语的定义为"质量控制是质量管理的一部分，致力于满足质量要求的一系列相关活动"。由于建设工程项目的质量要求是由建设单位(或投资者、项目法人)提出的，即建设工程项目的质量总目标，是建设单位的建设意图通过项目策划，包括项目的定义及建设规模、系统构成、使用功能和价值、规格档次标准等的定位策划和目标决策来确定的。因此，建设工程项目质量控制，在工程勘察设计、招标采购、施工安装、竣工验收等各个阶段。

质量控制所致力的一系列相关活动，包括作业技术活动和管理活动，是质量管理的一部分。质量控制的基本原理是运用全面全过程质量管理的思想和动态控制的原理，进行质量的事前预控、事中控制和事后控制。

(1) 事前预控　事前预控就是要求预先进行周密的质量计划，包括质量策划、管理体系、岗位设置，把各项质量职能活动，包括作业技术和管理活动建立在有充分能力、条件保证和运行机制的基础上。对于建设工程项目，尤其施工阶段的质量预控，就是通过施工质量计划、施工组织设计或施工项目管理实施规划的制订过程，运用目标管理的手段，实施工程质量事前预控，或称为质量的计划预控。

事前预控必须充分发挥组织的技术和管理方面的整体优势，把长期形成的先进技术、管理方法和经验智慧，创造性地应用于工程项目。

事前预控要求针对质量控制对象的控制目标、活动条件、影响因素进行周密分析，找出薄弱环节，制订有效的控制措施和对策。

(2) 事中控制　事中控制也称作业活动过程控制，是指质量活动主体的自我控制和他人监控的控制方式。自我控制是第一位的，即作业者在作业过程中对自己质量活动行为的约束和技术能力的发挥，以完成预定质量目标的作业任务；他人监控是指作业者的质量活动过程和结果，接受来自企业内部管理者和来自企业外部有关方面的检查检验，如工程监理机构、政府质量监督部门等的监控。事中质量控制的目标是确保工序质量合格，杜绝质量事故发生。

由此可知，事中控制的关键是要增强质量意识，发挥操作者自我约束、自我控制的能力，即坚持质量标准是根本，他人监控是必要的补充。没有前者或用后者取代前者，都是不正确的。因此，有效进行过程控制，也就在于创造一种过程控制的机制和活力。

（3）事后控制　事后控制也称为事后质量把关，以使不合格的工序或产品不流入后道工序、不流入市场。事后控制的任务就对质量活动结果进行评价、认定；对工序质量偏差进行纠正；对不合格产品进行整改和处理。

从理论上分析，对于建设工程项目，如果计划预控过程所制订的行动方案考虑得越周密，事中自控能力越强、监控越严格，实现质量预期目标的可能性就越大。理想的状况就是希望做到各项作业活动“一次成活”、“一次交验合格率达100%”。但要达到这样的管理水平和质量形成能力是相当不容易的，即使已经进行了坚持不懈的努力，也可能还有个别工序或分部分项施工质量会出现偏差，这是因为在作业过程中不可避免地会存在一些计划时难以预料的因素，包括系统因素和偶然因素的影响。

以上系统控制的三大环节，不是孤立和截然分开的，它们之间构成了有机的系统过程，实质上也就是质量管理PDCA循环的具体化，并在每一次滚动循环中不断提高，达到质量管理和质量控制的持续改进。

3. 施工质量计划的编制方法

按照《质量管理体系　基础和术语》(GB/T 19000—2008)的规定，施工质量计划是质量管理体系文件的组成内容。在合同环境下质量计划是企业向顾客表明质量管理方针、目标及其具体实现的方法、手段和措施，体现企业对质量责任的承诺和实施的具体步骤。施工质量计划编制方式方法如下：

（1）确定计划责任人　通过确定施工质量计划的编制主体和范围，明确各方的责任。

1）施工质量计划的编制主体应由施工总承包企业进行编制。在平行承包方式下，各承包单位应分别编制施工质量计划；在总分包模式下，施工总承包单位应编制总承包工程范围的施工质量计划，各分包单位编制相应分包范围的施工质量计划，作为施工总承包方质量计划的深化和组成。施工总承包方有责任对各分包施工质量计划的编制进行指导和审核，并承担相应施工质量的连带责任。

2）按照工程项目质量控制的要求，施工质量计划的编制范围应与建筑安装工程施工任务的实施范围相一致，以保证整个项目建筑安装工程的施工质量总体受控。对具体施工任务承包单位而言，施工质量计划的编制范围，应能满足其履行工程承包合同质量责任的要求。建设工程项目的施工质量计划，应在施工程序、控制组织、控制措施、控制方式等方面，形成一个有机的质量计划系统，确保项目质量总目标和各分解目标的控制能力。

（2）现行施工质量计划的方式和内容　质量计划是质量管理体系标准的一个质量术语和职能，在施工企业的质量管理体系中，以施工项目为对象的质量计划称为施工质量计划。

1）目前，我国除了已经建立质量管理体系的部分施工企业直接采用施工质量计划的方式外，通常还普遍使用工程项目施工组织设计或在施工项目管理实施规划中包含质量计划的内容。因此，现行的施工质量计划有三种方式：

① 工程项目施工质量计划。

② 工程项目施工组织设计，包括施工质量计划。

③ 施工项目管理实施规划，包括施工质量计划。

2）在已经建立质量管理体系的情况下，施工质量计划的内容必须全面体现和落实企业质量管理体系文件的要求，也可引用质量体系文件中的相关条文。编制程序、内容和编制依据要符合有关规定，同时结合本工程的特点，在施工质量计划中编写专项管理要求，施工质量计划的基本内容一般应包括：

① 工程特点及施工条件分析（合同条件、法规条件和现场条件）。

② 质量总目标及其分解目标。

③ 质量管理组织机构和职责、人员及资源配置计划。

④ 确定施工工艺与操作方法的技术方案和施工任务的流程组织方案。

⑤ 施工材料、设备物资等的质量管理及控制措施。

⑥ 施工质量检验、检测、试验工作的计划安排及其实施方法与接收准则。

⑦ 施工质量控制点及其跟踪控制的方式与要求。

⑧ 记录的要求等。

（3）施工质量计划的审批与执行　施工单位的项目施工质量计划或施工组织设计文件编成后，应按照工程施工管理程序进行审批，包括施工企业内部的审批和监理工程师的审查。

1）施工企业内部的审批。施工单位的项目施工质量计划或施工组织设计的编制与审批，应根据企业质量管理程序性文件规定的权限和流程进行。通常是由项目经理部主持编制，报企业组织管理层批准，并报送项目监理机构核准确认。

施工质量计划或施工组织设计文件的审批过程，是施工企业自主技术决策和管理决策的过程，也是发挥企业职能部门与施工项目管理团队的智慧和经验的过程。

2）监理工程师的审查。实施工程监理的施工项目，按照我国建设工程监理规范的规定，施工承包单位必须填写《施工组织设计（方案）报审表》并附施工组织设计（方案），报送项目监理机构审查。规范规定“在工程开工前，项目监理机构总监理工程师应组织专业监理工程师审查承包单位报送的《施工组织设计（方案）报审表》，提出意见，并经总监理工程师审核、签认后报建设单位”。

3）审批关系的处理原则。正确执行施工质量计划的审批程序，是正确理解工程质量目标和要求，保证施工部署、技术工艺方案和组织管理措施的合理性、先进性和经济性的重要环节，也是进行施工质量事前预控的重要方法。因此，在执行审批程序时，必须正确处理施工企业内部审批和监理工程师审查的关系，其基本原则如下：

① 充分发挥质量自控主体和监控主体的共同作用，在坚持项目质量标准和质量控制能力的前提下，正确处理承包人利益和项目利益的关系；施工企业内部的审批首先应从履行工程承包合同的角度，审查实现合同质量目标的合理性和可行性，以项目质量计划向发包方提供信任。

② 施工质量计划在审批过程中，对监理工程师审查所提出的建议、希望、要求等意见是否采纳以及采纳的程度，应由负责质量计划编制的施工单位自主决策。在满足合同和相关法规要求的情况下，确定质量计划的调整、修改和优化，并承担相应执行结果的责任。

③ 经过按规定程序审查批准的施工质量计划，在实施过程中如果因条件变化需要对某些重要决定进行修改时，其修改内容仍应按照相应程序经过审批后执行。

（4）施工质量控制点的设置与管理　通过质量控制点的设置与管理，质量控制的目标及工作重点就能更加明晰。

1）施工质量控制点的设置，是根据工程项目施工管理的基本程序，结合项目特点，在制订项目总体质量计划后，列出各基本施工过程对局部和总体质量水平有影响的项目，作为具体实施的质量控制点。

施工质量控制点的事前预控工作，包括明确质量控制的目标与控制参数；制定技术规程和控制措施，如施工操作规程及质量检测评定标准；确定质量检查检验方式及抽样的数量与方法；明确检查结果的判断标准及质量记录与信息反馈要求等。

2）施工质量控制点的实施主要是通过控制点的动态设置和动态跟踪管理来实现的。所谓动态设置，是指一般情况下在工程开工前、设计交底和图样会审时，可确定一批整个项目的质量控制点，随着工程的展开、施工条件的变化，随时或定期进行控制点范围的调整和更新。动态跟踪管理是应用动态控制原理，落实专人负责跟踪和记录控制点质量控制的状态和效果，并及时向项目管理组织的高层管理者反馈质量控制信息，保持施工质量控制点的受控状态。

实施建设工程监理的施工项目，应根据现场工程监理机构的要求，对施工作业质量控制点，按照不同的性质和管理要求，细分为“见证点”和“待检点”，进行施工质量的监督和检查。凡属“见证点”的施工作业，如重要部位、特种作业、专门工艺等，施工方必须在该项作业开始前24h时间内，书面通知现场监理机构到位旁站，见证施工作业过程；凡属“待检点”的施工作业，如隐蔽工程等，施工方必须在完成施工质量自检的基础上，提前24h通知项目监理机构检查验收。经检查验收之后，才能进行工程隐蔽或下道工序的施工。未经过项目监理机构检查验收合格的，不得进行工程隐蔽或下道工序的施工。

*4. 施工生产要素的质量控制*

施工生产要素是施工质量形成的物质基础，包括作为劳动主体的生产人员，即作业者、管理者的素质及其组织效果；作为劳动对象的建筑材料、半成品、工程用品、设备等的质量；作为劳动方法的施工工艺及技术措施的水平；作为劳动手段的施工机械、设备、工具、模具等的技术性能；以及施工环境——现场水文、地质、气象等自然环境，通风、照明、安全等作业环境以及协调配合的管理环境。施工生产要素的质量控制，建议按如下方式控制：

（1）劳动主体的控制　劳动主体的质量包括工程各类参与人员的生产技能、文化素养、生理体能、心理行为等方面的个体素质及经过合理组织充分发挥其潜在能力的群体素质。因此，企业应通过择优录用、加强思想教育及技能方面的教育培训，合理组织、严格考核，并辅以必要的激励机制，使企业员工的潜在能力得到最好的组合和充分的发挥，从而保证劳动主体在质量控制系统中发挥主体自控作用。

（2）劳动对象的控制　原材料、半成品及设备是构成工程实体的基础，其质量是工程项目实体质量的组成部分。故加强原材料、半成品设备的质量控制，不仅是保证工程质量的必要条件，也是实现工程项目投资目标和进度目标的前提。对原材料、半成品及设备进行质量控制的主要内容包括：控制材料设备性能、标准与设计文件的相符性；控制材料设备各项技术性能指标、检验测试指标与标准要求的相符性；控制材料设备进场验收程序及质量文件资料的齐全程度等。

施工企业应在施工过程中贯彻执行企业质量程序文件中关于材料设备在封样、采购、进场检验、抽样检测及质保资料提交等方面的一系列明确规定的控制标准。

（3）施工工艺的控制　施工工艺的先进合理是直接影响工程质量、工程进度及工程造价的关键因素，施工工艺的合理可靠也直接影响到工程施工安全。因此在工程项目质量控制系统中，制订和采用先进、合理、可靠的施工技术工艺方案，是工程质量控制的重要环节。对施工方案的质量控制主要包括以下内容：

1）全面正确地分析工程特征、技术关键及环境条件等资料，明确质量目标、验收标准、控制的重点和难点。

2）制订合理有效的、有针对性的施工技术方案和组织方案，前者包括施工工艺、施工方法，后者包括施工区段划分、施工流向及劳动组织等。

3）合理选用施工机械设备和施工临时设施，合理布置施工总平面图和各阶段施工平面图。

4）选用和设计保证质量与安全的施工设备。

5）编制工程所采用的新材料、新技术、新工艺的专项技术方案和质量管理方案。

（4）施工设备的控制　施工设备的控制包括以下几方面内容：

1）对施工所用的机械设备，包括起重设备、各项加工机械、专项技术设备、检查测量仪表设备等，应根据工程需要，从设备选型、主要性能参数及使用操作要求等方面加以控制。

2）施工设施，除按适用的标准定型选用外，一般需按设计及施工要求进行专项设计，对其设计方案及制作质量的控制及验收应作为重点进行控制。

3）按现行施工管理制度要求，工程所用的施工机械、设备，特别是危险性较大的现场安装的起重机械设备，施工单位不仅要履行设计安装方案的审批手续，而且安装完毕启用前必须经专业管理部门的验收，合格后方可使用。同时，在使用过程中尚需落实相应的管理制度，以确保其安全正常使用。

5. 施工阶段质量控制的主要途径

建设工程项目施工质量的控制途径，分别通过事前预控、事中控制和事后控制的相关途径进行质量控制。因此，施工质量控制的途径包括事前预控途径、事中控制途径和事后控制途径。

（1）施工质量的事前预控途径　事前控制是质量控制的基础，主要途径如下：

1）施工条件的调查和分析，包括合同条件、法规条件和现场条件；做好施工条件的调查和分析，发挥其重要的质量预控作用。

2）施工图样会审和设计交底，理解设计意图和对施工的要求，明确质量控制的重点、要点和难点，以及消除施工图样的差错等。因此，严格进行设计交底和图样会审，具有重要的事前预控作用。

3）施工组织设计文件的编制与审查，施工组织设计文件是直接指导现场施工作业技术活动和管理工作的纲领性文件。工程项目施工组织设计是以施工技术方案为核心，通盘考虑施工程序、施工质量、进度、成本和安全目标的要求。科学合理的施工组织设计对于有效地配置合格的施工生产要素，规范施工作业技术活动行为和管理行为，将起到重要的导向作用。

4）施工分包单位的选择和资质的审查，对分包商资格与能力的控制是保证工程施工质量的重要方面。确定分包内容、选择分包单位及分包方式，既直接关系到施工总承包方的利益和风险，更关系到建设工程质量的保证问题。因此，施工总承包企业必须有健全有效的分包选择程序，同时，按照我国现行法规的规定，在订立分包含同前，施工单位必须将所联络的分包商情况，报送项目监理机构进行资格审查。

5）材料设备和部品采购质量控制，材料、构配件、部品和设备是直接构成工程实体的物质，应从施工备料开始进行控制，包括对供货厂商的评审、询价、采购计划与方式的控制等。因此，施工承包单位必须有健全有效的采购控制程序，同时，按照我国现行法规的规定，主要材料设备采购前，必须将采购计划报送工程监理机构审查，实施采购质量预控。

6）施工机械设备及工器具的配置与性能控制，施工机械设备、设施、工器具等施工生产手段的配置及其性能，对施工质量、安全、进度和施工成本有重要的影响，应在施工组织设计过程根据施工方案的要求来确定，施工组织设计批准之后应对其落实的状态进行检查控制，以保证技术预案的质量控制能力。

（2）施工质量的事中控制途径　在建设工程项目施工实施过程中，进行项目质量控制，如前所述，这是最基本的控制途径。此外，还必须抓好与作业工序质量形成相关的配套技术与管理工作，强化事中控制，其主要途径有：

1）施工技术复核。

2）施工计量管理。

3）技术核定和设计变更。

4）隐蔽工程验收。

5）其他。

（3）施工质量的事后控制途径　施工质量的事后控制，主要是进行已完施工的成品保护、质量验收和不合格的处理，以保证最终验收的建设工程质量。

6. ISO9000 质量管理体系

项目管理的主要目标是保证项目在规定时间内高质量地完成。项目管理包括了项目组项目实施各阶段的人员结构的配置、质量控制的实施方略、内部文档和产品文档的组织编写等各项工作。项目组项目实施按照规范化的生产方式进行生产，在生产流程上采用 ISO9000 质量管理体系的标准进行。

ISO9000 质量管理与质量保证体系标准是企业标准体系的一部分。它是国际标准化组织在总结西方发达国家管理经验的基础上，经过几十年时间的不断发展、完善形成的一套管理标准体系，是已经被世界上 100 多个国家接受的先进的科学管理技术。

ISO9000 质量管理体系，是运用目前先进的管理理念，以简明标准的形式推出的实用管理模式，是当代世界质量管理领域的成功经验的总结。

质量是一组固有特性满足要求的程度。质量管理是在质量方面指挥和控制组织的协调活动。因目标不同，质量管理包括以下几方面活动：

1）质量策划，致力于制订质量目标并规定必要的运行过程和相关资源以实现质量目标。质量计划是质量策划的一部分，质量策划是作为质量管理组成部分的活动。

2）质量控制，致力于满足质量要求。

3）质量保证，致力于提供质量要求会得到满足的信任。

4）质量改进，致力于增强满足质量要求的能力。

质量管理体系，是为实现质量管理的方针目标，有效开展各项质量管理活动而建立的管理体系。简单地说，它是利用文件做工具，把企业工作的各个环节规范起来，达到保证每项工作质量最好的目的。或者说，它是在一个组织向客户提供产品或服务的过程中，为满足客户的要求或潜在的需要建立一套文件化的具有预防功能的质量体系，作为内部管理的依据和向客户提供质量保证能力的证据。从某种意义上讲，实施ISO9000质量管理体系就如同廉价引进了国外的先进技术，提高我们的管理发展水平。

ISO9000质量管理体系在某种程度上与项目管理较为相似，它主要起到以下几方面的作用：

1）参与者的职责。ISO9000质量管理体系首先决定企业内部所有人员的职责，即企业人员是干什么的。

2）做事的依据。ISO9000质量管理体系决定企业内部所有人员做事的依据，即企业人员凭什么去做事。

3）怎么去做？ISO9000质量管理体系指导企业内部所有人员如何去做事，即企业人员怎么去做事。

4）质量目标。ISO9000质量管理体系指导企业内部所有人员为何种质量目标去做事，即企业人员做事的结果。

5）谁来监督和评价做事的结果？ISO9000质量管理体系规定在企业内部设有质量监管部门，去监督和评价企业内部所有人员的做事结果。

6）发生质量事故如何纠错？ISO9000质量管理体系规定在企业内部如果发生质量事故，将如何处理，处理的质量目标如何，由谁来处理，处理的结果如何监督和评价。

为使组织有效运作，必须识别和管理许多相互关联和相互作用的过程。过程是指使用资源将输入转化为输出的活动或有组织的活动。通常，一个过程的输出将直接成为下一个过程的输入。系统地识别和管理组织所应用的过程，特别是这些过程之间的相互作用，称为“过程方法”，以过程为基础的ISO9000质量管理体系模式如图4-12所示，该图表明了过程之间的联系，运用PDCA循环的方法，实现组织质量管理体系的持续改进。

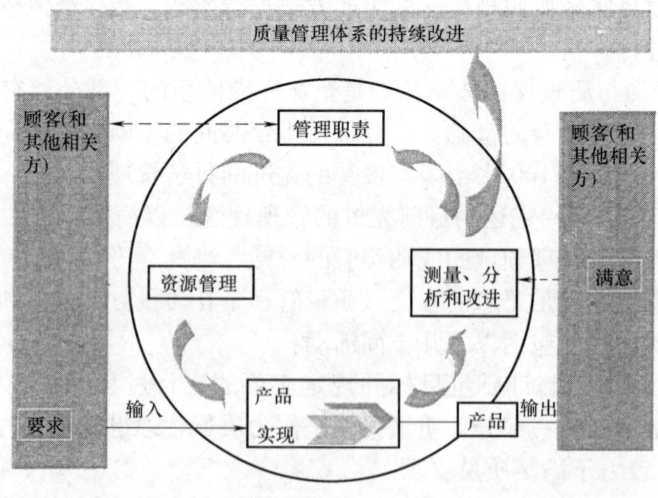


图4-12 以过程为基础的ISO9000质量管理体系模式

# 模块六　项 目 监 理

## 4.6.1　项目案例

该高校综合布线工程在实施过程中，为确保工程质量、控制工程的投资，根据国家、地方建设行政主管部门制定的有关工程建设和工程监理的法律、法规的规定，该高校聘请专业监理公司进行项目监理。在项目实施期间，监理公司尽职尽责，协调建设单位与施工单位，确保项目顺利实施。

## 4.6.2　案例分析

工程建设项目监理又称为工程建设监理（以下简称工程监理），在我国有关部门联合颁布的《工程建设监理规定》的文件和有关规定中，对工程建设监理的目的有明确的规定，主要是为了确保工程建设项目的质量，提高工程建设项目的管理水平，充分发挥投资效益，并使我国的工程建设监理事业适应国际建设市场的要求，建立具有中国特色的工程建设监理制度，促进我国各项工程建设事业健康发展。

工程监理是对一个工程建设项目，需要采取全过程、全方位、多目标的方式进行公正客观和全面科学的监督管理，也就是说，在一个工程建设项目的策划决策、工程设计、安装施工、竣工验收、维护检修等阶段组成的整个过程中，对其投资、工期和质量等多个目标，在事前、事中（又称过程）和事后进行严格控制和科学管理。

## 4.6.3　知识储备

工程建设监理是一项综合性的管理业务，是指受建设单位委托，按照相应的合同或协议，对设计单位、施工单位等，按照有关的行政法规（如监理法规和合同法等）和各种制度（如财务制度）进行监督管理。它的工作内容既包含经济的（如工程概、预算定额和各种费率），又包含技术性（如各种设计和施工技术标准及规范）等各方面的监督管理，其工作性质涉及咨询、顾问、监督、管理、协调、服务等多种业务。它们之间错综复杂、互相渗透、不易独立或分割。具体来说，一个工程建设项目在实施过程中，要严格要求工程建设监理单位和从事这项工作的管理人员，必须依据工程建设行政法规、经济指标和技术标准以及有关规定，综合运用法律、经济、行政、技术各个方面的规定要求以及相关政策，约束所有参与工程建设项目的单位和成员，减少和消除在实施过程中所有行为的随意性和盲目性，以免造成错误或不良后果，确保在工程建设项目整个过程中各种建设活动与行为的合法性和科学性，从而得到正确而理想的目标。

工程建设监理的全面要求是对工程建设项目的投资、质量和进度等目标，进行切实有效的控制和管理，对参与工程建设项目的各方，要求共同实现合同的约定，这就是具体实现工程建设项目最佳的综合效益，也是最终的目的。

我国实行工程建设监理起步较晚，目前，在通信工程建设领域中仍处于初级阶段，但是工程建设监理体制的实施，已经成为我国通信工程建设领域中的一项基本制度。实践结果证明，在通信工程中（包括综合布线系统工程）开展工程监理制，对于确保工程质量、控制工程造价和加快建设工期以及协调参与各方的权益关系都发挥了重要的作用，这是国家、社会各界以及有关方面都已接受和认可的。这就证明，实施工程建设监理制是势在必行，且是一项重要的关键性举措。

我国自1988年开始实施工程建设监理制，迄今已有二十余年。实施工程建设监理在建设工程(包括通信工程)领域中普遍具有以下作用和效果：

1）全面提高工程建设项目的整体质量，确保各项工程建设项目都能正常运行，为国家增加各项效益和增强综合国力创造有力的物质基础。

2）有利于提高基本建设领域中的工作效率、缩短工程建设周期、加快和促进建设进度，形成平稳而高速发展的态势。

3）充分发挥各方面的潜力，共同采取切实有效的措施，全面控制工程建设投资，在保证工程质量和工程进度的前提下，节约工程建设费用。

4）由于工程建设监理单位和人员直接参与工程建设监督管理，有利于精简建设单位的组织机构和减少管理人员。

5）引入工程建设监理的先进管理体制，不仅有利于提高我国工程建设事业的管理水平，也有利于尽快与国际惯例接轨，且可参与国际市场竞争。

综合布线工程的施工监理一般可分为三个阶段：施工准备阶段的监理、施工阶段的监理、工程保修阶段的监理。

1. 施工准备阶段的监理

工程施工前，监理人员必须明确自己的职责，熟悉设计方案和合同文件，并到施工现场进行复查，以检查施工图样是否有差错。施工前主要的监理工作有以下内容：

1）审查开工报告。

2）召开第一次工地会议。

3）审批工程进度计划、审查施工组织设计方案。

4）审查承包单位的质量保证体系和施工安全保证体系。

5）检验进场的设备和材料。

6）检查承包单位的保险及担保，签发预付款支付凭证等。

7）审查承包单位的资质。

8）施工现场技术、管理环境的检查。

9）组织建设单位、设计单位、承包单位、监理单位共同进行设计交底工作。

2. 施工阶段的监理

施工阶段的监理是监理工作的重中之重，对项目投资、建设质量、建设工期等方面具有很好的控制作用，其工作内容如下：

1）施工前的环境检查，检查内容如下：

① 检查楼层工作区、配线间、设备间的土建工程是否已全部竣工。

② 检查建筑物内顶留地槽、暗管、孔洞的位置、数量、尺寸是否符合设计要求。

③ 检查楼层配线间、设备间是否提供了可靠的施工电源和接地装置。

④ 检查楼层配线间、设备间的面积、环境温度、湿度是否符合设计要求和相关规定。

2）对施工前承包单位的器材检查给予确认，确认内容如下：

① 施工前应对工程所用机架和双绞线器材外观、规格、数量、质量进行检查，是否有

出厂检验证明材料或与设计不符的情况。

② 检查双绞线的电气性能，一般采取在同一批电缆的任意三盘中截出100m长度进行抽样检测的方法。

③ 对光缆进行光纤衰减测试，检查是否应符合出厂测试数值报告。

3）设备安装的随工检查，检查内容如下：

① 检查设备机架和信息插座的规格、外观是否应符合设计要求。

② 检查机柜和安装件是否有油漆脱落现象，检查配线设备、信息插座外观和接触是否良好、齐全，各种螺钉是否紧固，防震加固措施是否良好，安装是否符合工艺要求。

③ 检查双绞线及器材的屏蔽层是否可靠连接，接地措施是否良好。

4）电缆、光缆的布放随工检查及隐蔽工程签证，签证内容如下：

① 检查电缆桥架及槽道安装位置是否正确，安装是否符合工艺要求，接地是否符合设计要求。

② 检查双绞线布放的路由、位置是否正确，是否符合布放线缆工艺要求。

③ 对隐蔽工程进行验收，包括埋在结构内的管路、利用结构钢筋做的避雷引下线、埋设及接地带连接处的焊接、不能进入吊顶内的管路敷设及直埋电缆等。

5）电、光缆终端的随工检查，检查内容如下：

主要检查信息插座、接线模块、光纤插座、各类跳线和接插件接触是否良好、接线有无错误、标志是否齐全、安装是否符合工艺要求。

6）工程电气测试的随工检查，检查内容如下：

① 电气性能测试包括双绞线、信息插座及接线模块的测试。

② 系统测试应包括连接图、长度、衰减、近端串扰等规定的测试内容。

③ 检查系统接地是否符合设计要求。

7）工程验收，验收内容如下：

① 竣工技术文件的清点和交接。

② 考核工程质量，确认验收成果。

3. 工程保修阶段的监理

工程保修阶段的监理重点主要是工程的竣工验收的监理工作，监理的内容包括竣工验收的范围和依据、竣工验收要求、竣工验收程序及内容、竣工验收的组织、竣工文件的归档。

### 4.6.4　能力拓展

综合布线系统工程监理工作的内容多而且具体，主要包括施工招投标阶段、施工准备阶段、施工阶段、检查验收阶段等全过程的监理工作。综合布线系统各阶段的具体工作很多，由于篇幅所限，这里仅介绍各监理阶段的主要内容框架，具体内容可参见其他有关监理内容的教材。

1. 施工招标阶段的工作内容

监理者的工作主要有：审查招、投标单位的资格；参与编制招标文件；参加评标与定标；协助签订施工合同等。

2. 施工准备阶段的监理工作

工程项目开工前，总监理工程师组织专业监理工程师审查承包单位报送的施工组织设计(方案)报审表，并经总监理工程师审核、签认后报建设单位；工程项目开工前，总监理工程师审查承包单位现场项目管理机构的质量管理体系、技术管理体系和质量保证体系并予以确认。监理人员参加由建设单位组织的设计技术交底会，会议纪要由总监理工程师签字确认。

分包工程开工前，监理工程师按专业审查承包单位报送的工程开工审批表及相关资料，具备规定的开工条件时，由总监理工程师签发，并报建设单位。

工程项目开工之前，监理人员参加由建设单位主持召开的第一次工地会议。第一次工地会议纪要由项目监理机构负责起草，并经与会各方代表会签。

3. 施工阶段的监理工作

施工阶段监理的重要工作是对工程质量、工程造价和工程进度进行控制，达到合同规定的目标。

1）施工阶段监理工作的基本内容见表4-2。

2）监理工作参照《建筑与建筑群综合布线工程施工监理暂行规定》，以及有关标准与规范开展工作。

3）在施工过程中，总监理工程师应定期主持召开工地例会，会议纪要应由项目监理机构负责起草，并经与会各方代表会签。工地例会应包括以下主要内容：

① 检查上次例会议定事项的落实情况，分析未完事项的原因。

② 检查分析工程项目进度计划的完成情况，提出下一阶段的进度目标及落实措施。

③ 检查分析工程项目质量状况，针对存在的质量问题提出改进的措施。

④ 检查工程量核定及工程款支付情况。

⑤ 解决需要协调的有关事项。

⑥ 其他有关事宜。

4）总监理工程师或专业监理工程师应根据需要及时组织专题会议，解决施工过程中的专项问题。

4. 工程质量控制

工程质量包括施工质量和系统工程质量。工程质量控制可通过施工质量控制和系统工程检测验收来实现。综合布线系统工程必须遵照《综合布线系统工程验收规范》(GB 50312—2007)执行，确保工程质量。综合布线系统工程质量控制，必须依据该规范开展施工质量检查、随工检验、系统性能测试和竣工验收等工作，具体工作内容如下：

1）施工质量控制(检查)。综合布线系统工程施工质量控制工作包括落实施工前质量检查和随工检验、隐蔽工程检查签证等内容。

2）施工质量控制检查项目主要包括环境检查、器材检查、设备安装检验、线缆敷设和保护方式检验、线缆终接等方面。

3）施工质量控制工程对象，包括综合布线系统的传输链路、线缆、跳线、终端、配线架、连接硬件、集线器、信息插座、线管、线槽、线箱(线盒)、支撑、防护、接地等，以及它们的性能质量。

表 4-2 施工阶段监理工作的基本内容

| 工作名称 | 工作内容 | 人员 | | 可交付成果 | 工作依据 |
|---|---|---|---|---|---|
| | | 负责 | 配合 | | |
| 制订监理规划及准备工作 | 项目总监理工程师主持编制监理规划；各专业监理工程师熟悉施工图及有关技术资料；各专业工程师提出图样会审意见；根据合同规定拟定专业监理岗位责任；进驻现场做准备工作 | 项目总监理工程师 | 各专业监理工程师 | 制订监理规划，提出图样会审意见，确立各专业监理要点和现场监理组内部管理制度 | 合同规定的内容及有关资料 |
| 审查施工组织设计 | 组织各专业监理工程师认真审查施工组织设计；汇总对施工组织设计的审查意见 | 项目总监理工程师 | 各专业监理工程师 | 进行施工组织设计的审查认可工作，提出书面意见 | |
| 工程造价进度、质量目标动态控制 | 按合同要求监督施工单位严格按规范标准和设计图样施工，对整个施工过程进行动态跟踪，主要抓以下工作：检查施工进度计划；审查和会签设计变更，工地洽商；主要材料、构配件和设备复核；核定施工试验报告；检查隐蔽工程；审阅施工记录和安装记录；参加电缆、光纤工程电气性能测试和系统测试；参加综合布线系统系统试运行并签认；审查工程量及付款申请；参与分项分部工程质量验收 | 各专业监理工程师 | 监理员 | 控制工程质量进度和造价 | 有关设计施工规范和设计文件 |
| 质量评定 | 分部质量评定核查，质量综合评定监理意见 | 项目总监理工程师 | 各专业监理工程师 | 填写核查监理意见 | 国家质量验评标准 |
| 工程验收 | 审查施工单位提交的竣工技术资料；项目总监理工程师组织初验；参加建设单位组织的竣工验收工作 | 建设单位、项目总监理工程师 | 各专业监理工程师 | 竣工初验监理审查表 | 依据国家有关工程验收的规定办理 |
| 竣工结算 | 审查工程竣工结算 | 监理工程师 | 各专业监理工程师 | | |

4）监理人员需要检查施工单位的质量保证和质量管理体系，检查质检机构设置、人员配备，检查管理制度是否健全等。

5）施工前，应该对施工环境进行检查，检查内容如下：

① 对进线间、设备间、工作区的土建和环境条件进行检查。

② 土建已全部竣工，预埋地槽、暗管、孔洞、竖井的位置、数量、尺寸、质量均符合设计要求。

③ 接地装置及其接地电阻符合设计要求。

④ 电源插座齐备并且有电。

⑤ 地板、通风、环境等符合设计要求。

6）施工前，对施工用的器材检查，检查内容如下：

① 综合布线系统工程所有线缆、器材、设备硬件的形式、规格、数量、质量在施工前应进行检查，不符合要求的不得使用。

② 线缆检查包括：双绞电缆、光缆及跳线的型式、规格、型号、等级、外观、标志、标签、外护套等。

③ 电缆的电气性能抽验，各种连接器件的抽样测试。

④ 检查光缆合格证及检验测试数据，必要时用光缆测试仪测试光纤衰减和光纤长度。

⑤ 接插件和配线设备的检验：配线模块、信息插座、光纤插座的连接器的型式、数量、位置及保安单元的指标应满足设计要求。光缆、电缆交接设备的型式、规格、编排及标志名称应与设计相符。

⑥ 器材与铁件的检验：各种型材、管材、管道、铁件预埋金属线槽、过线盒、接线盒、桥架等的材质、规格、型号、表面、完整性都应符合设计要求。

7）设备安装随工检验包括：机柜或机架安装、各类配线部件安装、通用插座安装、电缆桥架及线槽安装、所有设备的接地等内容，所有设备安装必须符合《综合布线系统工程验收规范》(GB 50312—2007)和项目设计要求。

8）线缆的敷设和保护措施的随工检验和隐蔽工程签证，具体内容如下：

① 光缆布放分为楼内和楼间(室外)的敷设，楼内又分为线缆桥架及线槽布放和线缆暗敷两种。

② 楼间(室外)布放又分为架空、管道、埋式、隧道等情况。

③ 电缆、光缆敷设和保护措施检验项目、内容。

④ 电缆、光缆的敷设和保护措施要求(例如,对绞电缆与电力线最小净距、电缆和光缆暗管敷设与其他管线最小净距等)必须符合《综合布线系统工程验收规范》(GB 50312—2007)和项目设计要求。

9）线缆端接的随工检验包括：双绞线与通用插座连接、光缆芯线与光纤插座等的连接、各类跳线与接插件间的终端等。所有线缆端接都应符合《综合布线系统工程验收规范》(GB 50312—2007)、项目设计要求、工艺要求(例如光纤连接损耗值要求)。

5. 工程进度控制

1）督促并审查施工单位制订综合布线系统工程安装施工进度计划，并检查各子系统安装施工进度计划是否满足总进度计划和工期要求。

2）检查督促施工单位做出季度、月份各工种的具体计划安排及可行性。

3）按施工计划监督实施工程进度控制和认可工程量，及时发现不能按期完成的工程计划，并分析原因，督促及时调整计划并争取补救措施，确保工程进度。

4）建立工程监理日志制度，详细记录工程进度、质量，并记录设计修改、工地洽商等问题。

5）定期召开例会和相关工程（如机电安装、装饰）进度会议，对进度问题提出监理意见。

6）督促施工单位及时提交施工进度月报表，并审查认定后写出监理月报。

6. 工程造价控制

1）审核施工单位完成的月报工程量。

2）审查和会签设计变更、工地洽商。

3）复核线缆等主要材料、设备和连接硬件。

4）按施工承包合同规定的工程付款办法和审核后的工程量等，审核并签发付款凭证（包括工程进度款、设计变更及洽商款、索赔款等），然后报建设单位。

# 实训三　施工组织设计

## 4.7.1　实训要求

1. 实训目的

通过前面的学习，结合实际案例进行实训，培养综合布线工程师/弱电工程师、现场安全员、质量管理员、综合布线施工人员等，实现岗位对接。通过实训达到以下目的：

1）熟悉项目实施流程。

2）掌握组织分工，岗位职责。

3）掌握施工方案的编制方法。

4）掌握施工管理文件的编制方法。

2. 实训重点

1）掌握施工方案的编制方法。

2）掌握施工管理文件的编制方法。

3. 实训难点

1）掌握施工方案的编制方法。

2）掌握施工管理文件的编制方法。

4. 岗位职责

（1）综合布线工程师/弱电工程师　综合布线工程师/弱电工程师的岗位职责如下：

1）熟悉综合布线工程，负责整个弱电系统方案设计、安装调试等。

2）能独立设计综合布线工程方案。

3）能独立负责弱电系统方案审核和深化设计。

4）能够独立完成项目的现场实施、协调和管理工作。

5）熟练运用专业软件、AutoCAD 和常用办公软件对项目进行管理。

6）有良好的个人素养和口头表达能力，能独立讲解工程方案。

7）沟通能力良好、有较强的团队精神、责任心强、勇于吃苦。

（2）现场安全员　现场安全员岗位职责如下：

1）负责工程项目的安全技术工作。

2）负责对施工人员进行业务指导，施工现场的安全巡检。

3）负责或参与制定、修订安全生产管理制度和安全技术操作规程。

4）负责编制工程安全技术措施计划和隐患整改方案，及时上报和检查落实。

5）负责施工人员的安全思想、安全技术教育工作。

（3）质量管理员　质量管理员的岗位职责如下：

1）负责工程质量管理工作。

2）负责各种器材检验、检查。

3）负责随工质量检验、检查。

4）负责编制工程质量计划和隐患整改方案，及时上报和检查落实。

（4）综合布线施工人员　综合布线施工人员的岗位职责如下：

1）熟悉网络布设、综合布线、监控系统及综合智能化系统的安装与调试。

2）具有优秀的道德品质，为人正派。

3）无不良记录，能够服从公司调度、能出差，遵守公司规章制度和国家的法律法规，具有团队合作精神。

4）善于沟通，性格开朗外向，吃苦耐劳，有上进心，有团队敬业精神，工作认真负责、服从公司安排。

（5）预算员　预算员的岗位职责如下：

1）掌握 AutoCAD、Office 等相关计算机软件。

2）熟悉通信项目概算、预算编制办法，能独立完成预算、竣工决算文件的制作。

3）负责通信工程现场勘测、方案设计、编制预算、方案会审及相关工作。

4）负责与各运营商、设计院、建设单位、审计公司相关人员沟通和协调。

5）沟通能力良好、有较强的团队精神、责任心强、勇于吃苦。

### 4.7.2　实训案例

某通信工程有限公司项目经理接到综合布线工程任务后，经研究确定了如下工作流程：

1）组建项目团队，制订施工方案。

2）现场勘察。

3）施工组织设计。

4）制订施工计划。

5）实施准备。

6）项目实施。

7）测试验收。

为保证项目保质保量完成，质量管理部按照 ISO9000 质量管理体系的要求，制订了相应的管理细则、质量目标、质量考核点。在项目实施启动前，安全管理人员制定安全生产制度，完善安全操作规程，对项目实施人员进行安全教育、安全培训；特殊工种操作人员必须持证上岗；为高空作业人员配备相应的安全设备、安全设施；为项目实施人员缴纳意外伤害保险。

项目经理组织召开项目技术交底会，在会议上对该项目进行详细解读，明确各自的岗位职责、质量标准、进度安排、绩效考核标准等，建立健全了质量巡检制度、每周例会制度等相关的管理规定，项目团队编制详细的施工文档。

各学校结合自身特点，可适当安排一些相关行业标准与规范的解读课程，开展相应的培训。建议各高校按照课程进度与学生能力，结合“××综合布线系统建设施工组织设计”参考案例，自行选择课程实施。

## ××综合布线系统建设施工组织设计

1. 施工方案设计的依据

《商业建筑物综合布线系统国际标准》(ISO/IEC 11801)。

《商业建筑物综合布线系统美国标准》(EIA/TIA 568A/B)。

《通信布线管线和空间设计施工标准》(EIA/TIA 569)。

《综合布线系统工程设计规范》(GB 50311—2007)。

《综合布线系统工程验收规范》(GB 50312—2007)。

ISO/IEC 11801 和 EIA/TIA-568A/B 是开放式布线系统设计依据的两个重要标准。它们对开放式布线系统的产品性能参数、系统设计方法和端接配件安装都作了明确规定。EIA/TIA 569 是为了配合以上标准对开放式布线系统施工制定的标准。《综合布线系统工程设计规范》、《综合布线系统工程验收规范》是适合我国国情的标准。

2. 施工设计要求

在开放式布线系统施工设计阶段就考虑在工程施工的全过程如何对工程质量做出有效的管理和监控。为了保证工程质量，开放式布线系统施工设计应解决好以下几方面的问题：

（1）施工设计　对建筑物结构做出详细勘测之后，同建设单位一起规划出管线施工图。施工设计的合理性对工程质量是至关重要的。

（2）施工过程　施工过程的工艺水平与工程质量有直接的关系，通过细化安装操作的各个环节来保证对施工质量的控制。一般将整个施工过程分成三个环节，即管道安装、拉线安装和配件端接。

（3）施工管理　为工程实施制订详尽的流程，以便于对工程施工的管理。施工流程控制要求达到两个目的：保证工艺质量和及时纠正出现的问题。

（4）质量控制　由建设单位和施工单位的项目经理组成质量监督小组，并编制质量控制日志。

3. 管道材料选择和施工要求

（1）配线子系统　配线子系统的走线管道由两部分构成：一部分是每层楼内放置水平传输介质的总线槽，另一部分是将传输介质引向各房间信息接口的分线管或线槽。从总线槽到分线槽或线管需要有过渡连接。

总线槽要求宽度与高度的比例为3:1，在线槽中放置的双绞线应不超过三层。如果在线槽中放置的双绞线密度过大，会影响底层双绞线的传输性能。

水平线槽存在多处转弯时，在转弯处应留有足够大的空间，以保证双绞线有充分的弯曲半径。根据 EIA/TIA 569 标准的规定，超 5 类 4 对非屏蔽双绞线的弯曲半径应不小于线径的 8 倍。最新的标准认为，弯曲半径大于线径的 4 倍已可以满足传输要求了。但有一点是重要的，即保持足够大的弯曲半径可以保证系统的传输性能。

在水平线槽的转弯处应有垫衬，以减小拉线时的摩擦力，水平子系统线槽或线管应采用镀锌铁槽或铁管。

双绞线和光缆对安装有不同的要求，如果双绞线垂直放置于竖井之内，由于自身的重量牵拉，日久之后会使双绞线的绞合发生一定程度的改变，这种改变对传输语音的三类线来说影响不是太大，但对需要传输高速数据的超 5 类线，这个问题是不能被忽略的，因此设计垂直竖井内的线槽时应仔细考虑双绞线的固定。双绞线固定时的用力的大小是很重要的一种技巧，如果扎线太紧可能会降低串扰值，从而影响双绞线的传输性能。

双绞线一般应按下列要求敷设：

1）双绞线的型号、规格应与设计规定相符。

2）双绞线的布放应自然平直，不得产生扭绞、打圈接头等现象，不应受外力的挤压和损伤。

3）双绞线两端应贴有标签，应标明编号，标签书写应清晰、端正和正确。标签应选用不易损坏的材料。

4）双绞线端接后，应留有余量。接线间、设备间内的双绞线预留长度宜为 0.5 ~ 1.0m；光缆布放宜盘留，预留长度宜为 3 ~ 5m，有特殊要求的应按设计要求预留长度。

双绞线的弯曲半径应符合下列规定：

1）非屏蔽双绞线的弯曲半径应至少为电缆外径的 4 倍。

2）屏蔽双绞线的弯曲半径应至少为电缆外径的 6 ~ 10 倍。

3）主干电缆的弯曲半径应至少为电缆外径的 10 倍。

4）光缆的弯曲半径应至少为光缆外径的 15 倍。

电源线、综合布线系统线缆应分隔布放，线缆间的最小净距应符合设计要求。在暗管或线槽中线缆敷设完毕后，宜在通道两端出口处用填充材料进行封堵。

预埋线槽和暗管敷设线缆应符合下列规定：

1）敷设线槽的两端宜用标志表示出编号和长度等内容。

2）敷设暗管宜采用钢管或阻燃硬质 PVC 管。布放多层屏蔽电缆、扁平线缆和大对数主干光缆时，直线管道的管径利用率为 50% ~ 60%，弯管道应为 40% ~ 50%。暗管布放双绞线或 4 芯以下光缆时，管道的截面利用率应为 25% ~ 30%。预埋线槽宜采用金属线槽，线槽的截面利用率不应超过 50%。

设置电缆桥架和线槽敷设双绞线应符合下列规定：

1）电缆线槽、桥架宜高出地面 2.2m 以上。线槽和桥架顶部距楼板不宜小于 30mm，在过梁或其他障碍物处，不宜小于 50mm。

2）槽内线缆布放应顺直，尽量不交叉；在线缆进出线槽部位、转弯处应绑扎固定，其水平部分双绞线可以不绑扎；垂直线槽布放双绞线应每隔 1.5m 固定在线缆支架上。

3）电缆桥架内双绞线垂直敷设时，在双绞线的上端和每隔 1.5m 处应固定在桥架的支架上；水平敷设时，在线缆的首、尾、转弯及每隔 5～10m 处进行固定。

4）在水平、垂直桥架和垂直线槽中敷设双绞线时，应对双绞线进行绑扎。双绞线、光缆及其他信号电缆应根据线缆的类别、数量、缆径、线缆芯数分束绑扎。绑扎间距不宜大于 1.5m，间距应均匀，松紧适度。

5）楼内光缆宜在金属线槽中敷设，在桥架敷设时应在绑扎固定段加装垫套，防止磨损。

6）采用吊顶支承柱作为线槽在顶棚内敷设线缆时，每根支承柱所辖范围内的线缆可以不设置线槽进行布放，但应分束绑扎，线缆护套应阻燃，线缆选用应符合设计要求。

7）建筑群子系统采用架空、管道、直埋、墙壁及暗管敷设电缆、光缆的，施工技术要求应按照本地网通信线路工程验收的相关规定执行。

预埋暗管保护要求如下：

1）预埋在墙体中间的最大管径不宜超过 50mm，楼板中暗管的最大管径不宜超过 25mm。

2）直线敷设管线每 30m 处应设置过线盒装置。

3）暗管的转弯角度应大于 90°，在路径上每根暗管的转弯不得多于 2 个，并不应有 S 弯出现，有弯头的管段长度超过 20m 时，应设置管线过线盒装置；有 2 个弯时，每隔 15m 应设置过线盒。

4）暗管转弯的曲率半径不应小于该管外径的 6 倍；当暗管外径大于 50mm 时，曲率半径不应小于外径的 10 倍。

5）暗管管口应光滑，并加有护口保护，管口伸出部位宜为 25～50mm。

采用地板线缆敷设方式进行施工时，保护要求如下：

1）线槽之间应沟通。

2）线槽盖板应可开启。

3）主线槽的宽度由网络地板盖板的宽度而定，一般宜为 200mm 左右，分线槽宽不宜小于 70mm。

4）地板块应抗压、抗冲击和阻燃。

5）塑料线槽槽底固定点间距一般宜为 1m。

6）铺设活动地板敷设线缆时，活动地板内净空应为 150～300mm。

采用公用立柱作为顶棚支承柱时，可在立柱中布放线缆。立柱支撑点宜避开沟槽和线槽位置，支撑应牢固。立柱中电力线和双绞线统一布放时，中间应有金属板隔开，间距应符合设计要求。

（2）干线子系统　干线子系统用于大楼内部的传输，一般采用多对数双绞线或光缆，光缆有极强的抗干扰能力，所以安装后不会发生如双绞线那样的问题，但光纤本身较为脆弱，强力牵拉或弯折会使纤芯折断，因此安装时应由有经验的工程师在现场指导。

光缆的架设可以采用架空、直埋、管道等方法。直埋时，应在光缆经过的地方做警告标志，以防以后的施工破坏。

由于光缆的纤芯是石英玻璃的，极易弄断，所以在施工时绝对不允许超过允许的最小弯曲半径，捆扎时至少为光纤外径的10倍，拉线时至少为光纤外径的15倍。其次，光纤的抗拉强度比铜缆小，因此在施工时，决不允许超过抗拉强度(46N)。

光纤配线架分挂墙式、机架式两种，根据端接光纤数目可分为24口、48口、72口三种，配线架上有适配板，用来安装耦合器。

光缆进入配线架前要适当地捆扎，进入配线架之后要预留有一定备用线缆，以方便安装、维护，备用的线缆应盘在光纤配线架的卷轴上。

(3) 设备间　设备间是工程施工中考虑最复杂的部分，这部分施工应充分考虑环境影响和端接工艺的影响。

电磁辐射是考虑设备间子系统建设环境的主要因素。电磁辐射的影响主要来自两个方面，一是环境对系统传输的影响，二是系统在信息传输过程中对环境设备的影响。在建筑物内，环境对系统传输的影响主要来自强电磁辐射源，如电台、建筑物内的电梯、大功率电动机、UPS电源等。如果环境中这些干扰源的影响较大，应考虑采取屏蔽措施，或选择距离较远的位置。

在设备间子系统建设还要考虑环境的通风、照明、酸碱度、湿度等条件，这些因素将对端接配件造成腐蚀和老化，日久之后会影响系统的性能，端接配件最好安装在机柜或墙柜内。

(4) 工作区子系统　工作区子系统在施工时要考虑的因素较多，因为不同的房间环境要求不同的信息插座与其配合。在施工设计时，应尽可能考虑建设单位对室内布局的需要，同时又要考虑从信息插座连接应用设备(如计算机、电话等)时的方便和安全。

墙壁安装型信息插座一般考虑嵌入式安装。在国内采用的是标准的86型墙盒，该墙盒为正方形，规格为80mm×80mm，螺钉孔间距为60mm。安装时，信息插座与电源插座的间距应大于20cm。

桌上型插座应考虑和家具、办公桌协调，同时应考虑安装位置的安全性。安装时，信息插座与电源插座的间距应大于20cm。

4. 施工过程要求

施工过程由三个方面组成：管道安装、拉线安装和配件端接。

(1) 管道安装　管道安装由具有相关资质的施工单位完成，工艺质量满足有关的施工规范和相关的标准。布线桥架的焊接、线槽的过渡连接满足国家电工标准中对强电安装的工艺和安全要求。

(2) 拉线安装　综合布线系统对拉线施工的技能要求较其他布线高得多，这主要是由传输介质的特点决定的。在综合布线系统中，通常采用的传输介质有两种类型，一类为双绞线，另一类为光缆。它们的材料构成和传输特征虽然不同，但在拉线安装时，都要求轻拉轻放，不规范的施工操作有可能导致传输性能的降低，甚至线缆损伤。

在施工中经常可以看到下列情况：

1) 双绞线外包覆皮起皱或撕裂，这是由于拉力过大和线槽的转角、过渡连接不符合要求造成的。

2) 双绞线外包覆皮光滑，看不出问题，但用仪表测量时发现传输性能达不到要求，这是由于拉线时拉力过大，使双绞线的长度拉长、绞合拉直造成的。这种情况用于语音和10Mbit/s以下的数据传输时，影响也许不太大，但用于高速数据传输时则会产生严重的问题。

3）光缆没有光信号通过，这是由于拉线时操作不当，光缆严重弯折使纤芯断裂造成的，这种情况常见于光纤布线的弯折之处。

为了避免施工中出现上述问题，保证施工的质量，按照有关规范的要求，施工规定如下：

1）拉线时每段线的长度不超过20m，超过部分必须有人接送。

2）在线路转弯处必须有人接送。

（3）配件端接　配件端接的工艺水平将直接影响布线系统的性能，公司对其严格把关，所有的端接操作都将由专业工程师完成。

5. 施工工艺技术要求

1）严格按图样施工。在保证系统功能质量的前提下，提高工艺标准要求，确保施工质量。

2）预埋(留)位置准确、无遗漏。

3）管路两端设备处导线应根据实际情况留有足够的冗余。导线两端应按照图样提供的线号用标签进行标志，根据线色来进行端子接线，并应在图样上进行标志，作为施工资料进行存档。

4）设备安装牢固、美观，资料整理正规、完整、无遗漏，各种现场变更手续齐全有效。

在综合布线系统中，大多信号都是电流信号或数字信号，故对电缆的敷设工作应注意以下几点：

1）电缆敷设必须设专人指挥，在敷设前向全体施工人员交底，说明敷设电缆的根数，始末端的编号、工艺要求及安全注意事项。

2）敷设电缆前要准备标志牌，标明电缆的编号、型号、规格、图位号、起始地点。

3）在敷设电缆之前，先检查所有槽、管是否已经完成并符合要求，路由与拟安装信息口的位置是否与设计相符，确定有无遗漏。

4）检查预埋管是否畅通，辅助工艺是否健全。

5）施工前对管路进行检查，进行管路清扫、打磨管口。清除管内杂物及积水，有条件时应使用压缩空气吹入滑石粉风保证施工质量。所有金属线槽盖板、护边均应打磨，无毛刺，以免划伤电缆。

6）核对电缆的规格和型号。

7）在管内穿线时，要避免电缆受到过度拉伸，以便保护线的对绞距。

8）布放双绞线时，双绞线不能放成死角或打结，以保证双绞线的性能良好。在水平线槽中敷设电缆时，电缆应顺直，尽量避免交叉。

9）做好放线保护，不能损坏保护套和踩踏双绞线。

10）对于有安装顶棚的区域，所有的水平双绞线敷设工作必须在顶棚施工前完成；所有双绞线不应外露。

11）楼层配线间、设备间端的预留长度(从线槽到地面再返上)：铜缆3~5m，光缆7~

9m，信息出口端预留长度0.4m。

12）双绞线在敷设时，两端应做好标记，线缆标记要表示清楚，在一根双绞线的两端必须有一致的标记，线标应清晰可读。做线标时，要求以左手拿线头，线尾向右，以便于以后线号的确认。

13）垂直线缆在施工时应自上而下进行。

14）光缆应尽量避免重物挤压。

15）施工穿线时做好临时绑扎，避免垂直拉紧后再绑扎，以减少重力下垂对线缆性能的影响。主干线施工结束，进行整体绑扎，要求绑扎间距≤1.5m。光缆应实行单独绑扎，绑扎时如有弯曲，应满足不小于10cm的弯曲半径。

16）安装在地下的电缆必须有屏蔽铝箔片，防止潮气对线缆的影响。

17）电缆在安装时要进行必要的检查，不可有损伤。

18）安装电缆时要确保各电缆的温度高于5℃。

19）填写好放线记录表，记录中主干铜缆或光纤给定的编号应明确楼层号、序号。

20）电缆敷设完毕后，两端必须留有足够的长度，各拐弯处，直线段应整理后得到指挥人员的确认，符合设计要求方可掐断。

21）线槽内线缆布放完毕后应盖好槽盖，满足防火、防潮、防鼠害的要求。

6. 机柜(箱)内接线

机柜(箱)内接线质量直接影响综合布线系统的信号传输质量。因此，机柜(箱)内接线施工方案如下：

1）按设计安装图进行机架、机柜安装，安装螺钉必须拧紧。

2）机架、机柜安装应与进线位置对准；安装时，应调整好水平、垂直度，偏差不应大于3mm。

3）按供货商提供的安装图、设计布置图进行配线架安装。

4）机架、机柜、配线架的金属基座都应做好接地连接。

5）核对电缆编号无误。

6）端接前，机柜内线缆应做好绑扎，绑扎要整齐美观，应留有1m左右的移动余量。

7）剥除电缆护套时应采用专用剥线器，不得剥伤绝缘层，电缆中间不得产生断接现象。

8）端接前需要准备好配线架端接表，电缆端接依照端接表进行。

9）来自现场进入机柜(箱)内的电缆首先要进行校验编号。

10）来自现场进入机柜(箱)内的电缆要进行固定。

11）来自现场进入机柜(箱)内的电缆应留有一定的余量。

12）来自现场进入机柜(箱)内的电缆一般不允许有接头。

13）来自现场进入机柜(箱)内的电缆要尽量避免相互交叉。

14）按图施工，接线正确，使线缆连接牢固、接触良好，做到配线整齐、美观、标牌清晰。

15）选用同一区段的电缆跳线颜色要尽可能统一，便于安装调试和日常维护。

7. 接地保护要求

为避免噪声对信号的干扰，综合布线系统的接地保护要求如下：

1）采用桥架接地方法，应用不小于2.5mm$^2$的铜塑线与主体钢筋接地。

2）各机柜、机箱的接地电阻不大于1Ω。

3）机房设备采取两种独立的接地方式：工作接地和联合接地。工作接地电阻不大于4Ω，联合接地电阻不大于1Ω。

8. 施工管理和控制

施工管理要求达到两个目的：

1）控制整个施工过程，确保每一道工序井井有条，工序与工序之间协调配合。

2）密切掌握每天的工程进展和质量，发现问题及时纠正。

为了实现上述目标，制定以下全面质量管理的措施：

1）实行施工责任人负责制。由项目经理和建设单位的专业技术人员负责监督，由管道、拉线和端接梯队的负责人组成质量控制小组，负责工程进度和工程质量。

2）进场退场签名。每个施工小组的人员在进场和退场时都需在考勤表上签名并写清时间，中间离开也不例外。

3）填写施工日志。每个施工小组的小组长每天都要在日志表上如实填写每天的施工进展，梯队负责人填写质量检查情况。

4）每层楼每道工序完成后，由项目经理和建设单位负责人进行检验，并填写施工过程质量检验表，由双方检验负责人签字。

通过严格的管理，才能做到工程质量可靠，端接配件工艺完善，线路排列整齐划一。

9. 确保工程施工质量的技术组织措施

（1）质量管理的标准　按照ISO9001质量管理体系的要求建立和完善质量体系，确保工程安装质量符合设计规定的要求，并针对设计、开发、生产、安装、服务过程制定质量措施，确保工程项目、产品质量满足合同规定的要求，该质量体系将适用于工程实施的全过程。

（2）质量管理的环节　严格按照ISO9001质量管理体系要求执行，并在整个施工过程中，切实抓好以下环节：

1）施工图的规范化和制图的质量标准。

2）管线施工的质量检查和监督。

3）配线规格的审查和质量要求。

4）配线施工的质量检查和监督。

5）现场设备或前端设备的质量检查和监督。

6）主控设备的质量检查和监督。

7）调试大纲的审核和实施及质量监督。

8）系统运行时的参数统计和质量分析。

9）系统验收的步骤和方法。

10）系统验收的质量标准。

11）系统操作与运行管理的规范与要求。

12）系统的保养和维修的规范与要求。

13）年检的记录和系统运行总结等。

（3）质量活动实施和控制的方法　质量活动实施和控制的方法是质量管理关键环节，

采取适当的措施可以起到事半功倍的效果，建议采用如下方法：

1）设备、材料进场时，应由建设单位、监理单位及施工单位的管理人员对照合同对进场设备的型号、质量、数量进行审定并做出书面签字，不符合合同要求的产品决不能进场。

2）隐蔽工程覆盖前，提前48h通知建设单位和监理单位进行中间验收，以确保隐蔽工程的质量。对验收记录进行存档，竣工时移交给建设单位。

3）完善项目管理制度，采用项目经理负责制，明确责任划分。严格按图样施工，在保证系统功能质量的前提下，提高工艺标准要求，确保施工质量。

4）落实质量检查制度，现场管理人员将定期进行质量检查并贯穿到整个施工过程中。

5）各分项工程应严格按操作规程作业，各分组负责人对自己所承担的工程负全面责任。

6）在施工过程中由项目经理及各分组负责人每天不定期检查，发现质量问题当场口头传达解决。次日如再次发现同样的问题并未解决，则再次口头传达限期解决；如若还不能解决，则给予书面通知并进行奖金扣罚，扣罚金额大小由项目经理酌情而定。

7）对建设单位和监理公司提出工程问题的书面文件，核实整改后立即反馈。

8）调试时的资料妥善保存，在竣工时提供给建设单位，以使工程交付后，建设单位能尽快熟悉各系统并进行维护。

9）当设备安装完毕并调试运行无误后，由施工单位派现场调试人员进行系统联调，并向建设单位提交调试报告。所承担的工程项目全部完成后，书面通知建设单位进行系统运行验收。建设单位可会同主管部门或组织专家按合同所规定的设计及技术要求进行验收并办理验收手续。

10. 确保安全生产的有关措施

采取必要措施加强对施工队伍的人身安全、设备安全的教育，对每一道安装工序要设专人负责，严把各种材料进场质量关、设备验收关、安装质量关。采取动态管理与静态管理相结合的方法，实时控制各道工序。确保安全生产的有关操作规程与措施摘要如下：

1）加强安全生产和消防工作，所有现场施工的人员均需接受安全生产和消防保卫的教育，以提高安全生产和消防保卫的思想意识、自我保护意识。

2）必须严格执行有关的安全规程、条例，严格遵守现场总承包单位的有关安全生产的规章制度，服从现场安全人员的检查。执行开工前安全会的安全交底制度，对安全注意事项要反复给予说明。

3）设备、材料应按工程进度计划进入现场，并按规定地点整齐堆放，坚持“谁施工，谁管理”的原则，使整个工作区达到文明施工。

4）对于出现的安全事故或未遂事故，要按“三不放过”的原则进行处理，使责任者或当事人受到教育，并做好防范工作。

5）进入施工现场必须戴安全帽，身着便于施工操作的服装，穿防滑鞋。

6）使用梯子时，应放置安全稳固，至少一人操作，一人进行安全监护。

7）高空作业要搭脚手架、挂安全网、系安全带。

8）使用手持电动工具，在线路首端必须接漏电保护器。

9）特种作业人员必须经过专业培训合格后上岗，有效禁止违章、违规作业。

10）现场施工配线、临时用线严禁架设在脚手架、树枝上。

11）施工现场临时配电箱要零、地分开，采用三相五线制配线，非电工人员不得擅自接线。

12）在潮湿场地，必须使用36V以下安全电压照明。

13）施工中间严禁酒后上岗作业，防止酒后滋事及意外事故的发生。

14）工作现场严禁吸烟，防止火灾发生。

15）禁止违章指挥，施工人员有权拒绝违反安全规定的作业指令。

### 11. 施工用质量管理文件

为确保工程施工质量，施工单位全面推行ISO9000质量管理体系，保证项目在规定时间内高质量地完成。按照ISO9000质量管理体系的要求，施工单位在施工过程中所用的质量管理文件如下：

（1）前期准备阶段　前期准备阶段所需的质量管理文件如下：

1）现场勘察纪要。

2）施工组织方案及项目团队各成员名录和联系方式。

3）工程施工任务书。

4）工程进度计划表。

5）材料设备供货时间表。

6）技术交底记录。

7）前期准备会议纪要。

8）工程成本预核算。

9）材料设备进场报验单。

（2）工程实施阶段　工程实施阶段所需的质量管理文件如下：

1）立项表。

2）合同。

3）技术设计方案。

4）开工报告。

5）工程设计变更。

6）工程进度计划表变更。

7）工程洽商记录。

8）施工日志。

9）周工作报告。

10）工程会议纪要。

11）质量工作实施情况检查记录。

12）隐蔽工程验收记录。

13）分部/项工程预验收记录。

（3）工程验收阶段　工程验收阶段所需的质量管理文件如下：

1）请验报告。

2）验收报告。

3）相关技术文档列表。

4）相关技术文档模板。

5）系统试运行记录。

6）工程移交纪要。

7）记录整理归档及移交。

8）结算。

9）工程总结报告。

10）发文登记表。

11）收文登记表。

（4）售后维护阶段　售后维护阶段所需的质量管理文件如下：

1）建设单位现场维护记录。

2）建设单位回访信息记录。

3）建设单位培训计划。

4）建设单位投诉处理记录。

以上的文件是工程建设质量管理工作中所用到的部分文件，本次实训主要以在工程实施阶段所需要的质量管理文件为主，样例如下所示。

**现场主要人员分工名录**

<table>
<tr><th>序号</th><th>职位名称</th><th>姓名</th><th>联系电话</th><th>E-mail</th></tr>
<tr><td>1</td><td>项目经理</td><td></td><td></td><td></td></tr>
<tr><td rowspan="4">2</td><td rowspan="4">综合布线工程师</td><td></td><td></td><td></td></tr>
<tr><td></td><td></td><td></td></tr>
<tr><td></td><td></td><td></td></tr>
<tr><td></td><td></td><td></td></tr>
<tr><td>3</td><td>安全员</td><td></td><td></td><td></td></tr>
<tr><td>4</td><td>质检员</td><td></td><td></td><td></td></tr>
<tr><td>5</td><td>预算员</td><td></td><td></td><td></td></tr>
<tr><td rowspan="4">6</td><td rowspan="4">工程实施人员</td><td></td><td></td><td></td></tr>
<tr><td></td><td></td><td></td></tr>
<tr><td></td><td></td><td></td></tr>
<tr><td></td><td></td><td></td></tr>
</table>

## 工程施工任务书

| 工程名称 | | 工程地点 | |
|---|---|---|---|
| 工程类型 | | 合同编号 | |
| 销售项目负责人 | | 项目经理 | |
| 要求开工时间 | | 要求竣工时间 | |
| 施工任务描述： | | | |
| 任务要求： | | | |
| 交接文件资料清单： | | | |
| 工程实施有关联系人及联系方式： | | | |
| 下达人： | 年　月　日 | 承接人： | 年　月　日 |

注：1. 本记录适用于项目部实施项目任务分配阶段，由公司授权代表下达。

2. 本记录由项目部填写，项目经理、销售项目负责人接收并保存。

## 工程施工进度计划总表

| 序号 | 工作内容 | 起止时间 | | | | | | | | | | | | | | | | | |
|---|---|---|---|---|---|---|---|---|---|---|---|---|---|---|---|---|---|---|---|
| | | （ ）月 | | | | | | | | （ ）月 | | | | | | | | （ ）月 | |
| | | 1 | 5 | 9 | 13 | 17 | 21 | 25 | 29 | 2 | 6 | 10 | 14 | 18 | 22 | 26 | 30 | 4 | 8 |
| 一 | 综合布线系统 | | | | | | | | | | | | | | | | | | |
| 1 | 墙面剔槽 | | | | | | | | | | | | | | | | | | |
| 2 | 桥架架设 | | | | | | | | | | | | | | | | | | |
| 3 | 配管安装 | | | | | | | | | | | | | | | | | | |
| 4 | 双绞线敷设 | | | | | | | | | | | | | | | | | | |
| 5 | 模块卡接 | | | | | | | | | | | | | | | | | | |
| 6 | 机柜安装、配线架安装卡接 | | | | | | | | | | | | | | | | | | |
| 7 | 测试 | | | | | | | | | | | | | | | | | | |
| 二 | 网络系统 | | | | | | | | | | | | | | | | | | |
| 1 | 设备安装 | | | | | | | | | | | | | | | | | | |
| 2 | 路由器调试 | | | | | | | | | | | | | | | | | | |
| 3 | 交换机调试 | | | | | | | | | | | | | | | | | | |
| 三 | PBX系统 | | | | | | | | | | | | | | | | | | |
| 1 | 设备安装 | | | | | | | | | | | | | | | | | | |
| 2 | 双绞线端接 | | | | | | | | | | | | | | | | | | |
| 3 | PBX调试 | | | | | | | | | | | | | | | | | | |
| 4 | 电话分配 | | | | | | | | | | | | | | | | | | |
| 5 | 系统联调 | | | | | | | | | | | | | | | | | | |
| 四 | 验收 | | | | | | | | | | | | | | | | | | |
| 1 | 报验 | | | | | | | | | | | | | | | | | | |
| 2 | 材料文档整理 | | | | | | | | | | | | | | | | | | |
| 3 | 系统验收 | | | | | | | | | | | | | | | | | | |

注：1.以上所列项可以进行调整，具体工程内容不同，工期也不同，根据时间递进可随时根据实际工程情况进行调整。

2.以上内容由项目部协商制订，由项目经理编制，并分发给项目团队各成员及各自部门经理和建设单位、监理、总包等。

## 技术交底纪要

年　月　日

<table>
<tr><td>工程名称</td><td></td><td>工程地址</td><td></td></tr>
<tr><td>工程类型</td><td></td><td>合同编号</td><td></td></tr>
<tr><td>参加人员</td><td colspan="3"></td></tr>
<tr><td colspan="4">内容：</td></tr>
</table>

| 提出单位 | 设计单位 | 建设单位 | 工程监理 | 安装单位 |
|---|---|---|---|---|
| | | | | |
| 代表签字 | 代表签字 | 代表签字 | 代表签字 | 代表签字 |
| | | | | |

## 会 议 纪 要

批　　号　　　　　　　　　　　　　　　　　　　页　　数

会议主题________________________　　　　　　　会议日期________________________

主 持 人________________________　　　　　　　会议地点________________________

参加人员____________________________________________________________________

签发：

日期：20　年　月　日

抄报：（上级）

抄送：（平级、下级）

## 设备材料进货检验单

编号：

<table>
<tr><td colspan="2">工程名称</td><td></td><td colspan="2">检验日期</td><td>20　年　月　日</td></tr>
<tr><td colspan="2">供货商名称</td><td></td><td colspan="2">经手人</td><td></td></tr>
<tr><td colspan="2">类别(国产/进口)</td><td></td><td colspan="2">到货日期</td><td>20　年　月　日</td></tr>
<tr><td>序号</td><td>设备材料名称</td><td>型号/规格</td><td>单位</td><td>数量</td><td>检验/验证结果</td></tr>
<tr><td>1</td><td></td><td></td><td></td><td></td><td></td></tr>
<tr><td>2</td><td></td><td></td><td></td><td></td><td></td></tr>
<tr><td>3</td><td></td><td></td><td></td><td></td><td></td></tr>
<tr><td>4</td><td></td><td></td><td></td><td></td><td></td></tr>
<tr><td>5</td><td></td><td></td><td></td><td></td><td></td></tr>
<tr><td>6</td><td></td><td></td><td></td><td></td><td></td></tr>
<tr><td>7</td><td></td><td></td><td></td><td></td><td></td></tr>
<tr><td>8</td><td></td><td></td><td></td><td></td><td></td></tr>
<tr><td>9</td><td></td><td></td><td></td><td></td><td></td></tr>
<tr><td>10</td><td></td><td></td><td></td><td></td><td></td></tr>
<tr><td>11</td><td></td><td></td><td></td><td></td><td></td></tr>
<tr><td>12</td><td></td><td></td><td></td><td></td><td></td></tr>
<tr><td>13</td><td></td><td></td><td></td><td></td><td></td></tr>
<tr><td>14</td><td></td><td></td><td></td><td></td><td></td></tr>
<tr><td colspan="2">检验意见</td><td colspan="4">签字：　　年　月　日</td></tr>
<tr><td colspan="2">验证意见</td><td colspan="4">签字：　　年　月　日</td></tr>
<tr><td colspan="2">接收意见</td><td colspan="4">签字：　　年　月　日</td></tr>
</table>

注：1. 本记录适用于采购物资进货前进行的进货检验。

2. 由库管部门进货检验员填写并存档。

3. 本记录进货设备材料类别应与采购计划或合同要求相对应。

4. 对于大批量设备材料的进货检验需填写本记录。一般情况下，进货检验不合格的物资不准接收。

工程开工报告

<table>
<tr><td>建设单位</td><td></td><td>工程编号</td><td></td><td>工程名称</td><td></td></tr>
<tr><td>批准机关</td><td></td><td>批准文号</td><td></td><td>资金来源</td><td></td></tr>
<tr><td>设计单位</td><td></td><td>出图日期</td><td></td><td>工 程 量</td><td></td></tr>
<tr><td>计划开工时间</td><td></td><td>计划竣工时间</td><td></td><td>投资金额</td><td></td></tr>
<tr><td colspan="6">工程简要内容：</td></tr>
<tr><td colspan="6">工程准备情况：</td></tr>
<tr><td colspan="2">施工单位：<br><br>年　月　日</td><td colspan="2">建设单位：<br><br>年　月　日</td><td colspan="2">工程监理：<br><br>年　月　日</td></tr>
<tr><td colspan="6">主管部门审批：<br><br>年　月　日</td></tr>
</table>

## 设计变更记录

<table>
<tr><td>工程名称</td><td></td><td>编号</td><td></td></tr>
<tr><td>项目</td><td></td><td>日期</td><td></td></tr>
<tr><td colspan="4">变更原因：</td></tr>
<tr><td colspan="4">变更内容：</td></tr>
</table>

| 建设单位 | 设计单位 | 监理单位 | 施工单位 |
|---|---|---|---|
| | | | |

## 工程洽商记录

<table>
<tr><td colspan="2">工程名称</td><td colspan="2"></td><td>专业名称</td><td></td></tr>
<tr><td colspan="2">提出单位名称</td><td colspan="2"></td><td>日期</td><td>20　年　　月　　日</td></tr>
<tr><td colspan="2">内容提要</td><td colspan="4"></td></tr>
<tr><td>序号</td><td>图号</td><td colspan="4">洽商内容</td></tr>
<tr><td></td><td></td><td colspan="4"></td></tr>
<tr><td rowspan="2">签字栏</td><td>建设单位</td><td>监理单位</td><td>设计单位</td><td colspan="2">施工单位</td></tr>
<tr><td></td><td></td><td></td><td colspan="2"></td></tr>
</table>

注：1. 本表由建设单位、监理单位、施工单位各保存一份。

2. 涉及图样修改的必须注明应修改图样的图号。

3. 不可将不同专业的工程洽商办理在同一份洽商上。

4. “专业名称”栏应按专业填写，如建筑、结构、给水排水、电气、通风空调等。

## 施工日志

工程名称：　　　　　　　　　　　　　　施工时期：　　　　20 ____年____月____日

项目经理：　　　　　　　　　　　　　　填 写 人：

| | |
|---|---|
| 当天施工计划 | |
| 当天实际施工情况 | |
| 施工中遇到的问题 | |
| 解决方案 | |
| 明天施工计划 | |

## 每周工作报告

报告部门： 报告时间：20 年 月 日

报 告 人： 审 阅 人：

主 题：关于本周工作的报告

本周工程情况：

签字：

日期：20 年 月 日

审批意见：

## 质量工作实施情况检查记录

编号：

<table>
<tr><td colspan="2">部门名称</td><td></td><td>工程名称</td><td></td></tr>
<tr><td colspan="2">检查项目内容</td><td colspan="3"></td></tr>
<tr><td>序号</td><td>检查项目</td><td>评价</td><td>检查结果</td><td>检查结果认可签字</td></tr>
<tr><td>1<br>2<br>3</td><td></td><td></td><td></td><td></td></tr>
<tr><td colspan="2">检查人</td><td></td><td>审批人</td><td>年 月 日</td></tr>
</table>

注：本记录适用于工程项目部或公司各相关部门对工程质量实施情况的检查，由检查部门填写并存档。

## 隐蔽工程检查记录

年　月　日

| 单位工程名称 | | 建设单位 | | 图　号 | |
|---|---|---|---|---|---|
| 部位及名称 | | 施工单位 | | 隐蔽日期 | |
| 隐蔽检查内容 | 1. 隐蔽工程内容有以下几个方面：<br>2. 此部分的施工依据为：各系统设计规范、施工规范、施工图样及有关技术要求。<br>3. 检查内容包括：<br>● 敷设中所用的管材符合设计及有关规范。<br>● 管的材质符合要求，安装符合规范。<br>● 管材敷设的弯曲半径（$D>10d$）等符合技术要求及规范。<br>● 线管的安装整齐、美观。<br>● 信息插座点位的标高、位置符合设计要求。<br>4. 此隐蔽工程的双绞线走向根据图样所示，具体标定在竣工图中。 | | | | |
| 建设单位意见 | | 工程监理意见 | | 备　注 | |

质检员：　　　　技术负责人：

## 中间交工验收证书

年　月　日

<table>
<tr><td>工程编号</td><td colspan="2">工程地点</td><td colspan="2">建设单位</td></tr>
<tr><td>工程名称</td><td colspan="2">工程总价　　　　万元</td><td colspan="2">施工单位</td></tr>
<tr><td rowspan="3">交工工程</td><td>单位工程</td><td></td><td>分部工程</td><td></td></tr>
<tr><td>开工日期</td><td></td><td>竣工日期</td><td></td></tr>
<tr><td>验收日期</td><td></td><td></td><td></td></tr>
<tr><td colspan="5">验收意见</td></tr>
</table>

<table>
<tr><td>建设单位</td><td>施工单位</td><td>工程监理</td></tr>
<tr><td>（公章）</td><td>（公章）</td><td>（公章）</td></tr>
</table>

# 项目五　项 目 测 试

## 模块一　测 试 准 备

### 5.1.1　项目案例

施工单位戊公司经过2个月的项目实施，项目已完工。为保证施工质量，戊公司进行项目测试。在测试工作开始之前，项目经理与监理公司进行了沟通，制订了详细的测试计划，为项目测试做准备。

### 5.1.2　案例分析

综合布线系统基于星形拓扑的模块系统，也是目前局域网建设首选的系统。该系统具有实用、灵活、经济、可模块化和可扩充等优点，能够实现数据通信设备和其他信息管理系统的相互连接，以及这些设备与外部通信网络的连接。这种结构易于扩展，扩展方法也简单，任一节点的改变不会影响其他节点的工作，而且易于维护，具有较高的可靠性。

随着综合布线系统市场的迅速增大，无论是在施工质量上，还是在综合布线系统的产品质量上都开始出现许多问题。因此，当综合布线系统工程实施完毕，必须对整个工程进行系统的专业测试。

测试工作在开展之前，应组建专业的测试团队。测试团队可以由建设单位、施工单位、监理单位等相关的技术人员共同组成，针对该项目按照设计文件、设计变更文件、相应的测试验收标准等相关的资料，制订周密的测试计划以及质量整改计划。

### 5.1.3　知识储备

实践表明，网络系统发生故障时，约70%是布线工程的质量问题。因此，综合布线系统工程的质量必须通过科学合理的设计、布线材料的优选和施工质量的保证这三个环节来得到保障。建设单位在工程初期，从需求分析、可行性研究、招投标等阶段，对综合布线系统工程的设计方案进行反复的论证对比，以保证设计方案的科学性和合理性。在整个工程过程中，适时安排对施工器材的抽测，是确保工程质量的重要环节。但建设单位往往对如何保障综合布线系统的施工安装质量重视不够。

综合布线测试分为验证测试和认证测试。验证测试是边施工边测试，主要监督双绞线质量和安装工艺，如果发现偏差，及时调整，减少后期发现错误再进行修改的复杂性。认证测试则是对布线系统安装、电气特性、传输特性以及对设计、选材、施工质量的全面检查，是评价综合布线工程质量的科学手段。对于大型的项目，为保证测试数据的科学、准确和公正性，验证测试工作应由第三方进行，选择有丰富测试经验的专门测试机构，按照国际、国家或行业标准对布线系统工程质量、是否符合接入公网标准进行检验。验收合格后，就进入系统维护阶段。

为保证测试工作顺利进行，建议按照以下方式进行：

1. 组建测试团队

建议测试团队由建设单位技术代表、监理工程师、施工单位技术工程师等组成，如果需要，可邀请第三方测试机构参加。

2. 测试依据

测试标准应按《综合布线系统工程验收规范》(GB 50312—2007)的规定执行，其中综合布线系统线缆链路的电气性能验收测试，应按《大楼通信综合布线系统》(YD/T 926—2009)中的规定执行。

3. 编制测试计划

测试团队应参照测试依据进行测试计划的编制，测试计划应包含以下内容：

1) 确定综合布线系统的测试范围。

2) 确定综合布线系统的测试内容：

① 工作间各信息点到设备间的链路状态。

② 主干线连通状况。

③ 配线架以及各跳线间测试。

④ 信息传输速率、衰减、距离、接线图、近端串扰等电气性能测试。

⑤ 系统在一定负载下的综合测试。

3) 根据测试结果，结合相关的测试标准，对项目施工质量作出综合评定。如果某项指标综合评定不合格，测试团队要做出相应的整改意见，该意见作为整改依据。

### 5.1.4　能力拓展

各学校按照教学进度与学生的实际能力，可适当安排一些实际技能训练，提高学生的动手能力，结合“综合布线项目测试计划”自行安排编制测试计划的实践内容。

**综合布线项目测试计划**

表单编号：________

项目编号：　　　　项目名称：

建设方项目负责人(客户)：________ 施工方项目经理：

一、测试目的

| 对项目进行阶段性测试，确保综合布线系统按要求完成，信息点全部通过测试，整个系统的各项技术性能指标基本达到合同及技术解决方案的要求。 |
| --- |

二、测试人员安排及时间

| 时间 | 测试人员 | 任务 |
| --- | --- | --- |
| | | |
| | | |
| | | |
| | | |

三、测试设备/测试环境

| Fluke DTX 系列产品、通断测线仪、万用表、链路通等相关设备。 |
| --- |

四、测试范围

| 综合布线、交换机(路由交换机)、服务器及网络相关设备。 |
| --- |

五、测试方法

<table>
<tr><td colspan="4">1. 综合布线系统测试<br>1）布线过程中，通过通断测线仪测量网线的连通性。<br>2）布线完成后，采用 Fluke DTX 系列产品进行各项参数的综合指标测试。<br>3）工程完工后，验收前进行联机测试。<br>2. 系统测试<br>委托第三方进行测试。<br>3. 网络测试<br>连接交换机、服务器以及终端形成网络，在服务器上安装操作系统及应用软件，通过原工作站或笔记本电脑使用此服务器上的资源，委托第三方进行测试。<br>4. 相关设备测试<br>委托第三方进行测试。</td></tr>
<tr><td>建设单位</td><td>监理单位</td><td>施工单位</td><td>第三方测试</td></tr>
<tr><td></td><td></td><td></td><td></td></tr>
</table>

# 模块二 综合布线项目测试

## 5.2.1 项目案例

测试团队依据测试计划，对该高校的综合布线系统建设项目进行了测试。测试团队在测试过程中，分别对线路接线图、各种技术参数、双绞线、光缆等展开测试，并依据测试结果结合相应的标准对该项目做出了综合评定，对不合格项下发整改通知，督促其整改。对整改后的结果二次评定，使项目达到验收标准。

## 5.2.2 案例分析

在综合布线系统的测试过程中，应遵循以下规定：

1）进行综合布线系统工程测试时，应按设计文件、测试计划及合同规定的内容进行。

2）进行综合布线系统的测试必须遵守相应的技术标准、技术要求及国家标准。

3）测试项目内容和方法应按有关规范办理。

4）在施工过程中，施工单位必须执行有关施工质量检查的规定。建设单位应通过工地代表或工程监理人员加强工地的随工质量检查，及时组织隐蔽工程的检验和签证工作。

5）施工操作规程应贯彻执行有关规范要求。

综合布线系统的测试过程中，应包含以下内容：

1）双绞线电气参数测试。

2）双绞线传输参数测试。

3）双绞线链路测试。

4）光缆的测试。

采用第三方认证测试，目前主要采用两种做法：

1）对工程要求高、使用器材类别多、投资较大的工程，建设单位除了要求施工单位要做自我认证测试外，还邀请第三方对工程做全面验收测试。

2）建设单位在施工单位做自我认证测试的同时，请第三方对综合布线系统链路做抽样测试。按工程规模确定抽样样本数量，一般1000个信息点以上的工程抽样30%，1000个信息点以下的工程抽样50%。

## 5.2.3　知识储备

综合布线系统测试分为验证测试和认证测试。

1. 验证测试

验证测试又称为随工测试，是边施工边测试，主要检测线缆质量和安装工艺，及时发现并纠正所出现的问题，不至于等到工程完工时才发现问题而重新返工，耗费不必要的人力、物力和财力。验证测试不需要使用复杂的测试仪，只需要能测试接线图和线缆长度等相关指标的测试仪即可。

验证测试仪表具有最基本的连通性测试功能，主要检测电缆通断、短路、线对交叉等接线图的故障，使用的仪器仪表如下：

（1）简易布线通断测试仪　最简单的电缆通断测试仪包括主机和远端机，测试时，双绞线两端分别连接主机和远端机，根据显示灯的闪烁次序就能判断双绞线8芯线的通断情况。简易布线通断测试仪如图5-1所示。

（2）电缆线序检测仪(Micro Mapper)　电缆线序检测仪是小型手持式验证测试仪，可以方便地验证双绞线电缆的连通性，包括检测开路、短路、跨接、反接以及串扰等问题。电缆线序检测仪如图5-2所示。

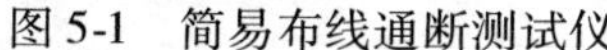

图5-1　简易布线通断测试仪

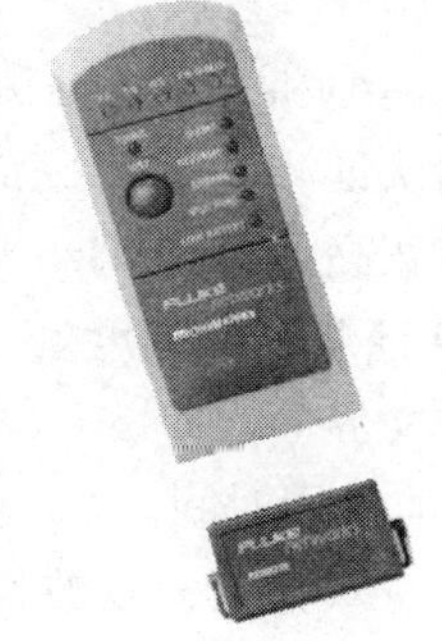

图5-2　电缆线序检测仪

（3）电缆验证仪(MicroScanner Pro)　电缆验证仪可以检测电缆的通断、电缆的连接线序、电缆故障的位置，从而节省了安装的时间和金钱。电缆验证仪如图5-3所示。

（4）Fluke 620　Fluke 620是一种单端电缆测试仪，进行电缆测试时不需要在电缆的另外一端连接远端单元即可进行电缆的通断、距离、串扰等测试。Fluke 620 如图 5-4 所示。

图 5-3 电缆验证仪

图 5-4 Fluke 620

2. 认证测试

认证测试又称为验收测试，是所有测试工作中最重要的环节，是在工程验收时对综合布线系统的全面检验，是评价综合布线工程质量的科学手段。认证测试分为自我认证测试和第三方认证测试。

（1）自我认证测试　自我认证测试由施工方自行组织，按照设计所要达到的标准对工程所有链路进行测试，确保每一条链路都符合标准的要求。

（2）第三方认证测试　委托第三方对系统进行验收测试，以确保布线施工的质量，这是对综合布线系统验收质量管理的规范化做法。

### 5.2.4 能力拓展

本节主要阐述双绞线测试有关参数、错误产生的原因以及光缆测试有关参数，各学校按照教学进度与学生的实际能力，可适当安排一些实际技能训练，提高学生的动手能力。并结合附录 E 填写相应的测试报告，自行安排综合布线测试的实践内容。

在双绞线测试过程中，建议使用美国福禄克网络公司生产的 DTX 系列电缆认证测试仪，该测试仪具有以下优势：

1）新一代铜缆和光缆认证测试平台。

2）快速的认证测试(12s 完成一条 6 类链路测试)。

3）测试带宽高达 900MHz。

4）IV 级认证测试准确度。

5）彩色中文界面。

6）12h 电池使用时间。

7）双光缆、双方向、双波长认证测试，集成 VFL 可视故障定位仪。

1. 双绞线测试

使用 DTX 系列电缆认证测试仪，测试双绞线有关参数如下：

（1）双绞线电气参数测试　电缆安装是一个以安装工艺为主的工作。为确保电缆安装满足性能和质量的要求，必须进行电气参数测试。导致电缆电气参数错误的原因主要包括：开路(断路)、短路、跨接、交叉以及串扰等，如图 5-5 所示。

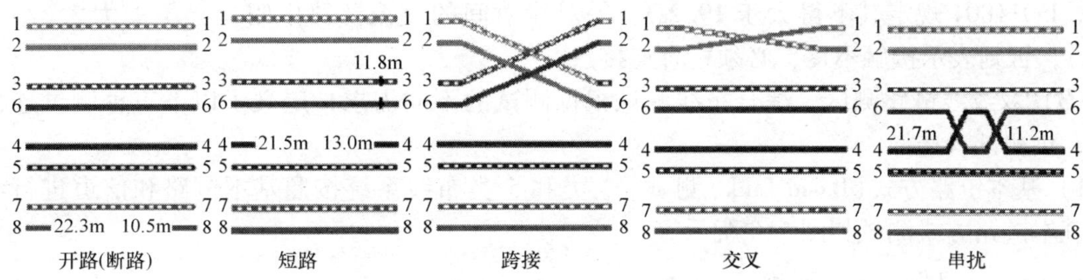


图5-5　电气参数错误

1）开路、短路。在施工时由于工具或接线技巧问题以及墙内穿线技术问题，会产生这类故障。

2）反接。同一线对在两端针位接反，比如一端为1—2，另一端为2—1。

3）交叉。将一线对接到另一端的另一线对上，比如一端是1—2，另一端接在4—5针上，最典型的这类错误就是打线时混用T568A与T568B的色标。

4）串扰。串扰就是将原来的两对线分别拆开而又重新组成新的线对。因为这种故障端对端连通性是好的，所以用万用表这类工具是检查不出来的，只有用专用的电缆测试仪才能检查出来。由于串扰使相关的线对没有扭结，在线对间信号通过时会产生很高的近端串扰（NEXT）。当信号在电缆中高速传输时，产生的近端串扰如果超过一定的限度就会影响信息传输。对计算机网络来说，这意味着因产生错误信号而浪费有效的带宽，甚至会产生很严重的影响。

（2）双绞线传输参数测试　测试主要传输参数如下：

1）近端串扰。近端串扰（NEXT）是传送线对与接收线对之间产生干扰的信号，它对信号的接收产生不良影响。使用仪器测量的近端串扰参数，主要表示传输信号与串扰的比值，近端串扰参数绝对值越大，串扰就越低。

2）衰减。衰减（Attenuation）是信号沿着一定长度的电缆传输所产生的损耗，主要表示初始传送端信号与接收信号强度的比值。使用仪器测量的衰减参数，与电缆的长度有着直接关系，并随着频率的上升而增加。衰减的参数值越大，衰减越大，接收的信号越弱。

3）衰减串扰比。衰减串扰比是指被测线对受相邻发送线对的近端串扰损耗值与本线对传输信号衰减值的差值。使用仪器测量的衰减串扰比参数，主要表示近端串扰与衰减的比值，近端串扰损耗越高而衰减越小，则衰减串扰比越高，一个高的衰减串扰比意味着干扰噪声强度与信号强度相比微不足道，因此，衰减与串扰比越大越好。

4）传输延迟和延迟偏离。传输延迟（Propagation Delay）是信号在电缆线对中传输时所需要的时间；延迟偏离（Delay Skew）是指同一UTP电缆中传输速度最快的线对和传输速度最慢的线对的传输延迟差值，它以同一缆线中信号传播延迟最小的线对的时延值作为参考，其余线对与参考线对都有时延差值。

5）回波损耗。回波损耗（Return Loss）是由于阻抗不匹配而使部分传输信号的能量被反射回去，回波损耗对于使用全双工方式传输的应用非常重要。回波损耗越大，则反射信号越小，表明通道采用的电缆和相关连接硬件阻抗一致性越好，传输信号越完整，在通道上的噪声越小。因此，回波损耗越大越好。

6）直流环路电阻。直流环路电阻是指一组线对的电阻，它会使部分信号的能量转变成热量，IS011801 规定其不得大于 19.2Ω。每对线对间的直流环路电阻差异不能太大(小于 0.1Ω)，否则表示接触不良，必须检查连接点。

(3) 双绞线链路测试　综合布线测试根据测试的不同需求，定义了以下三种测试连接方式，供测试者选择。

1) 基本链路方式(Basic Link)测试。3 类和 5 类布线系统按照基本链路和信道进行测试，基本链路方式测试如图 5-6 所示。

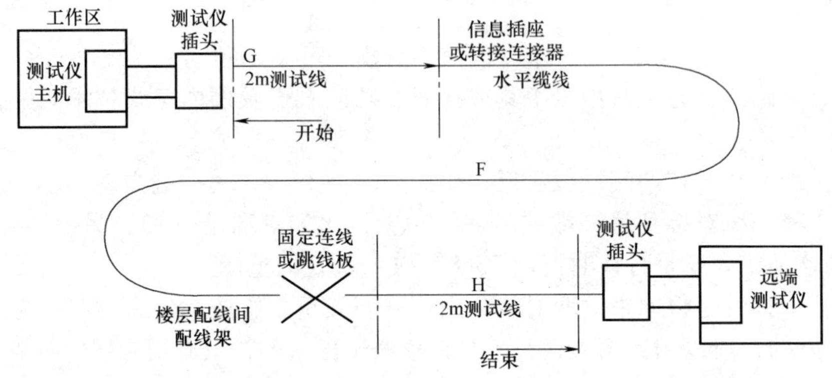


图 5-6　基本链路方式测试

2) 永久链路方式(Permanent Link)测试。永久链路方式又称固定链路，在国际标准化组织 ISO/IEC 所制定的超 5 类、6 类标准及 TIA/EIA 568B 中新的测试定义中，定义了永久链路方式测试，它将代替基本链路方式测试。

永久链路方式由 90m 水平电缆和链路中相关接头(必要时增加一个可选的转接/汇接头)组成，与基本链路方式不同的是，永久链路方式不包括现场测试仪插接线和插头以及两端的 2m 测试电缆，电缆总长度为 90m。永久链路方式如图 5-7 所示。

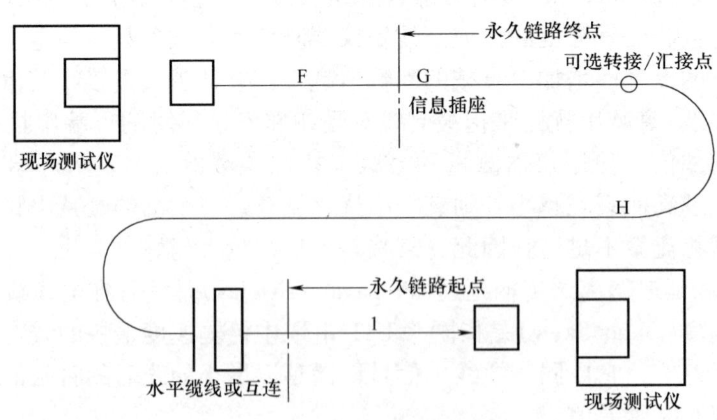


图 5-7　永久链路方式

3) 信道链路方式(Channel)测试。适用于超 5 类和 6 类布线系统建设，通道连接包括最长 90m 的水平双绞线、一个信息插座、一个靠近工作区的可选的附属转接连接器、在楼层配线间跳线架上的两处连接跳线和用户终端连接线，总长不得长于 100m。信道链路方式如图 5-8 所示。

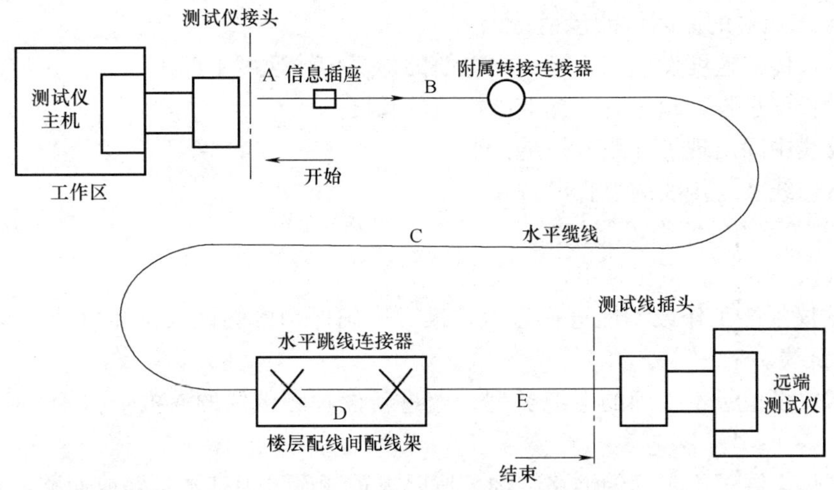


图 5-8　信道链路方式

在实际测试应用中，选择哪一种测量连接方式应根据需求和实际情况决定。使用永久链路方式更符合使用的情况，但由于它包含了用户的设备连线部分，测试比较复杂，一般工程验收测试建议选择基本链路方式或永久链路方式进行。

（4）影响因素　使用 DTX 系列电缆认证测试仪对双绞线进行测试时，可能产生的问题有：近端串扰未通过、衰减未通过、接线图未通过、长度未通过、测试仪问题等。

1）近端串扰未通过的原因可能有：

① 近端连接点有问题。

② 远端连接点短路。

③ 串对。

④ 外部噪声。

⑤ 双绞线链路和接插件性能有问题或不是同一类产品。

⑥ 双绞线的端接质量有问题。

2）衰减未通过的原因可能有：

① 长度过长，在 100Mbit/s 的传输环境中，双绞线最大传输距离为 100m。

② 现场温度过高。

③连接点卡接不良。

④ 电缆和连接硬件性能有问题或不是同一类产品，常见问题主要包括：

A. 超 5 类布线系统与 6 类布线系统混用。

B. 5 类布线系统与 1000Mbit/s 环境换用。

⑤ 电缆端接的质量有问题。

3）接线图未通过的原因可能包括：

① 两端的接头有断路、短路、交叉、破裂开路。

② 跨接错误（某些网络需要发送端和接收端跨接，当为这些网络构筑测试链路时，由于设备线路的跨接，测试接线图会出现交叉）。

4）长度未通过的原因可能包括：

① 测试仪传输速度设置不正确，与电缆的最高传输速度不匹配。

② 实际长度过长，超过有关标准中规定的长度。

③ 双绞线中间出现了开路或短路情况。

④ 设备连线及跨接线的总长度过长。

5）测试仪问题的原因可能包括：

① 测试仪不启动，可更换电池或充电。

② 测试仪不能工作或不能进行远端校准，应确保两台测试仪都能启动，并有足够的电池或更换测试线。

③ 测试仪设置了不正确的电缆类型，应重新设置测试仪的参数、类别、阻抗及标称的传输速度。

④ 测试仪设置了不正确的链路结构，按要求重新设置为基本链路或通路链路。

⑤ 测试仪不能储存自动测试结果，确认所选的测试结果名称是否唯一，或检查可用内存的容量。

2. 光缆布线系统测试

在光缆的应用中，光缆本身的种类很多，但光缆及其系统的基本测试方法，大体上都是一样的，所使用的设备也基本相同。对光缆或光缆系统，其基本的测试内容有：连续性和衰减/损耗，测量光纤输入功率和输出功率，分析光纤的衰减/损耗，确定光纤连续性和发生光损耗的部位等。光缆布线系统的测试是工程验收的必要步骤，只有通过了系统测试，才能表示布线系统工作的完成。

（1）常用的光缆测量参数　常用的光缆测量参数主要有以下几种：

1）光缆的连续性。光缆的连续性是对光纤的基本要求，因此对光纤的连续性进行测试是基本的测量之一。

进行连续性测量时，通常是把红色激光、发光二极管产生的光或者其他可见光注入光缆的纤芯，并在纤芯的末端监视光的输出。如果在纤芯中有断裂或其他的不连续点，在纤芯输出端的光功率就会减少或者根本没有光输出。

2）光缆的衰减。光缆的衰减主要是由光缆纤芯本身的固有吸收和散射造成的。在测试光缆的衰减时，应选择单色仪作为光源，也可以用发光二极管作为多模光纤的测试源。

3）光缆的带宽。带宽是光纤传输系统中的重要参数之一，带宽越宽，信息传输速率就越高。

（2）光缆的测试　通常在具体工程中对光缆的测试有连通性测试、端—端损耗测试、收发功率测试和反射损耗测试四种方法，现简述如下：

1）连通性测试。连通性测试是最简单的测试方法，只需在光纤一端导入光线（如手电光），在光纤的另一端观察是否有光即可。连通性测试的目的是为了确定光纤中是否存在断点。在购买光缆时都要采用这种方法进行测试。

2）端—端损耗测试。端—端损耗测试采取插入式测试方法，使用一台功率测量仪和一个光源，在发射端放置光源，在接收端放置功率测量仪，进行损耗测试。

3）收发功率测试。收发功率测试是测定布线系统光纤链路的有效方法，使用的设备主要是光纤功率测试仪。在实际应用中，链路的两端可能相距很远，但只要测得发送端和接收端的光功率，即可判定光纤链路的状况。

4）反射损耗测试，反射损耗测试是光纤线路检修非常有效的手段。它使用光纤时间区域反射仪（OTDR）来完成测试工作，基本原理就是利用导入光与反射光的时间差来测定距离，如此可以准确判定故障的位置。

（3）光纤测试模型　光纤测试过程中，推荐采用图5-9所示的测试模型。

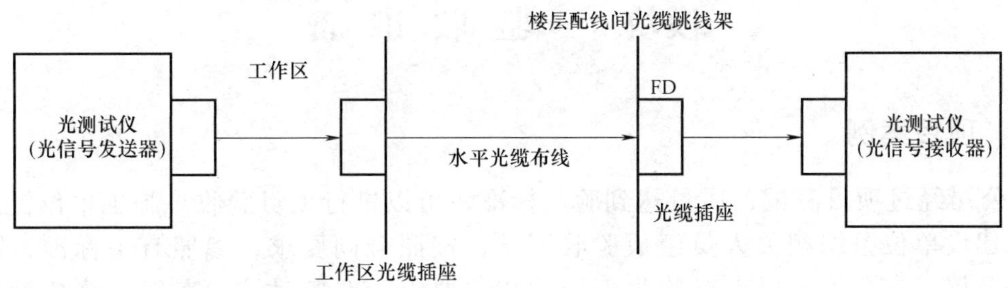


图5-9　光纤测试模型

# 项目六　项目竣工验收

## 模块一　验 收 准 备

### 6.1.1　项目案例

戊公司经过项目测试，质量达到验收标准，可以进行项目验收。施工单位提出验收申请，建设单位组织相关人员组成验收团队，按照合同要求，参照有关标准，召开验收准备会议，在会议上提出对验收工作的相关要求，准备对综合布线系统建设项目进行验收。

### 6.1.2　案例分析

综合布线系统工程经过设计、施工阶段，最后进入测试、验收阶段。工程验收全面考核工程的建设工作，检验设计质量和工程质量，是施工单位向建设单位移交的正式手续。建设工程项目竣工验收的程序通常按如下方式进行：

1. 竣工验收准备

施工单位按照合同规定的施工范围和质量标准完成施工任务后，经质量自检并合格后，向现场监理单位(或建设单位)提交工程竣工申请报告，要求组织工程竣工验收。施工单位的竣工验收准备，包括工程实体的验收准备和相关工程档案资料的验收准备，使之达到竣工验收的要求。

2. 初步验收

监理单位收到施工单位的工程竣工申请报告后，应就验收的准备情况和验收条件进行检查。对工程实体质量及档案资料存在的缺陷，及时提出整改意见，并与施工单位协商整改清单，确定整改要求和完成时间。

3. 正式验收

当初步验收检查结果符合竣工验收要求时，监理工程师应将施工单位的竣工申请报告报送建设单位，着手组织勘察、设计、施工、监理等单位和其他方面的专家组成竣工验收小组并制订验收方案。

4. 质量评定

参照《综合布线系统工程验收规范》(GB 50312—2007)以及相应的标准规范进行。如需要可借助第三方评定，建议聘请当地权威部门参与评定。

5. 工程移交

验收工作结束后，施工单位按规定办理相关手续后将工程移交给建设单位，同时将所有工程资料移交给建设单位存档。工程移交标志着项目结束，该项目进入保修期，施工单位遵照保修的有关协议开展保修工作。

## 6.1.3 知识储备

综合布线系统工程经过设计、施工阶段最后进入测试、验收阶段，工程验收全面考核工程的建设工作，检验设计质量和工程质量，是施工单位向用户移交的正式手续。

在项目验收工作开展之前，由建设单位组织验收工作会议，勘察、设计、施工、监理等单位参加，并分别汇报工程合同履约情况及工程施工各环节施工满足设计要求，质量符合法律、法规和强制性标准的情况。建议在会议上组建验收组织，提出验收依据、验收工作流程、质量评定标准、竣工报告以及质量保修等相应要求。

1. 组建验收组织

通常的综合布线系统工程验收小组可以考虑聘请以下人员参与工程的验收：

1）工程双方单位的行政负责人。

2）工程项目负责人及直接管理人员。

3）主要工程项目监理人员。

4）设计单位的相关技术人员。

5）第三方验收机构或相关技术人员组成的专家组。

2. 验收流程

（1）开工前检查　工程验收应当从工程开工之日起就开始了，从对工程材料的验收开始，严把产品质量关，保证工程质量。开工前检查包括设备材料检验和环境检查。设备材料检验包括检查产品的规格、数量、型号是否符合设计要求，检查线缆外护套有无破损，抽查线缆的电气性能指标是否符合技术规范。环境检查包括检查土建施工情况，如地面、墙面、门、电源插座及接地装置、机房面积、预留孔洞等环境，施工单位负责提供由监理单位确认的检验检测报告。

（2）随工验收　在工程中为随时考核施工单位的施工水平和施工质量，对产品的整体技术指标和质量有一个了解，部分验收工作应该在随工中进行，如布线系统的电气性能测试工作、隐蔽工程等，施工单位负责提供由监理单位确认的检验检测报告。

（3）初步验收　所有的新建、扩建和改建项目，都应在完成施工调试之后进行初步验收。初步验收的时间应在原定计划的建设工期内进行，由建设单位组织相关单位，如设计、施工、监理、使用等单位人员参加。初步验收工作包括检查工程质量、审查竣工材料、对发现的问题提出处理意见，并组织相关责任单位落实解决。

（4）竣工验收　在试运转后的半个月内，由施工单位向建设单位主管部门报送竣工报告，含工程的初步决算及试运行报告。建设单位接到报告后，组织相关部门按竣工验收办法对工程进行验收。

3. 质量评定标准

综合布线系统工程质量评定是一个系统性的工作，主要包括前面介绍的链路连通性、电气和物理特性测试，还包括施工环境、工程器材、设备安装、线缆敷设、线缆终接等。进行质量评定时，应该参照《综合布线系统工程验收规范》（GB 50312—2007）以及相应的标准规范。如需要可借助第三方评定，建议聘请当地权威部门参与。

### 6.1.4 能力拓展

1. 综合布线系统工程竣工验收依据

1）综合布线系统工程的验收首先必须以工程合同、设计方案、设计修改变更单为依据。

2）综合布线系统性能测试应符合国标《综合布线系统工程验收规范》(GB 50312—2007)以及相关的标准或规范。

3）综合布线系统工程验收主要参照国标《综合布线系统工程验收规范》(GB 50312—2007)中描述的项目和测试过程进行。此外，综合布线系统工程验收还涉及其他标准规范，如《智能建筑工程质量验收规范》(GB 50339—2003)、《建筑电气工程施工质量验收规范》(GB 50303—2002)、《通信管道工程施工及验收规范》(GB 50374—2006)、《通信线路工程验收规范》(YD 5121—2010)等。

4）当工程技术文件、承包合同文件要求采用国际标准时，应按相应的标准验收，但不应低于国标《综合布线系统工程验收规范》(GB 50312—2007)的规定。

2. 正式验收过程

正式验收过程的主要工作有：

1）建设、勘察、设计、施工、监理单位分别汇报工程合同履约情况及工程施工各环节施工满足设计要求，质量符合法律、法规和强制性标准的情况。

2）检查审核设计、勘察、施工、监理单位的工程档案资料及质量验收资料。

3）实地检查工程外观质量，对工程的使用功能进行抽查。

4）对工程施工质量管理各环节工作、工程实体质量及质保资料情况进行全面评价，形成经验收组人员共同确认签署的工程竣工验收意见。

5）竣工验收合格，建设单位应及时提出工程竣工验收报告。验收报告还应附有工程施工许可证、设计文件审查意见、质量检测功能性试验资料、工程质量保修书等法规所规定的其他文件。

3. 验收条件

通常，综合布线系统工程竣工验收应具备以下条件：

1）隐蔽工程和非隐蔽工程在各个阶段的随工验收已经完成，且验收文件齐全。

2）综合布线系统中的各种设备都已自检测试，测试记录齐备。

3）综合布线系统和各个子系统已经试运行，且有试运行的结果。

4）工程设计文件、竣工资料及竣工图样均完整、齐全。此外，设计变更文件和工程施工监理代表签证等重要文字依据均已收集汇总，装订成册。

4. 综合布线系统工程检验项目及内容

（1）合同验收　施工单位在工程竣工后，建设单位按照设计文件的要求，对工程质量进行验收，合同验收工作包括如下内容：

1）环境检查与验收。

2）器材检验与验收。

3）设备安装检验与验收。

4）线缆敷设和保护方式检验与验收。

5）线缆终接检验与验收。

6）工程电气测试检验与验收。

（2）管理验收 主要针对在项目实施过程中的文档以及竣工文档进行验收。综合布线系统工程的竣工技术资料应包括以下内容：

1）安装工程量的文件。

2）工程说明的文件。

3）设备、器材明细表的文件。

4）竣工图样的文件。

5）测试记录的文件。

6）工程变更、检查记录及施工过程中需更改的设计或采取的相关措施，建设、设计、施工等单位之间的双方洽商记录。

7）随工验收记录的文件。

8）隐蔽工程签证的文件。

9）工程决算的文件。

# 模块二 合同验收

## 6.2.1 项目案例

建设单位组织相关人员组成验收团队，按照合同要求，参照有关标准，召开验收准备会议，在会议上提出对验收工作的相关要求，对综合布线项目进行验收。在验收工作分为两部分内容，一部分为合同验收，另一部分为管理验收。在有关单位的共同努力下，合同验收工作顺利结束。

## 6.2.2 案例分析

施工单位在工程竣工后，建设单位按照设计文件的要求，对工程质量进行验收，合同验收工作包括如下内容：

1）环境检查与验收。

2）器材检验与验收。

3）设备安装检验与验收。

4）线缆敷设和保护方式检验与验收。

5）线缆终接检验与验收。

6）工程电气测试检验与验收。

在验收的过程中，由建设单位组织勘察、设计、施工、监理等单位和其他方面的专家组成竣工验收小组，按照验收方案进行验收，在验收过程中，以验收方案为基础，质量检测为依据，以设计文件、承包合同、《综合布线系统工程验收规范》（GB 50312—2007）以及相应的标准规范为考评依据，结合第三方质量评定结论，对该项目质量进行综合评定。

## 6.2.3 知识储备

施工单位在工程竣工后，建设单位按照设计文件的要求，对工程质量进行验收，质量验收工作包括如下内容：

1. 环境检查与验收

1）交接间、设备间、工作区土建工程已全部竣工。房屋地面平整、光洁，门的高度和宽度应不妨碍设备和器材的搬运，门锁和钥匙齐全。

2）房屋预埋地槽、暗管及孔洞和竖井的位置、数量、尺寸均应符合设计要求。

3）铺设活动地板的场所、活动地板防静电措施的接地应符合设计要求。

4）进线间、设备间应提供220V单相带接地电源插座。

5）进线间、设备间应提供可靠的接地装置，设置接地体时，接地电阻值及接地装置应符合设计要求。

6）进线间、设备间的面积、通风及环境温度、湿度应符合设计要求。

2. 器材检验与验收

（1）器材检验一般要求 器材检验一般要求如下：

1）工程所用线缆器材型号、规格、数量、质量在施工前应进行检查，无出厂检验证明材料或与设计不符者不得在工程中使用。特别是使用国外器件，应有出厂检验证明及有关部门商检证书。

2）经检验的器材应做好记录，对不合格的器件应单独存放，以备核查与处理。

3）工程中使用的线缆、器材应与订货合同或封存的产品在规格、型号、等级上相符。

4）备品、备件及各类资料应齐全。

（2）型材、管材与铁件的检查 型材、管材与铁件的检查内容如下：

1）各种型材的材质、规格、型号应符合设计文件的规定，表面应光滑、平整，不得变形、断裂。预埋金属线槽、过线盒、接线盒及桥架表面涂覆或镀层均匀、完整，不得变形、损坏。

2）管材采用钢管（在潮湿处应用热镀锌钢管，干燥处可用冷镀锌钢管）、硬质聚氯乙烯管时，其管壁应光滑、无伤痕，管孔无变形，孔径、壁厚应符合设计要求。

3）管道采用水泥管块时，应按照《通信管道工程施工及验收规范》中的相关规定进行检验。

4）各种铁件的材质、规格均应符合质量标准，不得有歪斜、扭曲、飞刺、断裂或破损。

5）铁件的表面处理和镀层应均匀、完整，表面光洁，无脱落、气泡等缺陷。

3. 设备安装检验与验收

按照《综合布线系统工程验收规范》（GB 50312—2007）及相关标准进行验收。

4. 线缆敷设和保护方式检验与验收

按照《综合布线系统工程验收规范》（GB 50312—2007）及相关标准进行验收，如《通信线路工程验收规范》（YD 5121—2010）、《通信管道工程施工及验收规范》（GB 50374—2006）等。

5. 线缆终接检验与验收

按照《综合布线系统工程验收规范》（GB 50312—2007）及相关标准进行验收。

6. 工程电气测试检验与验收

按照《综合布线系统工程验收规范》（GB 50312—2007）及相关标准进行验收，如《通信电源设备安装工程验收规范》(YD 5079—2005)等。

### 6.2.4　能力拓展

结合《综合布线系统工程验收规范》，本部分主要阐述规范中几种常见的验收标准，各学校可根据自身特点自行安排课程内容。

《综合布线系统工程验收规范》(GB 50312—2007)由工业和信息化部(原信息产业部)主编，住房和城乡建设部(原建设部)批准，2007 年 10 月 1 日实施的。该规范为统一建筑与建筑群综合布线系统工程施工质量检查、随工检验和竣工验收等工作的技术要求而制定，适用于新建、扩建和改建的综合布线系统工程的验收。综合布线系统工程实施中采用的工程技术文件、承包合同文件对工程质量验收的要求不得低于该规范的规定。

1. 线缆的检验要求

1）工程使用的对绞电缆和光缆型式、规格应符合设计的规定和合同要求。

2）电缆所附标志、标签内容应齐全、清晰。

3）电缆外护线套需完整无损，电缆应附有出厂质量检验合格证。如用户要求，应附有本批量电缆的技术指标。

4）电缆的电气性能抽验应从本批量电缆中的任意三盘中各截出 100m 长度，加上工程中所选用的接插件进行抽样测试，并作测试记录。

5）光缆开盘后应先检查光缆外表有无损伤，光缆端头封装是否良好。

6）综合布线系统工程采用光缆时，应检查光缆合格证及检验测试数据，在必要时，可测试光纤衰减和光纤长度。

7）光纤接插软线(光纤跳线)检验应符合规定。

2. 接插件的检验要求

1）配线模块和信息插座及其他接插件的部件应完整，检查塑料材质是否满足设计要求。

2）保护单元的过电压、过电流保护各项指标应符合有关规定。

3）光纤插座的连接器使用型式和数量、位置应与设计相符。

4）光纤插座面板应有表示发射(TX)或接收(RX)的明显标志。

3. 配线设备的使用

1）光缆、电缆交接设备的型式、规格应符合设计要求。

2）光缆、电缆交接设备的编排及标识名称应与设计相符。各类标识应统一，标识位置正确、清晰。

4. 设备安装检验

（1）机柜、机架的安装要求　机柜、机架的安装要求如下：

1）机柜、机架安装完毕后，垂直偏差度应不大于 3mm。机柜、机架安装位置应符合设计要求。

2）机柜、机架上的各种零件不得脱落或碰坏，漆面如有脱落应予以补漆，各种标志应完整、清晰。

3）机柜、机架的安装应牢固，如有抗震要求时，应按施工图的抗震设计进行加固。

（2）各类配线部件的安装要求　各类配线部件的安装要求如下：

1）各部件应完整，安装就位，标志齐全。

2）安装螺钉必须拧紧，面板应保持在一个平面上。

（3）8位模块式通用插座的安装要求　8位模块式通用插座的安装要求如下：

1）安装在活动地板或地面上，应固定在接线盒内，插座面板采用直立和水平等形式。接线盒的盒盖可开启，并应具有防水、防尘、抗压功能。接线盒盖面应与地面齐平。安装在墙体上，宜高出地面300mm。如地面采用活动地板时，应加上活动地板内的净高尺寸。

2）8位模块式通用插座、多用户信息插座或集合点配线模块，其安装位置应符合设计的要求。

3）8位模块式通用插座底座盒的固定方法按施工现场条件而定，宜采用预置扩张螺钉固定等方式。

4）固定螺钉必须拧紧，不应产生松动现象。

5）各种插座面板应有标志，以颜色、图形、文字表示所接终端设备类型。

5. 电缆桥架及线槽的安装要求

1）桥架及线槽的安装位置应符合施工图的规定，左右偏差不应超过50mm。

2）桥架及线槽水平度每米偏差不应超过2mm。

3）垂直桥架及线槽应与地面保持垂直，并无倾斜现象，垂直度偏差不应超过3mm。

4）线槽截断处及两线槽拼接处应平滑、无毛刺。

5）吊架和支架安装应保持垂直，整齐牢固，无歪斜现象。

6）金属桥架及线槽节与节间应接触良好，安装牢固。

6. 接地要求

安装机柜、机架、配线设备屏蔽层及金属钢管、线槽使用的接地体应符合设计要求，就近接地，并应保持良好的电气连接。

7. 机架安装要求

安装机架面板，架前应留有1.5m空间，机架背面与墙的距离应大于0.8m，以便于安装和施工。

8. 壁挂式机柜要求

壁挂式机柜底距地面宜为300～800mm。

9. 配线设备机架安装要求

1）采用下走线方式时，架底位置应与电缆上线孔相对应。

2）各直列垂直倾斜误差不应大于3mm，底座水平误差不应大于2mm/m$^2$。

3）接线端子各种标志应齐全。

4）交接箱或暗线箱宜暗设在墙体内，预留墙洞安装，箱底高出地面宜为500～1000mm。

10. 管理系统验收

（1）验收要求　综合布线管理系统验收应满足下列要求：

1）管理系统级别的选择应符合设计要求。

2）需要管理的每个组成部分均设置标签，并由唯一的标志符进行表示，标志符与标签的设置应符合设计要求。

3）管理系统的记录文档应详细完整并汉化，包括每个标志符相关信息、记录、报告、图样等。

4）不同级别的管理系统可采用通用电子表格、专用管理软件或电子配线设备等进行维护管理。

（2）标志符与标签的验收 综合布线管理系统的标志符与标签的验收设置应符合下列要求：

1）标志符应包括安装场地、线缆终端位置、线缆管道、水平链路、主干线缆、连接器件、接地等类型的专用标志，系统中每一组件应指定一个唯一标志符。

2）电信间、设备间、进线间所设置配线设备及信息点处均应设置标签。

3）每根线缆应指定专用标志符，标在线缆的护套上，或在距每一端护套 300mm 内设置标签，线缆的终接点应设置标签标记指定的专用标志符。

4）接地体和接地导线应指定专用标志符，标签应设置在靠近导线和接地体的连接处的明显部位。

5）根据设置的部位不同，可使用粘贴型、插入型或其他类型标签。标签表示内容应清晰，材质应符合工程应用环境要求，具有耐磨、抗恶劣环境、附着力强等性能。

6）终接色标应符合线缆的布放要求，线缆两端终接点的色标颜色应一致。

（3）管理信息记录和报告 综合布线系统各个组成部分的管理信息记录和报告，应包括如下内容：

1）记录应包括管道、线缆、连接器件及连接位置、接地等内容，各部分记录中应包括相应的标志符、类型、状态、位置等信息。

2）报告应包括管道、安装场地、线缆、接地系统等内容，各部分报告中应包括相应的记录。

3）综合布线系统工程如采用布线工程管理软件和电子配线设备组成的系统进行管理和维护工作，应按专项系统工程进行验收。

## 模块三 管 理 验 收

### 6.3.1 项目案例

建设单位组织相关人员组成验收团队，按照合同要求，参照有关标准，召开验收准备会议，在会议上提出对验收工作的相关要求，对综合布线项目进行验收。合同验收工作顺利结束后，管理验收工作启动。在有关单位的共同努力下，管理验收顺利结束，标志着竣工验收工作结束。施工单位按规定办理相关手续后将工程移交给建设单位，同时将所有工程资料移交给建设单位存档。工程移交标志着项目结束，该项目进入保修期，施工单位遵照保修的有关协议开展保修工作。

### 6.3.2 案例分析

管理验收是验收工作的重要组成部分，主要针对在项目实施过程中的文档以及竣工文档进行验收，是考核施工单位管理正规化、规范化、标准化的重要依据，也是工程移交后进行保修的重要参考资料。管理验收时，施工单位需要提交装订成册的工程竣工技术资料、项目实施过程中的技术档案、施工管理资料、现场标志管理、设备安装调试情况、工程质量评定情况、工程施工过程中形成的合同、涉及的各种会议纪要、设备的技术文件、从国外引进新技术或设备的设计文件等。

### 6.3.3 知识储备

1. 竣工文档

竣工技术文件是竣工验收的重要组成部分，由施工单位将工程竣工技术资料移交给建设单位。综合布线系统工程的竣工技术资料应包括如下文件：

1）安装工程量的文件。

2）工程说明的文件。

3）设备、器材明细表的文件。

4）竣工图样的文件。

5）测试记录的文件。

6）工程变更、检查记录及施工过程中需更改的设计或采取的相关措施，建设、设计、施工等单位之间的双方洽商记录。

7）随工验收记录的文件。

8）隐蔽工程签证的文件。

9）工程决算的文件。

竣工技术文件要保证质量，做到外观整洁、内容齐全、数据准确，所有的竣工技术文件需装订成册，以备建设单位存档。竣工技术资料的要求：

1）竣工验收的技术文件中的说明和图样，必须配套并完整无缺，文件外观整洁，文件应有编号，以利于登记归档。

2）竣工验收技术文件最少一式三份，如有多个单位需要和建设单位要求增多份数时，可按需要增加文件份数，以满足各方要求。

3）文件内容和质量要求必须保证。做到内容完整齐全无漏、图样数据准确无误、文字图表清晰明确、叙述表达条理清楚，不应有互相矛盾、彼此脱节、图文不清和错误遗漏等现象发生。

4）技术文件的文字页数和其排列顺序以及图样编号等，要与目录对应，并有条理，做到查阅方便，有利于查考。文件和图样应装订成册，取用方便。

2. 现场标志管理

综合布线系统涉及各种线路、接头，而且大多情况下均为隐蔽工程。为了方便维护与管理，综合布线系统应在显著位置做好现场标志管理，管理系统应满足下列要求：

1）管理系统级别的选择应符合设计要求。

2）需要管理的每个组成部分均设置标签，并由唯一的标志符进行表示，标志符与标签的设置应符合设计要求。

3）管理系统的记录文档应详细完整并汉化，包括每个标志符相关信息、记录、报告、图样等。

4）不同级别的管理系统可采用通用电子表格、专用管理软件或电子配线设备等进行维护管理。

综合布线管理系统的标志符与标签的设置应符合下列要求：

1）标志符应包括安装场地、线缆终端位置、线缆管道、水平链路、主干线缆、连接器件、接地等类型的专用标志，系统中每一组件应指定一个唯一标志符。

2）设备间、进线间所设置的配线设备及信息点处均应设置标签。

3）每根线缆应指定专用标志符，标在线缆的护套上或在距每一端护套300mm内设置标签，线缆的终接点应设置标签标记指定的专用标志符。

4）接地体和接地导线应指定专用标志符，标签应设置在靠近导线和接地体的连接处的明显部位。

5）根据设置的部位不同，可使用粘贴型、插入型或其他类型标签。标签表示内容应清晰，材质应符合工程应用环境的要求，具有耐磨、抗恶劣环境、附着力强等性能。

6）终接色标应符合线缆的布放要求，线缆两端终接点的色标颜色应一致。

综合布线系统各个组成部分的管理信息记录和报告，应包括如下内容：

1）记录应包括管道、线缆、连接器件及连接位置、接地等内容，各部分记录中应包括相应的标志符、类型、状态、位置等信息。

2）报告应包括管道、安装场地、线缆、接地系统等内容，各部分报告中应包括相应的记录。

3）综合布线系统工程，如采用布线工程管理软件和电子配线设备组成的系统进行管理和维护工作，应按专项系统工程进行验收。

### 6.3.4　能力拓展

各学校结合自身特点，可适当安排一些相关行业标准与规范的解读课程，开展相应的培训。建议各高校按照课程进度与学生能力，结合附录F提供的参考案例，自行选择课程实施。

## 实训四　竣工验收

### 6.4.1　实训要求

1. 实训目的

通过前面的学习，结合实际案例进行实训，培养工程内业管理人员等，实现岗位对接。通过实训达到以下目的：

1）熟悉项目竣工验收流程。

2）掌握组织分工，岗位职责。

3）掌握竣工验收文档的编制方法。

4）掌握竣工管理文件的编制方法。

2. 实训重点

1）掌握竣工验收文档的编制方法。

2）掌握竣工管理文件的编制方法。

3. 实训难点

1）掌握验收文档的编制方法。

2）掌握竣工管理文件的编制方法。

4. 岗位职责

工程内业管理人员的岗位职责如下：

1）熟悉综合布线工程，负责整个弱电系统竣工文档的编制。

2）能独立编制综合布线工程验收方案。

3）熟悉工程资料收集及工程档案管理，熟悉设计和施工流程。

4）熟练运用专业软件、AutoCAD 和常用办公软件对项目进行管理工作。

5）善于沟通，性格开朗外向，吃苦耐劳，有上进心，有团队敬业精神，工作认真负责、服从公司安排。

### 6.4.2 实训案例

施工单位经过项目测试，使质量达到验收标准，然后组织验收，并提出验收申请。建设单位组织相关人员组成验收团队，按照合同要求，参照有关标准，召开验收准备会议，在会议上提出对验收工作的相关要求，准备对综合布线项目进行验收。

验收工作分为两部分内容，一部分为合同验收，另一部分为管理验收。在有关单位的共同努力下，合同验收、管理验收工作顺利结束，标志着竣工验收工作结束。施工单位按规定办理相关手续后将工程移交给建设单位，同时将所有工程资料移交给建设单位存档。工程移交标志着项目结束，该项目进入保修期，施工单位遵照保修的有关协议开展保修工作。

各学校结合自身特点，可适当安排一些相关行业标准与规范的解读课程，开展相应的培训。建议各高校按照课程进度与学生能力结合“验收技术文件”的参考案例，自行选择课程实施。

## 验收技术文件

建设项目名称：××单位工程

单项工程名称：综合布线系统单项工程

单位工程名称 ：××单位综合布线系统工程

建 设 单 位：

监 理 单 位：

施 工 单 位：

20　　年　　月　　日

**验收技术资料总目录**

| 工程名称：××单位综合布线系统工程 | | | |
|---|---|---|---|
| 序号 | 目　录 | 页数 | 备　注 |
| 1 | 已安装设备清单 | 1 | |
| 2 | 设备安装工艺检查情况表 | 1 | |
| 3 | 综合布线系统双绞线穿布检查记录表 | 2 | |
| 4 | 信息点抽检电气测试验收记录表 | 1 | |
| 5 | 综合布线光纤抽检测试验收记录表 | 1 | |

（续）

| 工程名称：××单位综合布线系统工程 | | | |
|---|---|---|---|
| 序号 | 目　录 | 页数 | 备注 |
| 6 | 综合布线系统机柜安装检查记录表 | 1 | |
| | | | |
| | | | |
| | | | |
| | | | |
| | | | |
| | | | |
| | | | |
| | | | |
| | | | |
| | | | |
| | | | |
| | | | |
| | | | |
| | | | |
| | | | |
| | | | |
| | | | |
| | | | |
| | | | |
| | | | |

## 已安装设备清单

项目名称：××单位工程(综合布线系统工程)

项目编号：

| 序号 | 设备名称及型号 | 数量 | 单位 | 安装地点 | 备注 |
|---|---|---|---|---|---|
| 1 | 42U 落地式机柜 | 6 | 个 | 设备间 | |
| 2 | 100 对 110 配线架 | 60 | 个 | 机柜 | |
| 3 | 超 5 类 24 口配线架 | 42 | 个 | 机柜 | |
| 4 | 24 口光纤盒 | 1 | 个 | 中心机房机柜 | |
| 5 | 12 口光纤盒 | 6 | 个 | 分机柜及中心机房机柜 | |
| | | | | | |
| | | | | | |
| | | | | | |
| | | | | | |
| | | | | | |
| | | | | | |
| | | | | | |
| | | | | | |
| | | | | | |
| | | | | | |
| | | | | | |
| | | | | | |

注：1. 本报告一式三份，建设单位、监理单位、施工单位各一份。

2. 工程简要内容：中心机房、配线间终端设备安装。

**设备安装工艺检查情况表**

项目名称：××单位工程(综合布线系统工程)

项目编号：

| 序号 | 检查项目 | 检查情况 |
| --- | --- | --- |
| 1 | 配线架端接安装 | 安装、双绞线标签及扎放工艺良好 |
| 2 | PVC 线管安装 | 水平度、固定、接头及安装工艺符合施工规范 |
| 3 | 底合、面板安装 | 水平度、固定、接头及安装工艺符合施工规范 |
| 4 | 镀锌铁线槽安装 | 水平度、垂直度、接口、稳固度符合施工规范 |
| 5 | 双绞线敷设、扎放 | 双绞线标签、预留长度、扎放松紧符合设计要求和施工规范，无扭曲、打结现象 |
| 6 | 水晶头端接 | 端接工艺、接触性能符合施工规范 |
| 7 | 光纤头端接 | 端接工艺、接触性能符合施工规范 |
| 8 | | |
| 9 | | |
| 10 | | |
| | | |
| | | |

检查人员：　　　　　　　　　　　　　日期：

注：1. 本报告一式三份，建设单位、监理单位、施工单位各一份。

2. 工程简要内容：安装 PVC 线管、镀锌铁桥架，安装机柜，敷设光纤、超 5 类双绞线，端接测试。

**综合布线系统双绞线敷设检查记录表**

项目名称：××单位工程(综合布线系统工程)

项目编号：

<table>
<tr><td>施工单位</td><td colspan="4"></td><td></td></tr>
<tr><td>施工负责人</td><td></td><td></td><td></td><td>完成日期</td><td></td></tr>
<tr><td colspan="6">工程完成情况</td></tr>
<tr><td>序号</td><td>双绞线、规格型号</td><td>根数</td><td>均长</td><td colspan="2">备注</td></tr>
<tr><td>1</td><td>超 5 类双绞线</td><td>1738</td><td>48m</td><td colspan="2">网络布线</td></tr>
<tr><td>2</td><td>六芯室外光纤</td><td>5</td><td>72m</td><td colspan="2">网络布线</td></tr>
<tr><td>3</td><td>200 对大对数电缆</td><td>4</td><td>48m</td><td colspan="2">网络布线</td></tr>
<tr><td>4</td><td>50 对大对数电缆</td><td>1</td><td>154m</td><td colspan="2">网络布线</td></tr>
<tr><td></td><td></td><td></td><td></td><td colspan="2"></td></tr>
<tr><td colspan="6">检查情况</td></tr>
<tr><td colspan="2">两端预留长度有无编号</td><td colspan="3"></td><td></td></tr>
<tr><td colspan="2">双绞线弯折有无情况</td><td colspan="3"></td><td></td></tr>
<tr><td colspan="2">双绞线外皮有无破损</td><td colspan="3"></td><td></td></tr>
<tr><td colspan="2">松紧冗余</td><td colspan="3"></td><td></td></tr>
<tr><td colspan="2">槽、管利用率</td><td colspan="3"></td><td></td></tr>
<tr><td colspan="2">过线盒安装是否符合标准</td><td colspan="3"></td><td></td></tr>
</table>

检查人员：　　　　　　　　　　　　　日期：

注：本报告一式三份，建设单位、监理单位、施工单位各一份。

## 综合布线信息点抽检电气测试验收记录表

项目名称：××单位工程（综合布线系统工程）　　　　项目编号：

抽验日期：　年　月　日

<table>
<tr><td rowspan="2">信息点总数</td><td rowspan="2" colspan="2"></td><td rowspan="2">其中</td><td>数据点</td><td></td><td rowspan="2" colspan="2">配线间数（设备间）</td><td rowspan="2"></td><td rowspan="2">拟抽检点数</td><td rowspan="2"></td></tr>
<tr><td>语音点</td><td></td></tr>
<tr><td>双绞线厂家型号</td><td colspan="4"></td><td colspan="2">模块厂家型号</td><td colspan="2"></td><td>配线架厂家型号</td><td></td></tr>
<tr><td>测试标准</td><td colspan="4">TIA/EIA 568A、ISO/IEC 11801 标准</td><td colspan="2">使用的测试仪器</td><td colspan="4"></td></tr>
<tr><td>设计单位</td><td colspan="7"></td><td>施工单位</td><td colspan="2"></td></tr>
<tr><td colspan="11">选点及抽检结果</td></tr>
<tr><td>序号</td><td>配线间</td><td>信息点编号</td><td>长度</td><td>接线图</td><td>工作电容</td><td>绝缘电阻</td><td>近端串扰</td><td>直流电阻</td><td>回波损耗</td><td>结果</td></tr>
<tr><td>1</td><td></td><td></td><td></td><td></td><td></td><td></td><td></td><td></td><td></td><td></td></tr>
<tr><td>2</td><td></td><td></td><td></td><td></td><td></td><td></td><td></td><td></td><td></td><td></td></tr>
<tr><td>3</td><td></td><td></td><td></td><td></td><td></td><td></td><td></td><td></td><td></td><td></td></tr>
<tr><td>4</td><td></td><td></td><td></td><td></td><td></td><td></td><td></td><td></td><td></td><td></td></tr>
<tr><td>5</td><td></td><td></td><td></td><td></td><td></td><td></td><td></td><td></td><td></td><td></td></tr>
<tr><td>6</td><td></td><td></td><td></td><td></td><td></td><td></td><td></td><td></td><td></td><td></td></tr>
<tr><td>7</td><td></td><td></td><td></td><td></td><td></td><td></td><td></td><td></td><td></td><td></td></tr>
</table>

测量人员：　　　监视人员：　　　记录人员：　　　日期：

注：本报告一式三份，建设单位、监理单位、施工单位各一份。

## 综合布线光纤抽检测试验收记录表

项目名称：××单位工程（综合布线系统工程）　　项目编号：　　　　抽验日期：　年　月　日

<table>
<tr><td>光纤总根数（段数）</td><td></td><td>室内（分芯数）</td><td></td><td colspan="2">室外（分芯数）</td><td></td><td>拟抽检根数</td><td></td></tr>
<tr><td>光纤厂家型号</td><td colspan="6"></td><td>端接设备厂家型号</td><td></td></tr>
<tr><td>测试标准</td><td colspan="3">GB 50312—2007</td><td colspan="2">使用的测试仪器</td><td colspan="3"></td></tr>
<tr><td>设计单位</td><td colspan="5"></td><td>施工单位</td><td colspan="2"></td></tr>
<tr><td colspan="9">选点及抽检结果</td></tr>
<tr><td>序号</td><td>起始配线间（设备间）</td><td>端止配线间</td><td>光纤类型编号</td><td>典型插入损耗</td><td>最大回波损耗</td><td>插入损耗</td><td>回波损耗</td><td>结果</td></tr>
<tr><td>1</td><td></td><td></td><td></td><td></td><td></td><td></td><td></td><td></td></tr>
<tr><td>2</td><td></td><td></td><td></td><td></td><td></td><td></td><td></td><td></td></tr>
<tr><td>3</td><td></td><td></td><td></td><td></td><td></td><td></td><td></td><td></td></tr>
<tr><td>4</td><td></td><td></td><td></td><td></td><td></td><td></td><td></td><td></td></tr>
<tr><td>5</td><td></td><td></td><td></td><td></td><td></td><td></td><td></td><td></td></tr>
</table>

测量人员：　　　　监视人员：　　　　记录人员：　　　　日期

注：本报告一式三份，建设单位、监理单位、施工单位各一份。

**综合布线系统机柜安装检查记录表**

项目名称：××单位工程（综合布线系统工程）

项目编号：　　　　　　　　　　　　　　　　　　日期：　年　月　日

| 施工单位 | | | 施工负责人 | | 完成日期 | |
|---|---|---|---|---|---|---|
| 工程完成情况 | | | | | | |
| 序号 | 机柜型号 | 台数 | 生产厂家 | 安装地点 | 安装方式 | 备注 |
| 1 | | | | | | |
| 2 | | | | | | |
| 3 | | | | | | |
| 检查情况 | | | | | | |
| 机柜稳固情况 | | | | | | |
| 水平度、垂直度 | | | | | | |
| 外观损坏、地脚锈蚀和清洁情况 | | | | | | |
| 接线配线工作方便情况 | | | | | | |
| 电源与接地情况 | | | | | | |

检查人员：　　　　　　　　　　日期：

注：本报告一式三份，建设单位、监理单位、施工单位各一份。

# 附　　录

## 附录 A　综合布线部分预算定额

| 定额编号 | 项　　目 | 单位 | 技工工日 | 普工工日 |
| --- | --- | --- | --- | --- |
| TXL7-001 | 开槽(砖槽) | m | 0 | 0.07 |
| TXL7-002 | 开槽(混凝土槽) | m | 0 | 0.28 |
| TXL7-003 | 敷设钢管(ϕ25mm 以下) | 100m | 2.63 | 10.52 |
| TXL7-004 | 敷设钢管(ϕ50mm 以下) | 100m | 3.95 | 15.78 |
| TXL7-005 | 敷设硬质 PVC 管(ϕ25mm 以下) | 100m | 1.76 | 7.04 |
| TXL7-006 | 敷设硬质 PVC 管(ϕ50mm 以下) | 100m | 2.64 | 10.56 |
| TXL7-007 | 敷设金属软管 | 根 | 0 | 0.4 |
| TXL7-008 | 敷设金属线槽(150mm 以下) | 100m | 5.85 | 17.55 |
| TXL7-009 | 敷设金属线槽(300mm 以下) | 100m | 7.61 | 22.82 |
| TXL7-010 | 敷设金属线槽(300mm 以上) | 100m | 9.13 | 27.38 |
| TXL7-011 | 敷设塑料线槽(100mm 以下) | 100m | 3.51 | 10.53 |
| TXL7-012 | 敷设塑料线槽(100mm 以上) | 100m | 4.21 | 12.64 |
| TXL7-013 | 安装吊装式桥架(100mm 以下) | 100m | 0.37 | 3.33 |
| TXL7-014 | 安装吊装式桥架(300mm 以下) | 100m | 0.41 | 3.66 |
| TXL7-015 | 安装吊装式桥架(300mm 以上) | 100m | 0.45 | 4.03 |
| TXL7-016 | 安装支撑式桥架(100mm 以下) | 100m | 0.28 | 2.52 |
| TXL7-017 | 安装支撑式桥架(300mm 以下) | 100m | 0.31 | 2.77 |
| TXL7-018 | 安装支撑式桥架(300mm 以上) | 100m | 0.34 | 3.05 |
| TXL7-019 | 垂直安装桥架(100mm 以下) | 10m | 0.17 | 1.36 |
| TXL7-020 | 垂直安装桥架(300mm 以下) | 10m | 0.22 | 1.77 |
| TXL7-021 | 垂直安装桥架(300mm 以上) | 10m | 0.29 | 2.3 |
| TXL7-022 | 安装过线(路)盒(半周长)(200mm 以下) | 10 个 | 0 | 0.4 |
| TXL7-023 | 安装过线(路)盒(半周长)(200mm 以上) | 10 个 | 0.9 | 0.4 |
| TXL7-024 | 安装信息插座底盒(接线盒)(明装) | 10 个 | 0 | 0.4 |
| TXL7-025 | 安装信息插座底盒(接线盒)(砖墙内) | 10 个 | 0 | 0.98 |
| TXL7-026 | 安装信息插座底盒(接线盒)(混凝土墙内) | 10 个 | 0 | 1.37 |
| TXL7-027 | 安装信息插座底盒(接线盒)(木地板内) | 10 个 | 0 | 0.84 |

（续）

| 定额编号 | 项　目 | 单位 | 技工工日 | 普工工日 |
|---|---|---|---|---|
| TXL7-028 | 安装信息插座底盒(接线盒)(防静电钢质地板内) | 10个 | 0 | 1.68 |
| TXL7-029 | 安装机柜、机架(落地式) | 架 | 2 | 0.67 |
| TXL7-030 | 安装机柜、机架(墙挂式) | 架 | 3 | 1 |
| TXL7-031 | 安装接线箱 | 个 | 2.7 | 0.9 |
| TXL7-032 | 制作安装抗震底座 | 个 | 1.67 | 0.83 |
| TXL7-033 | 穿放4对对绞电缆 | 百米条 | 0.85 | 0.85 |
| TXL7-034 | 穿放大对数对绞电缆(非屏蔽50对以下) | 百米条 | 1.2 | 1.2 |
| TXL7-035 | 穿放大对数对绞电缆(非屏蔽100对以下) | 百米条 | 1.68 | 1.68 |
| TXL7-036 | 穿放大对数对绞电缆(屏蔽50对以下) | 百米条 | 1.32 | 1.32 |
| TXL7-037 | 穿放大对数对绞电缆(屏蔽100对以下) | 百米条 | 1.85 | 1.85 |
| TXL7-038 | 明布4对对绞电缆 | 百米条 | 0.51 | 0.51 |
| TXL7-039 | 明布大对数对绞电缆(50对以下) | 百米条 | 0.96 | 0.96 |
| TXL7-040 | 明布大对数对绞电缆(100对以下) | 百米条 | 1.35 | 1.35 |
| TXL7-041 | 管、暗槽内穿放光缆 | 百米条 | 1.36 | 1.36 |
| TXL7-042 | 桥架、线槽、网络地板内明布光缆 | 百米条 | 0.9 | 0.9 |
| TXL7-043 | 布放光缆护套 | 百米条 | 0.9 | 0.9 |
| TXL7-044 | 气流法布放光纤束 | 百米条 | 0.89 | 0.13 |
| TXL7-045 | 卡接4对对绞电缆(配线架侧)(非屏蔽) | 条 | 0.06 | 0 |
| TXL7-046 | 卡接4对对绞电缆(配线架侧)(屏蔽) | 条 | 0.08 | 0 |
| TXL7-047 | 卡接大对数对绞电缆(配线架侧)(非屏蔽) | 百对 | 1.13 | 0 |
| TXL7-048 | 卡接大对数对绞电缆(配线架侧)(屏蔽) | 百对 | 1.5 | 0 |
| TXL7-049 | 安装光纤连接盘 | 块 | 0.65 | 0 |
| TXL7-050 | 光纤连接机械法(单模) | 芯 | 0.43 | 0 |
| TXL7-051 | 光纤连接机械法(多模) | 芯 | 0.34 | 0 |
| TXL7-052 | 光纤连接熔接法(单模) | 芯 | 0.5 | 0 |
| TXL7-053 | 光纤连接熔接法(多模) | 芯 | 0.4 | 0 |
| TXL7-054 | 光纤连接磨制法(单模) | 端口 | 0.5 | 0 |
| TXL7-055 | 光纤连接磨制法(多模) | 端口 | 0.45 | 0 |
| TXL7-056 | 安装8位模块式信息插座单口(非屏蔽) | 10个 | 0.45 | 0.07 |
| TXL7-057 | 安装8位模块式信息插座单口(屏蔽) | 10个 | 0.55 | 0.07 |
| TXL7-058 | 安装8位模块式信息插座双口(非屏蔽) | 10个 | 0.75 | 0.07 |
| TXL7-059 | 安装8位模块式信息插座双口(屏蔽) | 10个 | 0.95 | 0.07 |
| TXL7-060 | 安装光纤信息插座(双口) | 10个 | 0.3 | 0 |
| TXL7-061 | 安装光纤信息插座(四口) | 10个 | 0.4 | 0 |

（续）

| 定额编号 | 项　目 | 单位 | 技工工日 | 普工工日 |
| --- | --- | --- | --- | --- |
| TXL7-062 | 电缆跳线 | 条 | 0.08 | 0 |
| TXL7-063 | 光纤跳线（单模） | 条 | 0.95 | 0 |
| TXL7-064 | 光纤跳线（多模） | 条 | 0.81 | 0 |
| TXL7-065 | 电缆链路测试 | 链路 | 0.1 | 0 |
| TXL7-066 | 光纤链路测试（单光纤） | 链路 | 0.1 | 0 |
| TXL7-067 | 光纤链路测试（双光纤） | 链路 | 0.1 | 0 |

# 附录B　招 标 文 件

## ×××综合布线系统建设工程招标文件

### 一、总则

1. 工程说明

1.1　工程概况：（略）。

本工程已完成施工图设计，投标单位依据施工图内容进行施工投标。

1.2　工程综合说明：

1.2.1　工程名称：×××综合布线系统建设工程。

1.2.2　建设地点：×××。

1.2.3　结构类型及层数：×××。

1.2.4　建筑面积：×××。

1.2.5　承包方式：施工总承包。

1.2.6　保修要求：按建设部80号令。

1.2.7　质量要求：符合国家相应的验收标准。

1.2.8　要求工期：要求工期为×××天。

1.2.9　招标范围：×××。

2. 资金来源

国家计划内建设资金。

3. 资质与合格条件的要求

3.1　为履行本施工合同，参加投标的施工企业（以下称“投标单位”）至少应具备建筑智能化三级、计算机信息系统集成三级其中一项资质。

参加投标的施工单位必须是办理了工商注册，并持有工商营业执照的独立法人，投标的施工单位委派的项目经理具有相应的资质，备案后无特殊原因不允许更换。如投标单位代表不是法人代表，须持有《法人代表授权书》（统一格式）。

3.2　承诺履行《中华人民共和国招标投标法》以及相应法规的规定；遵守国家法律、行政法规，具有良好的信誉和诚实的职业道德。

3.3 为具有被授予合同的资格，投标单位应提供令招标单位满意的资格文件，以证明其符合投标合格条件和具有履行合同的能力。为此，所提交的投标文件中应包括下列资料：

1）有关确立投标单位法律地位的原始文件的副本，包括营业执照、资质等级证书（以建设部颁发的新资质为准）。

2）项目经理资质证书、身份证。

3）法定代表人资格证明书（或授权委托书）。

4. 投标费用

投标单位应承担编制投标文件与递交投标文件所涉及的一切费用。不管投标结果如何，招标单位对上述费用不负任何责任。

二、招标文件

5. 招标文件的组成

5.1 本合同的招标文件包括下列文件及所有按本招标文件第7条发出的补充资料和第13条所述的投标答疑会由招标方发出的书面记录。

招标文件包括下列内容：

1）投标须知。

2）投标文件编制。

3）投标文件递交。

4）合同条件（略）。

5）合同协议条款（略）。

6）合同格式（略）。

7）评标标准。

8）中标流程。

9）有关的技术规范。

10）报价表及工程预算书（略）。

11）图样及工程量清单（略）。

5.2 投标单位应认真审阅招标文件中所有的投标须知、合同条件、规定格式、技术规范和图样，实质上不响应招标文件要求的投标文件将被拒绝。

6. 招标文件的解释

投标单位在收到招标文件后，若有问题需要澄清，应于收到招标文件后在招标答疑会前以书面形式（包括书面文字、传真等，下同）向招标代理机构提出，招标单位将以书面形式予以解答（包括对询问的解释，但不说明询问的来源），答复将以书面形式送给所有获得招标文件的投标单位。

7. 招标文件的修改

7.1 在投标截止日期前五天，招标单位都可能会以补充通知的方式修改招标文件。

7.2 补充通知将以书面形式发给所有获得招标文件的投标单位，补充通知作为招标文件的组成部分，对投标单位起约束作用。

8. 投标报价

8.1 投标报价说明。

8.1.1　投标报价应按报价表中所列项目详细列出。

8.1.2　投标报价是投标单位对投标工程的期望承包价。

8.1.2.1　投标单位根据自己的实际情况，在保证质量、工期及不违背国家有关政策的前提下，按招标文件提供设计图样，报出自己的投标报价。

8.1.2.2　投标报价应与投标须知、合同条件、合同协议条款、投标时有关承诺、技术规范和图样一起考虑。

8.1.2.3　按照国家有关政策规定，投标报价不能明显低于其市场成本价。

8.1.3　投标报价的主要计价依据。

8.1.3.1　经招标投标管理机构备案核准的招标文件和补充文件。

8.1.3.2　工程设计图样和有关技术资料。

8.1.3.3　施工现场条件情况。

8.1.3.4　施工方案。

8.1.3.5　现行预算定额、取费标准和有关规定。

工程按最新定额以及相应的收费文件制订报价，投标书中只能有一个投标报价。

8.1.3.6　工程所在地人工、材料和施工机械台班的价格信息。

8.1.3.7　主材价格参照相关信息及市场价。

8.1.4　投标报价费用计取按有关部门最新的规定执行。

8.2　投标价格的方式。

8.2.1　采用价格固定方式。

投标单位所填写的单价和总价在合同实施期间不因市场变化因素而变动，投标单位在计算报价时可考虑一定的风险系数。

8.2.2　采用结算价格方式。

8.2.2.1　结算价格为合同金额、设计变更签证和建设单位现场管理人员签证工程量变更价格汇总后的价格。中标价中的漏项、错项，结算时视为已包括在其他工程子项的报价中。

8.2.2.2　结算调整价格以投标时的同等条件为依据，即变更价 = 经审核后变更工程量 × 中标时的单价。

8.2.2.3　招标方对材料标准如有调整或招标范围有变化，合同价格按招标方认可的材料价、范围进行调整。

8.3　投标货币。

8.3.1　投标文件报价单价和总价采用人民币表示。

8.3.2　投标单位在投标文件所附的投标报价表中的投标报价应包括施工设备、劳务、管理、材料、安装、维护、保险、政策性文件规定及合同包含的所有风险、责任等各项费用。

8.4　不保证最低的投标价中标。

**三、投标文件的编制**

9. 投标文件的语言

投标文件及投标单位和招标单位之间与投标有关的来往通知、函件和文件均应使用中文。

10. 投标文件的组成

10.1　投标单位的投标文件应包括下列内容：

投标文件分商务标（明标）和技术标（暗标），技术标、商务标分开制作。

10.1.1 商务标部分(一式四份,其中正本一份,副本三份)包含以下内容:

投标书报价表、法定代表人资格证明书、授权委托书、工程预算书及工程量清单、主要材料和设备清单、资质及相关资料。

10.1.2 技术标要求。

技术标应密封,一式三份,不分正副本。投标单位只能在标书封底规定之处(密封线内)填写招标单位名称项目名称及投标单位名称,并加盖公章,法定代表人签名(盖章),在密封线内用统一提供的封盖硬纸裁减至密封圈大小后将其密封,上面再用统一提供的技术标封底密封条(密封条裁成21cm×21cm)密封。

不得在标书内出现投标单位名称及能判断出投标单位的内容,不得在标书上画线打圈、涂改或出现任何人为标记。

标书内容统一采用仿宋3号字体,表格内文字采用仿宋5号字体,页码采用仿宋5号阿拉伯数字,统一编在正中下方。

技术标不做目录。技术标的文字部分采用A4纸张,施工平面图、网络图、计划措施图等图表采用A3纸张;文字部分和图表部分都要编页码。用黑色喷墨(或激光)打印机打印(或复印),技术标统一不用彩色打印。

CAD图样绘制要求遵照制图规范:字体采用仿宋体,字号为5号字,字体高度按制图规范规定的方式进行标注,线条粗细按制图规范。有图框,无会签栏。标题写在图样中下方。

未按照规定要求提供的技术标计为零分。

10.2 投标单位必须使用招标文件第×卷提供的表格格式,表格可以按同样格式扩展。

11. 投标有效期

11.1 开标之日起××天(日历日)内有效。

11.2 在原定投标有效期满之前,如果出现特殊情况,经招标管理机构核准,招标单位可以书面形式向投标单位提出延长投标有效期的要求。投标单位须以书面形式予以答复,投标单位可以拒绝这种要求而不被没收投标保证金。同意延长投标有效期的投标单位不允许修改他的投标文件,需要相应地延长投标保证金的有效期,在延长期内本须知第12条关于投标保证金的退还与没收的规定仍然适用。

12. 投标保证金

12.1 投标保证金为投标文件的必须要件,用于保护招标人因投标单位的行为而蒙受的损失。此投标保证金是投标文件的一个组成部分。投标单位应交投标保证金×××万元(发出中标和落标通知书后一周内退还)。

12.2 根据投标单位的选择,投标保证金可以是支票、银行汇票、现金。但必须在投标截止时间前两天交纳到招标公司保证金账户内。

保证金开户名称:

开户银行:×××支行

账 号:×××

12.3 对于未能按要求提交投标保证金的投标,招标单位将视为不响应投标书予以拒绝。

12.4 未中标的投标单位的投标保证金将在中标通知书发出后七天内退还。

12.5 中标单位的投标保证金,按要求提交签署合同协议和履行承诺后,予以无息退还。

12.6 如投标单位有下列情况，投标保证金将不予退还。

12.6.1 投标单位在投标有效期内撤回其投标文件。

12.6.2 投标单位在投标过程中以任何方式进行串标，导致招标无法顺利进行。

13. 投标答疑会

13.1 投标单位派代表于×年×月×日上午9：30到×××参加投标答疑会。

13.2 投标答疑会的目的是澄清、解答投标单位提出的问题和组织投标单位考察现场，了解情况。

13.3 勘察现场。

13.3.1 投标单位将被邀请对工程施工现场和周围环境进行勘察，以获取须投标单位自己负责的有关编制投标文件和签署合同所需的所有资料。勘察现场所发生的费用由投标单位自己承担。

13.3.2 招标单位向投标单位提供的有关施工现场的资料和数据，是招标单位现有的能使投标单位利用的资料。招标单位对投标单位由此而作出的推论、理解和结论概不负责。

13.4 投标单位提出的与投标有关的任何问题须在投标答疑会召开前，以书面形式送达招标单位(×月×日上午9:30前)。

13.5 会议记录包括所有问题和答复的副本，将迅速提供给所有获得招标文件的投标单位。由于投标答疑会而产生的对本招标文件第5.1款中所列的招标文件内容的修改，由招标单位按照本招标文件第7条的规定，以补充通知的方式发出。

14. 投标文件的份数和签署

14.1 投标单位按本招标文件第10条的规定，将技术标、商务标分开制作，编制投标文件商务标一份“正本”和三份“副本”，并明确标明“投标文件正本”和“投标文件副本”。投标文件正本和副本如有不一致之处，以正本为准。技术标一式三份，不分“正本”和“副本”。

14.2 投标文件商务标正本与副本均应使用不能擦去的墨水书写或打印，加盖法人单位公章，并由投标单位法定代表人(或委托代理人)亲自签署或加盖法定代表人(或委托代理人)印鉴。技术标按照招标文件的要求提供。

14.3 全套投标文件应无涂改和行间插字，除非这些删改是根据招标单位的指示进行的，或者是投标单位造成的必须修改的错误。修改处应由投标文件签署人签字证明并加盖印鉴。

**四、投标文件的递交**

15. 投标文件的密封与标志

投标人只能在投标文件封底规定之处(密封线内)填写招标人及项目名称和投标人名称，并加盖公章或法定代表人签名，按密封线将其密封。不得在投标文件内出现投标人名称，不得在投标文件上出现任何能引起判断出投标人的内容。

15.1 投标单位应将投标文件技术标、商务标分开制作，分开密封。商务标的正本和副本一起密封，封口处应有投标签署人的印鉴及投标单位的公章。封皮上应注明招标编号、招标项目名称、投标单位名称。技术标采用统一的专用密封袋、封口密封条。技术标书装在统一的专用密封袋中，密封条贴在专用密封袋反面(封口面)的两头封口处。技术标专用密封袋上不要有任何标记。

15.2 如果投标单位没有按上述规定密封并加写标志，招标单位将不承担投标文件错放或提前开封的责任，由此造成的提前开封的投标文件将予以拒绝或视为技术标无效，并退还给投标单位。

15.3 投标文件递交至本招标文件第10条所述的单位和地址。

16. 投标截止期

16.1 投标单位应按本招标文件第11条规定的日期和时间之前将投标文件递交给招标单位。

16.2 招标单位可以按本招标文件第7条规定的以补充通知的方式，酌情延长递交投标文件的截止日期。在上述情况下，招标单位与投标单位以前在投标截止期方面的全部权力、责任和义务，将适用于延长后新的投标截止期。

16.3 投标单位在投标截止期以后收到的投标文件，将原封退给投标单位。

17. 投标文件的修改与撤回

17.1 投标单位可以在递交投标文件以后，在规定的投标截止时间之前，以书面形式向招标单位递交修改或撤回其投标文件的通知。在投标截止日期以后，不能更改投标文件。

17.2 投标单位的修改或撤回通知，应按本招标文件第15条的规定编制、密封。在内层包封标明“修改”或“撤回”字样。

17.3 根据本招标文件第12条的规定，在投标截止时间与招标文件中规定的投标有效期终止日之间的这段时间内，投标单位不能撤回投标文件，否则其投标保证金将被没收。

**五、开标**

18. 开标内容与要求

18.1 招标方按招标文件规定的时间、地点主持公开开标。开标仪式由招标方主持，评标委员会成员、投标单位及有关人员参加。

18.2 开标会议在招标投标管理机构监督下，由招标单位组织并主持，对投标文件进行检查，确定它们是否完整，是否按要求提供了投标保证金，文件签署是否正确，以及是否按顺序编制。但按规定提交合格撤回通知的投标文件不予开封。

18.3 投标单位须派法定代表人(或委托代理人)持营业执照副本原件、资质等级证书副本原件、企业法定代表人资格证明书(或授权委托书)；项目经理持项目经理证原件、身份证参加开标仪式。投标单位有下列情况之一者将投标视为无效。

18.3.1 投标文件未按规定密封。

18.3.2 商务标无投标单位公章及其法定代表人(或者授权委托人)印鉴(或签字)的，商务标上的印鉴与资质证书上的名称、名字不符及投标单位提供的有关资料、证书、证明材料有假或伪造的。

18.3.3 投标文件未按规定填写、内容不全或字迹模糊、辨认不清。

18.3.4 投标截止时间以后送达的投标文件。

18.3.5 投标单位未按规定派法定代表人(或委托代理人)持营业执照副本原件、资质等级证书副本原件、企业代表人资格证明书(或授权委托书)，项目经理持项目经理证原件、身份证参加开标仪式。

18.3.6 项目经理与投标单位名称不符或与本人不符的。

18.3.7 项目经理资质在×级以下(不含×级)的。

18.3.8 投标书中出现两个以上投标报价的。

18.3.9 未按第12.1、12.3的要求提交投标保证金的。

18.3.10　投标单位串通投标抬高或压低报价的，有违反《中华人民共和国招标投标法》中有关废标规定的。

18.4　招标单位当众宣布核查结果，并宣读有效投标的单位名称、投标报价。

**六、评标**

19. 评标内容的保密要求

19.1　公开开标后，直到宣布授予中标单位合同为止，凡属于审查、澄清、评价和比较投标的有关资料，以及有关授予合同的信息都不应向投标单位或与该过程无关的其他人泄露。

19.2　在投标文件的审查、澄清、评价和比较以及授予合同的过程中，投标单位对招标单位和评标委员会其他成员施加影响的任何行为，都将导致取消投标资格。

20. 评标原则和评标办法

20.1　评标工作应遵循公平、公正、科学、择优的原则。

20.2　评标委员会将仅对按照本通知实质上响应招标文件要求的投标文件，按照《中华人民共和国招标投标法》、原建设部89号令《房屋建筑和市政基础设施工程施工招标投标管理办法》、七部委联合发布的12号令《评标委员会和评标方法暂行规定》及《××省实施中华人民共和国招标投标法办法》等的规定执行。

20.3　具体实施办法按照有关规定中关于综合评估法的规定，并在胜任程度及信誉评分表中设置加分项目，综合评出投标单位的得分排序。

20.4　评标程序分为初步评审、详细评审、推荐中标候选人与定标。

20.4.1　初步评审：评标委员会根据招标文件规定的评标标准和办法，对投标文件系统地进行初步评审和比较，确定不合格投标人和进入详细评审阶段的投标人名单。

20.4.2　详细评审：评标委员会根据招标文件确定的评标标准和方法，对经初步评审合格的投标文件的技术部分和商务部分作进一步评审、比较，确定投标人的排名顺序。

20.4.3　推荐中标候选人与定标：评标委员会推荐中标候选人名单，并提交书面评标报告。由招标领导小组根据评标报告在中标候选人中确定中标人。

20.5　投标文件技术部分(技术标)的内容为招标文件要求投标文件提供的施工组织设计部分：商务部分(商务标)的内容为招标文件要求投标文件提供的施工组织设计以外的其他部分。技术标实行暗标，商务标实行明标，先评技术标，后评商务标。技术标必须符合招标文件中有关格式规定，未按照规定要求提供的技术标记零分。在详细评审阶段投标人得分汇总计算时打开技术标密封条。

20.6　本工程招标人设标底价。

20.7　评标委员会应当在开标后十日内提出书面评标报告和推荐中标候选人。招标人应当自收到评标报告和推荐候选人名单之日起，在指定的媒介上对推荐的中标候选人进行公示，公示时间为十日。招标人应当在公示期满之日起十日内确定中标人。

20.8　中标原则：评标委员会参照有关规定进行评标，按得分高低推荐出有排序的中标候选人。

**七、授予合同**

21. 合同授予标准

招标单位将把合同授予综合比较最优的投标单位，确定为中标的投标单位必须具有实施本合同的能力和资源。

22. 中标通知书

22.1　确定出中标单位后，在投标有效期截止前，招标单位将以书面形式通知中标的投标单位其投标被接受。在该通知书(以下合同条件中称“中标通知书”)中给出招标单位对中标单位按本合同实施、完成和维护工程的中标标价(合同条件中称为“合同价格”)以及工期、质量和有关合同签订的日期、地点。

22.2　中标通知书将成为合同的组成部分。

22.3　招标单位及时将未中标的结果通知其他投标单位。

23. 合同协议书的签署

中标单位按中标通知书中规定的日期、时间和地点，由法定代表人或委托代理人前往与招标人代表签订合同。

**八、技术规范**

24. 现场自然条件

(略)。

25. 现场施工条件

工程现场施工条件由投标单位自行考察，本工程位于××市××区。施工用水、电及有关勘探资料等均已满足施工条件。

26. 设计及技术要求

26.1　设计。

26.1.1　本工程设计单位为××设计院，现已完成施工图设计。主要技术要求详见第×卷图样。

26.1.2　设计变更：详见设计院设计变更资料。

26.1.3　抗震设计为六度。

26.2　技术要求。

26.2.1　严格按照国家现行的设计、施工、安装标准及技术规范，严格按图施工。

26.2.2　施工时注意基础处理。须密切配合设计人员，发现问题及时解决。

26.3　材料。

26.3.1　所有建安材料必须要有出厂合格证及试验报告，并达到国家和行业有关标准，主要建安材料必须为省、部优产品。

26.3.2　工程所需主要材料需招标人认可档次和价格。

27. 质量标准

本工程质量必须符合国家现行的设计、施工、安装标准及技术规范，经有关部门检测达到优良标准，并出具相应检测报告以备存档。

# 附录C　投 标 文 件

**一、投标书及投标书附录**(商务标部分)

(一) 投标书

致：建设单位

1. 根据已收到的招标编号为________的________工程的招标文件，遵照《工程建设施工招标投标管理办法》的规定，我单位经考察现场和研究上述工程招标文件的投标须知、合同条件、技术规范、图样、工程量清单和其他有关文件后，我方愿以投标报价表中的投标报价________进行投标。

2. 一旦我方中标，我方保证________天（日历日）内竣工并移交整个工程，质量达到优良工程的承诺，保修期________年。

3. 如果我方中标，将按照合同条款及投标书承诺承担法律责任。

4. 我方同意所递交的投标文件在投标文件第 11 条规定的投标有效期内有效，在此期间内我方的投标有可能中标，我方将受此约束。

5. 除非另外达成协议并生效，你方的中标通知书和本投标文件将构成约束我们双方的合同。

6. 我方愿意将________万元的投标保证金与本投标书同时递交。

7. 招标方对材料标准如有调整或招标范围有变化，投标单位同意中标价格按招标方认可的材料价、范围进行调整。

8. 如果我方中标，我方将按照规定提交履约保证金，作为承担责任的保证。如果不提交，招标方有权取消我方的中标资格，且可拒绝退还投标保证金。

9. 投标书中载明的项目经理、技术负责人、施工员、质安员，我方承诺在施工过程中不得更换人员，必须在现场工作。特殊情况下，经建设单位批准，方可更换和离开现场。如建设单位在施工时发现我单位有挂靠、转包行为，可停止合同，并没收履约保证金。

投标单位：（盖章） 单位地址：

法定代表人：（签字、盖章） 邮政编码：

电话： 传 真：

开户银行名称： 银行账号：

开户行地址：

日期： 年 月 日

（二）开标一览表

投标单位名称：

| 序号 | 工程名称 | | | |
|---|---|---|---|---|
| | | | | |
| | | | | |
| | | | | |
| | | | | |
| | | | | |
| 投标总价： | （大写人民币）： | | | |
| | （小写人民币）： | | | |

注：请将开标一览表单独装在一个信封内，以便于唱标，并放入商务标内。

（三）报价表

施工单位名称：

招标文件编号：

| 序号 | 工 程 名 称 | |
|---|---|---|
| 1 | 投标报价（大写）<br>金额单位：人民币元 | |
| 2 | 要求工期<br>单位：天（日历日） | |
| 3 | 保修承诺 | |
| 4 | 质量等级 | |
| 5 | 投标保证金 | |
| 6 | 项目经理 | |
| 7 | 项目经理资质等级 | |
| 8 | 备注 | |

投标单位：（盖章）

法定代表人：（签字、盖章）

年 月 日

注：报价表装订在商务标书中。

（四）法定代表人资格证明书

单位名称：

地　　址：

姓名：____________性别：____________年龄：____________职务：____________

系____________的法定代表人，为____________工程，签署上述工程的投标文件、进行合同谈判、签署合同和处理与之有关的一切事务。

特此证明。

投标单位：（盖章）　　　　　　上级主管部门：（盖章）

日期：　年　月　日　　　　　　日期：　年　月　日

（五）授权委托书

本授权委托书声明，我________（姓名）系________（投标单位名称）的法定代表人，现授权委托________（单位名称）的________（姓名）为我公司代理人，以本公司的名义参加________（招标单位）的________工程的投标活动。代理人在开标、评标、合同谈判过程中所签署的一切文件和处理与之有关的一切事务，我均予以承认。

代理人无转委权。特此委托。

代理人：　　　　性别：　　　　年龄：

单位：　　　　部门：　　　　职务：

投标单位：（盖章）

法定代表人：（签字、盖章）

日　　期：　　　　年　月　日

**二、工程预算书**（商务标部分）

1. 工程预算书及工程量清单

略，具体格式参考其他部分。

2. 主要材料、设备清单

略。

**三、资质及相关资料**（商务标部分）

投标单位资质证书：（复印件）

营业执照：（复印件）

项目经理证书：（复印件）

主要技术负责人、施工员、质量员、安全员、材料员、预算员相应的上岗证件。

**项目经理及主要技术负责人简历表**

| 姓　名 | | 性　别 | | 年　龄 | |
|---|---|---|---|---|---|
| 职　务 | | 职　称 | | 学　历 | |
| 参加工作时间 | | 从事项目经理年限 | | | |
| 完成工程项目情况 | | | | | |
| 建设单位 | 项目名称 | 建设规模 | 工程竣工日期 | 工程质量表 | |
| | | | | | |
| | | | | | |
| | | | | | |

**主要施工管理人员表**

| 名　称 | 姓　名 | 职　务 | 职　称 | 主要资历、经验及承担过的项目 |
|---|---|---|---|---|
| 一、总部<br>1. 项目主管<br>2. 其他人员<br>二、现场<br>1. 项目经理<br>2. 项目副经理<br>3. 质量管理员<br>4. 材料管理员<br>5. 计划管理员<br>6. 安全管理员 | | | | |

项目经理部包括项目经理、主要技术负责人、施工员、质量员、安全员、材料员、预算员等。

**近3年来所承建工程情况一览表**

| 建设单位 | 项目名称及建设地点 | 结构类型 | 建设规模 | 开、竣工日期 | 合同价格 | 质量达到标准 |
|---|---|---|---|---|---|---|
| | | | | | | |
| | | | | | | |
| | | | | | | |
| | | | | | | |
| | | | | | | |

**目前正在承建工程情况一览表**

| 建设单位 | 项目名称及建设地点 | 结构类型 | 建设规模 | 开、竣工日期 | 合同价格 | 质量达到标准 |
|---|---|---|---|---|---|---|
| | | | | | | |
| | | | | | | |
| | | | | | | |
| | | | | | | |

**四、施工组织设计**(技术标部分)

应包括:

1）施工组织设计方案。

2）施工进度计划及保证措施。

3）保证质量措施。

4）保证安全措施。

5）文明施工现场措施。

6）合理化建议。

**五、工程图样**

略。

# 附录D　合 同 样 本

## ×××综合布线项目建设合同

委托方（简称甲方）：

被委托方（简称乙方）：

甲方现有×××综合布线项目建设工程，委托乙方进行综合布线施工。按照《中华人民共和国合同法》与相应的法规规定，结合本工程具体情况，双方本着公平、公正、公开、诚实守信的原则，双方自愿达成如下协议：

**一、工程概况**

1. 工程名称：×××××综合布线。
2. 工程地点：×××××。
3. 工程内容：以报价单所列项目为准。
4. 工程承包方式：施工总承包。
5. 工程工期：工程自　　年　月　日开工，于　　年　月　日竣工。
6. 合同价款（人民币大写）：________________________________。
7. 付款方式：甲方分两次按下表的比例支付工程款。如施工中有增减项目，其款项在第二次付款时调整，工期相应顺延或提前。付清余款后乙方正式向甲方移交综合布线系统建设项目。

| 序号 | 付款时间 | 付款比例（%） | 付款金额/元 |
| --- | --- | --- | --- |
| 第一次 | 合同签订当天 | 50 | |
| 第二次 | 工程验收结束 | 50 | |

**二、甲方责任**

1. 工程开工前向乙方确认该工程的项目设计及施工说明，并在图样及报价单上签字认可；清除影响施工的障碍物，向乙方提供施工所需的水、电，并说明使用注意事项；办理施工所涉及的各种批件手续并交纳相应的费用。

2. 指派________为甲方驻施工现场代表和监理单位，负责合同履行，对工程质量、进度进行监督检查，办理验收、登记手续和其他事宜。

3. 负责审定双方协议的变更、增改项目，并按进度支付变更、增改项目工程款项。

4. 如确定需要拆改原建筑物结构或设备管线，负责到有关部门办理相应的审批手续并交纳相关费用；若甲方未办理任何手续，擅自同意或要求乙方拆改原建筑物结构或设备管线，由此发生的损失或事故由甲方负责并承担。

5. 协调乙方做好现场保卫、消防、垃圾处理等工作，协调各方关系。

**三、乙方责任**

1. 协助甲方对项目设计及施工说明进行确定，拟定施工进度计划交甲方审定。所采购的材料，事先经甲方审定、认可；协助甲方办理入场手续，按照规定缴纳相关费用。

2. 指派________为乙方驻施工现场代表，负责合同履行。按要求组织施工，保质保量、按期完成施工任务，解决由乙方负责的各项事宜。

3. 严格执行施工规范、安全操作规程、防火安全规定、环境保护规定。严格按照图样及施工说明进行施工，对施工进程中的项目变更事先交甲方审定、认可后方可施工。参加竣工验收。

4. 遵守有关部门对施工现场管理的规定，做好施工现场保卫、垃圾处理等工作，同时协调好由于施工而带来的扰民等问题。

5. 施工中未经甲方同意或者有关部门批准，不得随意拆毁原建筑物结构及各种设备管线，否则，承担由此造成的一切后果。

6. 工程竣工未移交甲方之前，负责对现场的一切设施和施工成品进行保护。

**四、工程质量、工期、保修及违约责任**

1. 本工程以施工图样、报价单、工程增改单和国家制定的施工及验收规范为质量评定验收标准。

2. 因甲方未按合同规定履行义务而影响工期，或因甲方临时更改图样而影响工程质量、延误工期，其返工费用由甲方承担且工期顺延，以“工程增改单”为准。

3. 由于乙方原因造成质量事故，其返工费用由乙方承担，工期不顺延。

4. 非乙方原因造成的停电、停水及不可抗拒因素的影响，导致停工 8h 以上(一周内累计计算)，工期相应顺延。

5. 由于甲方原因导致延期开工或中途停工，甲方应补偿乙方因停工、窝工所造成的损失。甲方不按合同的约定拨付工程款，每拖一天按延迟付款总额的 0.5% 支付滞纳金。

6. 未办理验收手续，甲方提前使用或擅自动用，造成的损失由甲方负责。

7. 因单方原因合同无法继续履行时，应通知对方办理合同终止协议，并由责任方赔偿对方由此造成的经济损失。

8. 工程完工自验收合格当日起一年内，乙方实行质量保修。即一年内因乙方施工或所购材料造成质量问题，由乙方负责免费维修；一年内因甲方使用不当或所购材料造成的问题，则由甲方负责维修材料的购置费用，乙方收取人工费进行维修。

**五、附则**

1. 本合同正本两份，双方各执一份，具有同等法律效力。

2. 本合同自签订之日起生效，至工程竣工/交付使用之日起，一年保修期满，合同自行终止。

3. 以下附件为合同之不可分割的组成部分(与合同同时生效)：

1）施工图样。

2）工程项目报价单。

3）工程增改单。

**六、特别约定**

甲、乙双方同意：

1. 进场前，检查办公区内的水、电设施，进场后不能损坏库房内的水、电设施，损坏后由乙方负责。

2. 不在库房内做饭、住宿，因违规而导致的一切后果由乙方负责。

3. 电源线的管道内不能有接头，管道与管道的交接处不能有接头，从上一接线盒处找接头。

4. 工程完成后，乙方向甲方提供完成的走线图。

5. 所有电源插座的右边为相线，左边为零线。

6. 相线用红色，零线用蓝色，地线绿黄相间的颜色。

**七、备注事项**

1. 本合同未涉或未详部分，以政府或有关行业主管部门的规定为准。

2. 凡本合同或与本合同有关的争议，双方应友好协商解决。协商不成，可提交有关部门按现行有效的仲裁规则进行仲裁，裁决是终局的，对双方均具有约束力。

3. 合同之未尽事宜，双方另行协商。另议所形成的书面文件，为合同之补充部分，与本合同具有同样法律效力。

| | |
|---|---|
| 甲　方： | 乙　方： |
| 负责人： | 负责人： |
| 电　话： | 电　话： |
| 甲方盖章： | 乙方盖章： |
| 年　　月　　日 | 年　　月　　日 |

# 附录 E　综合布线系统项目测试文件

**设备安装工程线缆走道/槽道安装质量控制表**

工程名称：

| 序号 | 走道/槽道名称 | 起止部位 | 规格尺寸 | 安装位置 | 防震加固 | 垂直/水平 | 孔洞水护框 | 孔洞封口 |
|---|---|---|---|---|---|---|---|---|
| 1 | | | | | | | | |
| 2 | | | | | | | | |
| 3 | | | | | | | | |
| 4 | | | | | | | | |
| 5 | | | | | | | | |
| 6 | | | | | | | | |
| 7 | | | | | | | | |
| 8 | | | | | | | | |
| 9 | | | | | | | | |
| 10 | | | | | | | | |
| 施工单位代表：<br>监理工程师：<br>年　月　日 | | | | | | | | |

注：本表一式两份，施工单位、监理单位各一份。

## 设备安装工程线缆布放和接续质量控制表

工程名称：　　　　　　　　　　　　　　　　　　　　　监理单位(章)：

| 序号 | 线缆名称 | 起止部位 | 顺直整齐 | 曲率规范 | 绑扎牢固 | 接续正确 | 接触良好 | 标志齐全 |
|---|---|---|---|---|---|---|---|---|
| 1 | | | | | | | | |
| 2 | | | | | | | | |
| 3 | | | | | | | | |
| 4 | | | | | | | | |
| 5 | | | | | | | | |
| 6 | | | | | | | | |
| 7 | | | | | | | | |
| 8 | | | | | | | | |
| 9 | | | | | | | | |
| 10 | | | | | | | | |
| 施工单位代表：<br>监理工程师：<br>年　月　日 | | | | | | | | |

注：本表一式两份，施工单位、监理单位各一份。

## 设备系统主要性能调测质量控制表

工程名称：　　　　　　　　　　　　　　　　　　　　　监理单位(章)：

| 序号 | 系统名称 | 测试部位 | 实测数值 | 现行标准 | 实测数值 | 现行标准 |
|---|---|---|---|---|---|---|
| 1 | | | | | | |
| 2 | | | | | | |
| 3 | | | | | | |
| 4 | | | | | | |
| 5 | | | | | | |
| 6 | | | | | | |
| 7 | | | | | | |
| 8 | | | | | | |
| 9 | | | | | | |
| 10 | | | | | | |
| 施工单位代表：<br>监理工程师：<br>年　月　日 | | | | | | |

注：本表一式两份，施工单位、监理单位各一份。

## 设备安装工程施工质量检验初评表

工程名称：　　　　　　　　　　　　　　　　　　　　　　监理单位(章)：

<table>
<tr><td>序号</td><td>工序名称</td><td>项数</td><td>其中优良项数</td><td>备注</td></tr>
<tr><td>1</td><td>机架安装</td><td></td><td></td><td></td></tr>
<tr><td>2</td><td>走道安装</td><td></td><td></td><td></td></tr>
<tr><td>3</td><td>槽道安装</td><td></td><td></td><td></td></tr>
<tr><td>4</td><td>线缆布放</td><td></td><td></td><td></td></tr>
<tr><td>5</td><td>线缆接续</td><td></td><td></td><td></td></tr>
<tr><td>6</td><td>本机调测</td><td></td><td></td><td></td></tr>
<tr><td>7</td><td>系统调测</td><td></td><td></td><td></td></tr>
<tr><td colspan="2">合计</td><td></td><td></td><td>优良率（%）</td></tr>
<tr><td>初评等级</td><td colspan="4">优良/合格<br>监理工程师意见：<br>施工单位代表：<br>监理工程师：<br>年　月　日</td></tr>
</table>

注：本表一式两份，施工单位、监理单位各一份。

## 架空光(电)缆工程施工质量控制表

工程名称：　　　　　　　　　　　　　　　　　　　　　　监理单位(章)：

<table>
<tr><td>序号</td><td>杆(档)号</td><td>电杆位置</td><td>电杆坑深标准/实测</td><td>地上杆高标准/实测</td><td>竖直</td><td>加固保护</td><td>吊线垂度标准/实测</td><td>挂钩间距标准/实测</td><td>缆地间距标准/实测</td><td>曲率半径标准/实测</td><td>接续测试</td><td>备注</td></tr>
<tr><td>1</td><td></td><td></td><td></td><td></td><td></td><td></td><td></td><td></td><td></td><td></td><td></td><td rowspan="15">普通中间杆视具体情况按比例抽测</td></tr>
<tr><td>2</td><td></td><td></td><td></td><td></td><td></td><td></td><td></td><td></td><td></td><td></td><td></td></tr>
<tr><td>3</td><td></td><td></td><td></td><td></td><td></td><td></td><td></td><td></td><td></td><td></td><td></td></tr>
<tr><td>4</td><td></td><td></td><td></td><td></td><td></td><td></td><td></td><td></td><td></td><td></td><td></td></tr>
<tr><td>5</td><td></td><td></td><td></td><td></td><td></td><td></td><td></td><td></td><td></td><td></td><td></td></tr>
<tr><td>6</td><td></td><td></td><td></td><td></td><td></td><td></td><td></td><td></td><td></td><td></td><td></td></tr>
<tr><td>7</td><td></td><td></td><td></td><td></td><td></td><td></td><td></td><td></td><td></td><td></td><td></td></tr>
<tr><td>8</td><td></td><td></td><td></td><td></td><td></td><td></td><td></td><td></td><td></td><td></td><td></td></tr>
<tr><td>9</td><td></td><td></td><td></td><td></td><td></td><td></td><td></td><td></td><td></td><td></td><td></td></tr>
<tr><td>10</td><td></td><td></td><td></td><td></td><td></td><td></td><td></td><td></td><td></td><td></td><td></td></tr>
<tr><td>11</td><td></td><td></td><td></td><td></td><td></td><td></td><td></td><td></td><td></td><td></td><td></td></tr>
<tr><td>12</td><td></td><td></td><td></td><td></td><td></td><td></td><td></td><td></td><td></td><td></td><td></td></tr>
<tr><td>13</td><td></td><td></td><td></td><td></td><td></td><td></td><td></td><td></td><td></td><td></td><td></td></tr>
<tr><td>14</td><td></td><td></td><td></td><td></td><td></td><td></td><td></td><td></td><td></td><td></td><td></td></tr>
<tr><td colspan="2">一次检查合格项数</td><td></td><td></td><td></td><td></td><td></td><td></td><td></td><td></td><td></td><td></td></tr>
<tr><td colspan="13">一次检查合格用蓝(黑)色笔记录　　　施工单位代表：<br>二次检查合格用红色笔记录　　　监理工程师：<br>年　月　日</td></tr>
</table>

注：本表一式两份，施工单位、监理单位各一份。

## 直埋光（电）缆工程施工质量控制表

工程名称：　　　　　　　　　　　　　　　　　　　　　　　　监理单位（章）：

| 序号 | 段落的起止标志号 | 路由位置 | 缆沟深度 | 缆沟宽度 | 放纵保护 | 缆下回土 | 敷设线缆 | 接线测试 | 保护防护 | 曲率规范 | 回填标记 | 备注 |
|---|---|---|---|---|---|---|---|---|---|---|---|---|
| 1 | | | | | | | | | | | | |
| 2 | | | | | | | | | | | | |
| 3 | | | | | | | | | | | | |
| 4 | | | | | | | | | | | | |
| 5 | | | | | | | | | | | | |
| 6 | | | | | | | | | | | | |
| 7 | | | | | | | | | | | | |
| 8 | | | | | | | | | | | | |
| 9 | | | | | | | | | | | | |
| 10 | | | | | | | | | | | | |
| 11 | | | | | | | | | | | | |
| 12 | | | | | | | | | | | | |
| 13 | | | | | | | | | | | | |
| 14 | | | | | | | | | | | | |
| 15 | | | | | | | | | | | | |
| 16 | | | | | | | | | | | | |
| 17 | | | | | | | | | | | | |

一次检查合格用蓝（黑）色笔记录

二次检查合格用红色笔记录

施工单位代表：

监理工程师：

年　　月　　日

注：本表一式两份，施工单位、监理单位各一份。

## 管道光(电)缆工程施工质量控制表

工程名称： 监理单位(章)：

| 序号 | 段落起止入孔号 | 核查管孔 | 清刷管孔 | 敷设子管 | 子管试通 | 敷设线缆 | 曲率规范 | 接续测试 | 保护防护 | 标记清场 | 备注 |
|---|---|---|---|---|---|---|---|---|---|---|---|
| 1 | | | | | | | | | | | |
| 2 | | | | | | | | | | | |
| 3 | | | | | | | | | | | |
| 4 | | | | | | | | | | | |
| 5 | | | | | | | | | | | |
| 6 | | | | | | | | | | | |
| 7 | | | | | | | | | | | |
| 8 | | | | | | | | | | | |
| 9 | | | | | | | | | | | |
| 10 | | | | | | | | | | | |
| 一次检查合格用蓝(黑)色笔记录<br>二次检查合格用红色笔记录　　施工单位代表：<br>监理工程师：<br>年　月　日 | | | | | | | | | | | |

注：本表一式两份，施工单位、监理单位各一份。

## 单条光(电)线缆工程质量检验评定记录

工程名称： 单缆名称： 监理单位(章)：

| 序号 | 工序名称 | 项目 | 其中优良项数 | 备注 |
|---|---|---|---|---|
| 1 | | | | |
| 2 | | | | |
| 3 | | | | |
| 4 | | | | |
| 5 | | | | |
| 6 | | | | |
| 7 | | | | |
| 8 | | | | |
| 合计 | | | | 优良率（%） |
| 初评等级 | 优良/合格<br>监理工程师意见：<br>施工单位代表：<br>监理工程师：<br>年　月　日 | | | |

注：本表一式两份，施工单位、监理单位各一份。

# 附录F 竣工文档

| 工程编号： |
|---|
| |
| 竣工文档<br><br>类　　别：竣工文档<br>案卷题名：<br>编制单位：<br>编制日期：<br>保管期限：<br>密　　级： |

## 文件目录

工程名称：综合布线工程

| 序号 | | 文件标题名称 | 页数 | 备注 |
|---|---|---|---|---|
| 一 | 交工技术文件 | 工程说明 | | |
| | | 开工报告 | | |
| | | 施工组织设计方案报审表 | | |
| | | 开工令 | | |
| | | 材料进场记录表 | | |
| | | 设备进场记录表 | | |
| | | 设计变更报告 | | |
| | | 工程临时延期申请表 | | |
| | | 工程最终延期审批表 | | |
| | | 隐蔽工程报验申请表 | | |
| | | 工程材料报审表(附材料数量清单及厂家提供证明文件) | | |
| | | 工程材料报审表(附材料数量清单及厂家提供证明文件) | | |
| | | 已安装工程量总表 | | |
| | | 重大工程质量事故报告 | | |
| | | 工程交接书(一) | | |
| | | 工程交接书(二) | | |
| | | 工程竣工初验报告 | | |
| | | 工程验收终验报告 | | |
| | | 工程验收证明书 | | |
| | | | | |
| 二 | 验收技术文件 | 已安装设备清单 | | |
| | | 设备安装工艺检查情况表 | | |
| | | 综合布线系统双绞线穿布检查记录表 | | |
| | | 信息点抽检电气测试验收记录表 | | |
| | | 综合布线光纤抽检测试验收记录表 | | |
| | | 综合布线系统机柜安装检查记录表 | | |
| | | | | |
| 三 | 竣工图样 | 综合布线信息点布放图 | | |

__________工程建设

# 交工技术文件

密　　　级：____________________

建设项目名称：__________________工程

单项工程名称：综合布线系统单项工程

建 设 单 位：____________________

施 工 单 位：________________有限公司

监 理 单 位：________________有限公司

年　月　日

## 交工技术文件目录

| 序号 | 文件名称 | 制作单位 | 制作日期 | 页数 |
|---|---|---|---|---|
| 1 | 工程说明 | | | |
| 2 | 开工报告 | | | |
| 3 | 施工组织设计方案报审表 | | | |
| 4 | 开工令 | | | |
| 5 | 材料进场记录表 | | | |
| 6 | 设备进场记录表 | | | |
| 7 | 设计变更报告 | | | |
| 8 | 工程临时延期申请表 | | | |
| 9 | 工程最终延期审批表 | | | |
| 10 | 隐蔽工程报验申请表 | | | |
| 11 | 工程材料报审表(附材料数量清单及厂家提供证明文件) | | | |
| 12 | 工程材料报审表(附材料数量清单及厂家提供证明文件) | | | |
| 13 | 已安装工程量总表 | | | |
| 14 | 重大工程质量事故报告 | | | |
| 15 | 工程交接书(一) | | | |
| 16 | 工程交接书(二) | | | |
| 17 | 工程竣工初验报告 | | | |
| 18 | 工程验收终验报告 | | | |
| 19 | 工程验收证明书 | | | |

**工程最终延期审批表**

项目名称：××单位工程（综合布线系统工程）

项目编号：

致：________（承包单位）

根据施工合同条款__________________条的规定，我方对你方提出的________工程延期申请（第____号）要求延长工期___________日历日的要求，经过审核评估：

□最终同意工期延长__________________日历天，使竣工日期（包括已批准的延长工期）从原来的________年________月________日延迟到________年________月________日，请你方执行。

□不同意延长工期，请按约定竣工日期组织施工。

说明：

项目监理机构：

总监理工程师：

日　　期

注：本报告一式三份，建设单位、监理单位、施工单位各一份。

## 已安装工程量表

项目名称：××单位工程(综合布线系统工程)

建设地点：

| 序号 | 项　　目 | 单位 | 数量 | 备注 |
| --- | --- | --- | --- | --- |
| 1 | 布放1#楼信息点 | 点 | 825 | |
| 2 | 布放2#楼信息点 | 点 | 44 | |
| 3 | 安装落地式网络机柜 | 台 | 6 | |
| 4 | 安装超5类配线架 | 个 | 42 | |
| 5 | 安装110配线架 | 个 | 60 | |
| 6 | 布放六芯室外光缆 | m | 350 | |
| 7 | 布放大对数电缆 | m | 338 | |
| 8 | 信息点端接测试 | 条 | 869 | |
| 9 | 光纤端接测试 | 条 | 30 | |

注：1. 本报告一式三份，建设单位、监理单位、施工单位各一份。

2. 工程简要内容：安装PVC线管线槽、镀锌铁桥架，电教平台布线，安装机柜，敷设光纤、超5类双绞线，端接测试。

## 重大工程质量事故报告

项目名称：× ×单位工程(综合布线单项工程)

项目编号：

<table>
<tr><td>工程名称</td><td>× ×单位综合布线工程</td><td>设计单位</td><td></td></tr>
<tr><td>地点</td><td></td><td>施工单位</td><td></td></tr>
<tr><td>发生事故时间</td><td colspan="3"></td></tr>
<tr><td>事故内容</td><td colspan="3">填报单位(盖章)：<br>项目负责人：<br>填报日期：　　年　月　日</td></tr>
</table>

注：1. 本报告一式三份，建设单位、监理单位、施工单位各一份。

2. 本表在事故发生后24h内报建设单位一份、监理公司一份、总公司一份，留底一份。

## 工程交接书(一)

项目名称：××单位工程(综合布线工程)

建设地点：

| 序号 | 项　目 | 单位 | 数量 | 备注 |
| --- | --- | --- | --- | --- |
| 1 | 布放1#楼信息点 | 点 | 825 | |
| 2 | 布放2#楼信息点 | 点 | 44 | |
| 3 | 安装落地式网络机柜 | 台 | 6 | |
| 4 | 安装超5类配线架 | 个 | 42 | |
| 5 | 安装110配线架 | 个 | 60 | |
| 6 | 布放六芯室外光缆 | m | 350 | |
| 7 | 布放大对数电缆 | m | 338 | |
| 8 | 信息点端接测试 | 条 | 869 | |
| 9 | 光纤端接测试 | 条 | 30 | |

注：1. 本报告一式三份，建设单位、监理单位、施工单位各一份。

2. 工程简要内容：安装PVC线管线槽、镀锌铁桥架，电教平台布线，安装机柜，敷设光纤、超5类双绞线，端接测试。

## 工程交接书(二)

<table>
<tr><td colspan="3">验收情况：<br>本工程于____年____月____日开工，年____月____日完工，经建设单位、监理单位、施工单位三方检查，工程质量符合要求。<br>附件：<br>1. 竣工图样。<br>2. 测试报告。<br>3. 竣工验收资料。</td></tr>
<tr><td colspan="3">工程交接意见：</td></tr>
<tr><td colspan="3">验收人员(签名)：</td></tr>
<tr><td>建设单位(盖章)：<br><br>项目负责人：<br><br>日期：</td><td>监理单位(盖章)：<br><br>监理工程师：<br><br>日期：</td><td>施工单位(盖章)：<br><br>项目负责人：<br><br>日期：</td></tr>
</table>

注：本报告一式三份，建设单位、监理单位、施工单位各一份。

## 工程竣工初验报告

<table>
<tr><td>建设项目名称</td><td colspan="2">××单位综合布线工程</td><td>建设单位</td><td colspan="2">××单位</td></tr>
<tr><td>单项工程名称</td><td colspan="2">综合布线系统单项工程</td><td>施工单位</td><td colspan="2"></td></tr>
<tr><td>建设地点</td><td colspan="2"></td><td>监理单位</td><td colspan="2"></td></tr>
<tr><td>开工日期</td><td></td><td>竣工日期</td><td></td><td>初验日期</td><td></td></tr>
<tr><td>工程内容</td><td colspan="5">详见安装工程量总表</td></tr>
<tr><td colspan="6">验收意见及施工质量评语：</td></tr>
<tr><td colspan="6">施工单位代表：<br><br>施工单位签章：<br><br>日　　期：　　年　月　日</td></tr>
<tr><td colspan="6">监理单位代表：<br><br>监理单位签章：<br><br>日　　期：　　年　月　日</td></tr>
<tr><td colspan="6">建设单位代表：<br><br>建设单位签章：<br><br>日　　期：　　年　月　日</td></tr>
</table>

注：本报告一式三份，建设单位、监理单位、施工单位各一份。

## 工程竣工终验报告

<table>
<tr><td>建设项目名称</td><td colspan="2">××单位工程</td><td>建设单位</td><td colspan="2">××单位</td></tr>
<tr><td>单项工程名称</td><td colspan="2">综合布线系统单项工程</td><td>施工单位</td><td colspan="2"></td></tr>
<tr><td>建设地点</td><td colspan="2"></td><td>监理单位</td><td colspan="2"></td></tr>
<tr><td>开工日期</td><td></td><td>竣工日期</td><td></td><td>终验日期</td><td></td></tr>
<tr><td>工程内容</td><td colspan="5">详见安装工程量总表</td></tr>
<tr><td colspan="6">验收意见及施工质量评语：</td></tr>
<tr><td colspan="6">施工单位代表：<br><br>施工单位签章：<br><br>日　　期：　　年　月　日</td></tr>
<tr><td colspan="6">监理单位代表：<br><br>监理单位签章：<br><br>日　　期：　　年　月　日</td></tr>
<tr><td colspan="6">建设单位代表：<br><br>建设单位签章：<br><br>日　　期：　　年　月　日</td></tr>
</table>

注：本报告一式三份，建设单位、监理单位、施工单位各一份。

## 工程验收证书

项目名称：××单位综合布线工程

项目编号：　　　　　　验收日期：

<table>
<tr><td>工 程 名 称</td><td colspan="4">××单位综合布线工程</td></tr>
<tr><td>工 程 地 址</td><td colspan="4"></td></tr>
<tr><td>工 程 总 投 资</td><td colspan="2"></td><td>合同工期</td><td></td></tr>
<tr><td>施 工 日 期</td><td colspan="3">开工日期：　　年　月　日</td><td>完工日期：　　年　月　日</td></tr>
<tr><td colspan="5">工程内容简述：安装 PVC 线管线槽、镀锌铁桥架，安装机柜，敷设光纤、超 5 类双绞线、大对数电缆，端接测试。</td></tr>
<tr><td colspan="5">验收意见及评定等级：</td></tr>
<tr><td colspan="5">验收人员签名：</td></tr>
<tr><td colspan="2">建设单位：<br><br>（盖章）</td><td colspan="2">施工单位：<br><br>（盖章）</td><td>监理单位：<br><br>（盖章）</td></tr>
</table>

注：本报告一式三份，建设单位、监理单位、施工单位各一份。

# 参 考 文 献

[1] 余明辉，童小兵. 综合布线技术教程[M]. 北京：清华大学出版社，北京交通大学出版社，2011.

[2] 于润伟. 通信工程管理[M]. 2版. 北京：机械工业出版社，2012.

[3] 全国二级建造师执业资格考试用书编写委员会. 全国二级建造师执业资格考试用书：建设工程施工管理[M]. 北京：中国建筑工业出版社，2012.